ノンフィクション

飛燕 B29邀撃記

飛行第56戦隊 足摺の海と空

高木晃治

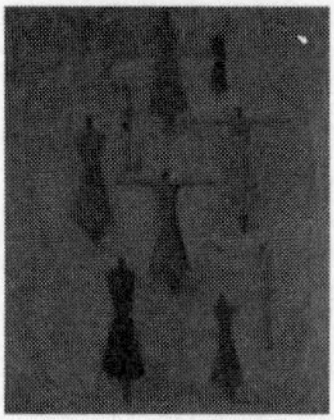

潮書房光人社

飛燕B29邀撃記——目次

序章　二つの「飛燕」　13
第一章　艦載機、B29襲来あいつぐ　17
九州東南海面機動部隊現出す　17
〝コルセア一九機出動、二機未帰還〟　22
B29九州基地攻撃作戦を展開　27
密雲——B29爆撃隊集結に失敗　29
第二章　海軍戦闘機隊来らず　31
佐伯空水偵隊、戦艦「大和」進撃路を警戒す　33
海上護衛艦攻隊、沖縄に出動　41
「佐伯空」哨戒任務に黙々たり　49
試製「東海」米潜撃沈作戦に出動　49
第三章　陸軍三式戦闘機「飛燕」飛来す　57
川崎キ61三式戦闘機「飛燕」　59

第四章　陸軍飛行第五十六戦隊機動防空作戦を展開す　65
鷲見曹長の奮戦、緒方飛行隊長体当たり　72
戦雲沖縄に、戦隊北九州へ　77
「飛燕」武装再強化す　84
直路大刀洗上空に急行会敵す　87
茶褐のマフラー、有為の空中戦士　89
第五章　足摺岬上空にB29を攻撃せよ　91
空中集合未完の敵機を捕捉すべし　92
古川「飛燕」戦闘隊到着す　93
戦士たちの来歴　102
第四旋回高度低シ　106
整備派遣隊輸送機で到着　113
〝学鷲〟の系譜　115
酸素欠乏失神墜落　119
「飛燕」警急姿勢につく　121

前方攻撃　122
食住の天国、佐伯航空隊　127
陸軍パイロット海軍の町を行く　130
第六章　豊後水道上空に戦機熟す　137
滑走路北端に時限爆弾落下
B29爆撃隊ふたたび投弾に失敗　137
邀撃哨戒飛行　146
洋上出撃　151
指揮官先頭　155
時限爆弾海中爆発　161
第七章　「飛燕」発進迎撃す　167
原田軍曹機失速、墜落炎上　167
〝佐伯湾に水上艦艇一六隻見ゆ〟　171

五月三日午後　174
戦隊敵機を捕捉　174
〝Aghast《アガースト》 #4――出動一一機、九機投弾喪失なし〟　183
B29墜落せず　185
飛行場ノ警戒ハ至厳ナラシムルノ要アリ　187
天候晴れ、足摺岬に靄深し　189
戦隊「沖ノ島」付近上空で交戦　192
上空警戒の三機発進　200
B29佐伯飛行場を急襲　204
復讐〝囮《おとり》〟攻撃　211
上空警戒三機の足跡　212
上野少尉機帰還せず　214
〝佐伯飛行場より煙立つ〟　218
〝Camlet《キャムレット》 #4――出動一三、投弾一一、喪失一〟　218

Cockcrow《コックロー》 #3 の〝報復〟 221
〝単発五機破壊炎上中〟 223

第八章 戦隊根拠地に復帰す 229

もはや邀撃機なし 229
風説、陸軍機の体当たり 231
零式水上偵察機B29に撃墜さる 233
小島大尉虜囚譚余話 237
陸海戦闘機隊なお奮戦す 238
海軍機「紫電改」佐伯上空の撃墜劇 239
「飛燕」去って複葉〝中練〟特攻隊展開す 243
戦隊伊丹に帰還 245
吉川機出火、機体空中爆発
宮本機、グラマン四機に捕捉さる 246
船越大尉単機発進戦死 249
歌謡ヲ好ミ肉聲マタ良シ 251

第九章　雲染めて声なし

第四旋回点——星ヶ岡茶寮　255　257

いつかは散らむ　259

落下傘開かず——安達少尉戦死　260

落下傘降下及ばず——石井少尉戦死　264

〝民間〟パイロット奮戦す　266

傑作機、P51ムスタング　269

P51の奇襲　271

戦隊長編隊〝夕弾〟の凱歌　273

永末大尉相撃ち、不時着重傷　276

P51戦闘機隊伊丹飛行場攻撃命令　278

ムスタング非情——中村少尉戦死　281

高木少尉三度目の危機一髪　287

終末の空、終末の戦闘機隊　288

落日の海軍佐伯基地　291

戦隊最後の出撃——夜間戦闘 293
宮本軍曹深夜の落下傘降下 296
邀撃出動終止す 299
「飛燕」東方に去る 303

第十章 足摺の海と空 305
もう一つの「飛燕」 305
遙かなり戦いの空 310
空襲下の希望の星 312

終章 とわに伝えんいたみの空に 315
初版あとがき 319
文庫版のあとがき 325
協力者名 327
参考文献 338

飛燕　B29邀撃記

飛行第56戦隊　足摺の海と空

序章　二つの「飛燕」

昭和五十四年六月、豊後水道の南部海域四国沖で、旧陸軍三式戦闘機「飛燕」の機体が引き揚げられた。海没していたのは、足摺岬の西側付け根に位置する高知県土佐清水市立石の沖合一キロの地点であった。

当時これを報じた新聞によると、水深二八メートルの海底に四散していた機体の残骸を引き揚げたところ、操縦席は炎上黒焦げの跡をとどめ、パイロットの遺骨遺品はなかった。機首の機銃弾倉には残弾なく、空戦で弾を撃ち尽くし、被弾炎上墜落したものかと現場に立ち会った人たちに推測された。だが、通例「飛燕」の脚部にあったという機体番号は、海水による腐食が甚だしいため再現させることは難しく、どこの戦隊のものであったかを確認する手掛かりはつかめなかった。

この地方の住民三名（昭和二十年当時成年）の語るところでは、

「昭和二十年五月初旬の昼ごろ、立石沖で空中戦があり、一機が海に落ちた」

という。

しかしまた、同地から西方約四〇キロ、宿毛《すくも》湾口に近い「沖ノ島」の一吏員（当時一五歳の少年）は、

「同じころに飛行機が（同島の）松の木に接触して再び空に飛んだことがあった。不時着したという話も聞いた」

と語った、と。

土佐清水の証言者三名の〝五月初旬、昼ごろ〟という記憶が確かなものかは問わぬとしても、この人たちがかつて目撃した墜落機は、このとき引き揚げられた「飛燕」であったと考えられた。

一方、沖ノ島の少年が伝える飛行機は、報道された証言の限りでは、それが陸軍機なのか海軍機だったのか、また、その機種についても定かでない。ただ、一機の飛行機が島の松の木に触れるまで低空を飛び、付近に不時着した事実があったことを推測させた。

空襲下の昭和二十年五月前後に〝四国沖〟で戦死したとされるパイロットは、戦闘機について記録に徴するかぎり海軍には見当たらず、陸軍にただ一人、飛行第五十六戦隊（使用機種「飛燕」）の上野八郎少尉の名のみがとどめられている（秦郁彦監修・伊澤保穂編集『日本陸軍戦闘機隊』所収「主要戦没戦闘機操縦者一覧」）。

しかし、同戦隊の戦隊長であった古川治良《はるよし》元少佐は、右の海没「飛燕」を上野機としてニュース・ストーリーを構成しようと考えた新聞社の取材に対して、上野機は「沖ノ島」に不

時着し、直後絶命した少尉の遺体は海軍によって収容され、機体もそのとき回収されたので、今回の揚収機体は発見位置も異なり、決して上野機ではありえないと説明した。そして、同少佐の手記『飛燕機動防空作戦』によれば、上野少尉は、昭和二十年五月四日、九州東岸の佐伯海軍飛行場を発進してＢ29を迎撃、被弾したものであるという。

原隊・操縦者不明の三式戦が海底に四散するに至る謎は、われわれに戦史探索への動機を新たに一つ加えるものであるが、いまはそれを措き、この海没機体発見の出来事は、図らずも昭和二十年空襲下、佐伯海軍飛行場を基地としてＢ29を邀撃《ようげき》した陸軍の「飛燕」戦闘機隊と、交戦被弾して足摺岬西方の「沖ノ島」に散ったという上野少尉機奮戦の事跡を改めて世に知らしめる契機となった。

陸軍三式戦闘機「飛燕」――。

その名を聞くと、昭和二十年大東亜戦争の晩期空襲下の佐伯を知る者には、四〇年余の歳月を越えてなお、鮮烈な思い出が自ずとよみがえるに違いない。

すなわち、沖縄戦たけなわとなり、艦載機やＢ29の来襲に不安の日々を送っていたころ、海軍航空基地の佐伯には異例と言うべく、陸軍戦闘機「飛燕」の編隊が飛来着陸してきたことがあったことを。

あのとき、人々は一様に目を輝かせて語った。

《「飛燕」は飛び立ち、真一文字に敵機をめざす》と。

だが幾ばくもなく、その精悍にして優美な機影と高音階の液冷エンジン音が空に途絶え、人々は顔を曇らせ口をつぐんだ……。

あの「飛燕」戦闘隊はどこから来て、どのように戦い、そしてどこへ去ったのか。いま、しばらく戦史に尋ねながらその空中戦闘の軌跡をたどってみたい。

第一章　艦載機、B29襲来あいつぐ

九州東南海面機動部隊現出す

海軍航空隊のあった佐伯は、昭和二十年三月十八日（日曜日）午前、米軍艦載機に急襲された。前夜から哨戒機を繰り出し、北上する米機動部隊に触接を開始していた海軍第五航空艦隊（鹿屋、司令長官宇垣纏《まとめ》中将）は、翌朝艦載機による基地空襲のあることを予期していた。同日午前二時には、洋上の敵機動部隊に対する邀撃・防御作戦の発動を下令し、麾下《きか》航空部隊は、〇三五〇以降、宮崎の一式陸攻三六機、鹿屋の陸軍重爆「飛龍」二四機（航法支援のため海軍搭乗員同乗）を先鋒として、九州所在の諸基地からする「天山」雷撃隊、双発「銀河」爆撃隊の未明の出動に始まる航空〝撃滅〟戦を展開していたのである。

だが、快晴の日曜日の朝、いきなり空襲警報のサイレンの音を聞いたとたん、甲高《かん》い金属音を発しながら、朝の光に機体をきらめかせて急降下してくる米軍艦載機を見た市民にとっては、それは文字どおり青天の霹靂《へきれき》にも似た初空襲となった。佐伯航空隊上空を敵機が乱舞し、市内幹線道路に沿って轟音とともに掃射していく敵の機銃弾が、道路脇の中川の水面に飛沫を走らせ、敵機が吐いて捨てた空《から》の薬莢が屋根瓦を砕き、路上に真鍮の鋭い音を立てて散った。

この艦載機の来襲は、佐伯基地でも直前に察知されていたが、ほとんど奇襲に近かった。おりから、その朝、機動部隊索敵のため哨戒飛行に出ていた佐伯空の零式水上偵察機操縦員・沖昌隆中尉（予学一一）は、まだ基地から警報を受けておらず、哨戒を終えて湾内に着水、異常の気配に気づかぬまま基地の滑走台《すべり》に向けて水上滑走していた。そのとき、ポンド（船着き場、この場合、水上機の接岸場所）に、同僚の松阪広次中尉（予学一一）が一人立って盛んに手を振っているのが見えた。

やっと《敵襲だ》と気づいてすぐに機を反転し、全速で湾内大入島《おおにゅうじま》西南部の島陰に避退させた。と、間髪を入れず艦載機の激しい空襲が始まった。基地では、すでに応戦態勢がとられていて対空機銃が迸《ほとばし》るように唸《うな》りを上げ、被弾した敵戦闘機一機が目前に火達磨となって湾内防備隊前方西側の狭水道に墜ち、しぶきをあげて一瞬に消えた。機銃陣地は、基地内の二つの小山、庁舎裏の長島山と防備隊寄りの濃霞山《のうかやま》に設けられていた。また、大入島西側の狭水道に集まって停泊していた艦船も応射したのである。飛行場を掃射した敵機の一部が反転して南の陸側から降下、機銃が火を噴く山の上を通り、待ち構えていた艦船を掃射して狭水道を抜けていった。被弾機が瞬時にして火焔に包まれたことから、基地では命中したのは艦艇からの機関砲弾だといわれた。

この日、佐伯・宇佐・大分と、九州東部の三飛行場を襲ったのは、『大分県警察史』によると、グラマンＦ６Ｆヘルキャット艦上戦闘機、カーチスＳＢ２Ｃヘルダイバー艦上爆撃機とされている。だが、翼形Ｗ字型の戦闘機「ボート・シコルスキー」を見たという人もいた。

この艦載機群は、宮崎県南端都井《とい》岬東方九〇海里に接近した米第58機動部隊（指揮官マーク・ミッチャー中将）の空母群から放たれたものだった。その作戦目的は、沖縄攻略に先立ち、九州および内海西部の基地を叩いて日本側の航空攻撃を封殺することにあった。

空母一六隻基幹、護衛艦艇八八隻、重巡インディアナポリスに座乗するミッドウェーの覇者スプルーアンス大将直率のもと、西カロリン群島ウルシー環礁を進発、海を圧して北上してきた四群から成る大機動部隊と、すでに空母なく基地航空部隊となっていた五航艦とのあいだで、三月十七日夜半から二十一日までの実質四日間にわたり交わされた戦いが、沖縄の前哨戦となった《九州沖航空戦》であった。

昭和二十年三月十九日付の「朝日新聞」は、「九州東南海面機動部隊現出　南部東部地区に波状来襲　夕刻までに千四百機　敵艦を猛攻中」との見出しで敵空母来攻を報じ、戦闘のいよいよ身近に迫った緊迫感を伝えている。

米空母群より発したグラマン、コルセアの両艦戦、アベンジャー艦攻、ヘルダイバー艦爆より成る雲霞のような戦爆連合の大軍は、十八日には九州、十九日には呉と神戸を主目標に、広域にわたり艦船・飛行機・航空施設を強襲し、さながら風塵を捲いて駆けめぐる蒙古騎馬軍団のように暴れ回った。

私たちが防空壕のなかで息をひそめていたころ、海軍航空部隊は、洋上の敵機動部隊に対して九州南部・東部の基地群から特攻をまじえて反撃し、米正規空母三隻大中破の戦果をあげていた。すなわち、十八、十九の両日、前記の陸攻、陸軍重爆（雷装）の夜襲に始まり、「天山」艦攻、「銀河」陸爆、「彗星」艦爆、爆装零戦による黎明、昼間の攻撃によって空母フランクリン、ワスプ、エンタープライズを戦線から離脱後退させていたのだった。

なかでも空母フランクリンは、飛行甲板に雷・爆・戦の艦上機三一機を並べて発艦準備中、突如、雲間に出現した双発爆撃機「銀河」一機が水平爆撃で投下した二五〇キロ爆弾二発が命中して誘爆を起こし、戦死行方不明八三二名（数には諸説あり）という海上の地獄図絵を呈した。退艦命令を待たず、多数の兵士が雪崩を打って海中に飛び込んだため人員被害を大きくしたのである。投弾した「銀河」は、直後、米機動部隊輪型陣の対空砲火により空中分解して果てた。三月十九日早朝、四国足摺岬南方五五海浬（佐伯東南約二〇〇キロ）の洋上、午前七時過ぎの出来事であった。殊勲の戦果をあげながら味方には行動不明のまま未帰還となった「銀河」は、この朝出水《いずみ》を発した四機のうちの一機だったといわれる（木俣滋郎『高速爆撃機「銀河」』）。

艦内大爆発が連続したフランクリンは右舷に一三度傾斜し、一時は沈没五分前の危機に瀕したが、日本側の再攻撃をまぬがれて泊地ウルシーに曳航され、その後はニューヨーク海軍

日本機の攻撃により大破する米空母フランクリン

工廠に繋留されたまま、ついに終戦まで再起することがなかったという。

空母エンタープライズの損傷は、前日十八日朝、日本海軍攻撃第一波の「彗星」艦爆一機の投下した二五〇キロ爆弾が、空母の急所ともいうべき前部昇降機に命中したものであった。だが、この一弾は不運にも不発だったのである。

大兵力の第58機動部隊は空母三隻の脱落をも作戦続行に大きな支障とせず、主戦場沖縄をめざして反転した。二十一日、鹿屋から発進した最後の切り札、〝人間爆弾〟「桜花」搭載の一式陸攻一八機による特攻神雷部隊（搭乗員一六〇名）は、進撃途上を敵レーダーに捕捉され、零戦三〇機の掩護も空しく、米機動部隊の手前六〇海浬においてグラマン戦闘機の厚い壁に阻まれて全滅、海軍は戦中最後の長蛇を九州近海指呼の距離に逸したのであった。

四日間を通じての五航艦の兵力損耗は、作戦可動三五〇機の七割二五〇機、うち自爆・未帰還一六一（洋上の機動部隊攻撃特攻機六九)、地上撃破されたもの五〇であった。対する米機動部隊の飛行機喪失は、搭載一千余機中一一六機。なお、この戦いでの特攻においては、反復攻撃を期して体当たりせず、投弾帰投することがあっても黙認されていたと伝えられる。

こうして私たちは、戦史に《九州沖航空戦》と記録される戦いの外周上にいて、初の空襲——機銃掃射を体験したわけであった。

米機動部隊は、第5艦隊司令長官レイモンド・スプルーアンス大将の麾下にあるときは第58機動部隊と呼び、指揮官の休養交替で、第3艦隊司令長官ウィリアム・ハルゼー大将が率いるときは第38機動部隊と呼んだ。九州沖航空戦の直前二月から沖縄戦の中盤までは、司令長官スプルーアンス、機動部隊指揮官ミッチャー中将で、五月末以降、同ハルゼーとマッケーン中将のコンビに替わる。なお、ミッチャー中将は、昭和十七年四月十八日ドゥリトル隊の日本本土初空襲のとき、ノースアメリカンB25陸上爆撃機を搭載発艦させた空母ホーネットの艦長であり、その一年後には、ソロモン方面航空部隊司令官として、十八年四月十八日の山本五十六連合艦隊司令長官搭乗機撃墜作戦にあたり、航続力から海軍機でなく陸軍のロッキードP38戦闘機隊を起用することを決めた宿縁の指揮官であった。

〝コルセア一九機出動、二機未帰還〟

ここで、少しく仔細にわたるが、米軍側から見た佐伯飛行場襲撃の経緯に当たってみたい。ワシントンの「米海軍歴史センター」にファイルされている第58機動部隊の戦闘記録に見ると、同機動部隊・第四群（ラドフォード少将指揮）の正規空母三隻の一つ、イントレピッドの第10空母航空隊は、三月十八日、東九州所在の海軍飛行場掃討を企図し、まず午前六時、第一次目標「大分」、第二次目標を「佐伯」に定め、第10戦闘飛行隊にF4U・1Dコルセア戦闘機二〇機の出動を命じた。同飛行隊長W・E・クラーク海軍少佐署名の戦闘詳報によれば、

「実際に発艦したのは一機減って戦闘機一五、戦闘爆撃機四、計一九機であった（戦闘爆撃機は、F4Uにこのときロケット弾各四発搭載）。飛行任務は在地機の掃射と飛行場施設の破壊であった。進撃途上、空中に日本機を見なかった。大分は、一面厚い雲に覆われて視界不良だったので、編隊は目標を佐伯に変えた。佐伯上空に達したのは〇八四〇（午前八時四十分）、雲量七で高度三五〇〇フィート（一〇〇〇メートル余）に積雲があったが、視程は一〇マイル（一万八五〇〇メートル余）で明瞭であった」（あのとき、西方の青空から突然湧き出たように敵機が反転急降下にはいった印象が強いので、快晴と思ったが、事実は周辺に雲がかなりあったようだ――筆者）。

「掩体壕と飛行場の在地機を襲い、全機が数回航過銃撃した。しかし、ローラン・イスレイ（Loran S. Isley）予備少尉機が、目標へ急降下掃射後、引き起こし不能のまま、高速で港内の海中に突入した。戦果は、彗星艦爆一機破壊・一機撃破、三菱一〇〇式輸送機と機種不明

の双発機を各一機撃破。飛行機多数を銃撃したが、帰投後、ガンカメラで撮った映写フィルムによる検証では、右の四機に重度の損害を与えたことが確実である。また、飛行場を航過離脱するとき、近くの港内に繋留された五〇〇トン級小型船を六機が銃撃したが、与えた損害は軽微であった。敵の対空砲火は微弱で、高射砲や二〇ミリ以上の重火器による反撃はなく、すべて一三ミリ以下の軽機であった。

帰途、ハリス（R. W. Harris）予備少尉機が、燃料系統に被弾していたらしく、《ガソリン残量二〇ガロン（七六リットル）》と告げたので、隊長はグレイ機を付き添わせた。グレイ機は可能なかぎりスロットルをしぼり、回転数を落として付き添ったが、やがてハリス機は力尽きて、救難方位参照基点から一五〇度方向四〇マイル（七〇キロ余）、四国西南岸沖に着水した。グレイ機は上空を旋回しながら救難潜水艦を呼び出し、位置を伝えているうちにハリス少尉を見失った。少尉が機外に出て救命衣を膨らませるところまでは見えたのだが、救命浮舟を取り出せたかどうかは分からなかった。緑色のナイロンの飛行服では、海上のパイロットを視野に保つのは容易でなく、グレイ機は燃料の許すかぎり上空を旋回して探したが、ハリス少尉は見つからなかった。

このあと、もう一機テシア少尉機が燃料不足で不時着水したが、着水地点が直衛艦隊の警戒圏内だったので、しばらくして救助された（ひたいに裂傷）。結果、未帰還一機。

戦闘飛行隊の進出距離は片道二〇〇マイル（三七〇キロ）、所要飛行時間は平均四時間半であった。帰投機の燃料消費量は平均三〇〇ガロン（一一三五リットル）、残量平均八七ガロン、同じく帰投一七機の使用弾量は、一二・七ミリ弾合計二四〇〇発であった」

ちなみに、ボートF4U－1Dは、離昇出力二〇〇〇馬力、全幅一二・四メートル、全長九・八メートル、自重四〇四二キロ、最大時速六七一キロ、武装一二・七ミリ機銃六梃の重戦闘機であった（諸元は、「丸」季刊14『米国の戦闘機』による）。

ボートF4Uコルセア戦闘機。佐伯飛行場を襲撃した

飛行場攻撃で「彗星」艦爆二機を破壊・撃破したとあるが、「彗星」は当時佐伯空の常備機ではなかった。九州南部基地からの分散避退機か、この日早朝他基地から出動し、帰投時に不時着したものでもあったのか。また、米軍が「三菱一〇〇式」とした輸送機は、この識別が正しければ陸軍機で、これも他基地からの避退機だったろうか。

「追って、空母イントレピッドからは、佐伯を攻撃したコルセア艦戦隊発艦の一時間後、TBMアベンジャー艦攻一一機、カーチスSB2Cヘルダイバー艦爆一三機、コルセア戦闘爆撃機一二機が出動、さらに午後一時、コルセア戦闘機二一機を放ち、宇佐と大分の両飛行場を攻撃した。以後は、日本機がイントレピッド

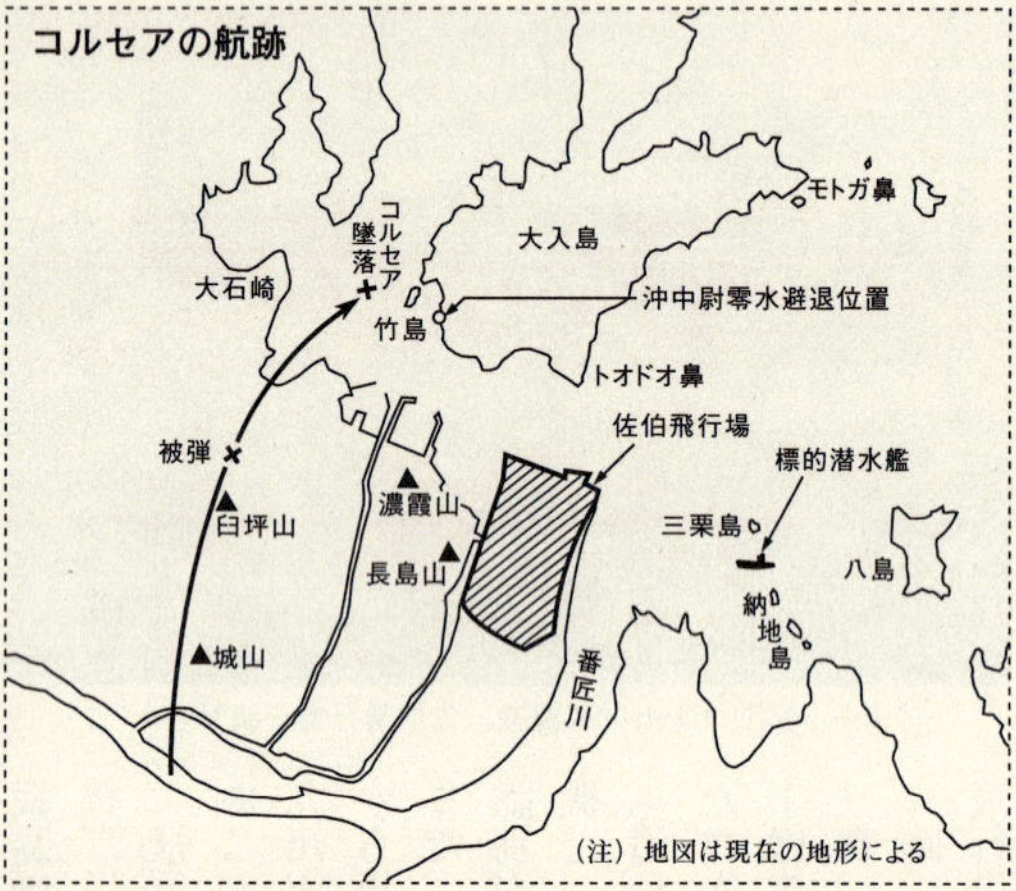

の属する第4群空母部隊に集中来襲してきたので飛行隊の発艦はできなかった。日本機は数は少なかったが、攻撃は果敢で効果的だった。僚艦のヨークタウンとエンタープライズが被弾、イントレピッドは双発機の至近弾を受けた。しかし、来襲機を上空直衛機が一二機、対空砲火で二一機以上撃墜した」（第58機動部隊および第10空母航空隊の報告を要約）。なお、イントレピッドは至近弾で死傷四五名。攻撃したのはこの朝築城《ついき》を発した「銀河」六機のなかの一機であったと、木俣前掲書は推定している。TBMアベンジャー艦攻は、グラマン社製TBFアベンジャー増産のため、GM＝ジェネラル・モーターズ社で製造された同型機である。

以上の経過に見るように、米軍の記録では、この日、佐伯・大分・宇佐を襲った戦闘機は、グラマンでなくコルセアであった。これら三飛行場攻撃を担当した空母イントレピッド配乗の第10戦闘飛行隊の機種は、ボートF4Uコルセア（戦中、日本での通称、ボート・シコルスキー）だったのだ。

当時、〝グラマン〟は米艦載機のいわば代名詞だったから、艦載機と見るとグラマンと思い込んだり、誤伝されたりすることになった。コルセアは、その名〝海賊〟にふさわしく、異形の逆ガル（かもめ）翼が特徴だったので、機の高度と見る位置によっては比較的容易に識別できたろう。事実、この日壕に入る余裕がなく、物陰から敵襲の一部始終を見ていた中学生などは、両肘を上に撥ねて型を真似ながら、「シコルスキーだ」と言っていたのである。

佐伯湾内、陸岸に近い狭水道に突入海没したコルセアは、戦中も戦後も引き揚げられた話を聞かない。今も、そこに米海軍の一青年パイロットが沈んでいる。水偵の沖中尉が視認したところでは、同機は町の西北部臼坪山の直上で被弾し、大入島西南の竹島と陸岸大石崎の中間点に墜落した。アメリカ版水漬《みづ》く屍となったローラン・S・イスレイ少尉は、四国西南岸沖に不時着行方不明となったというR・W・ハリス少尉とともに、階級に「予備」とあるので、きっと、当時米軍でも第一線に投入されていた学徒出身者だったと思われる。

B29九州基地攻撃作戦を展開

米軍は、三月下旬、一千四百余隻の艦艇群に一八万二〇〇〇の陸上兵力を用意、第58機動部隊と英空母部隊の支援下に沖縄上陸作戦を開始した。この一大攻勢に、窮地に立つ日本陸海軍は〝必死必殺〟の特攻作戦をもって応じた。とくに四月六日、五航艦が「菊水一号作戦」を発動して以降、組織的・本格的となった特攻攻撃のため米軍は艦艇の被害おびただしく、内部で一時後退の議論が起こるほど危機的な状況に立ち至った。
意想外な日本側の反撃に手を焼いた在グアム前線司令部の米太平洋方面総司令官チェスター・ニミッツ海軍大将は「カミカゼ」の出撃を封じるため、同島の第21爆撃兵団司令官カーチス・ルメイ少将にマリアナ基地群のＢ29による九州所在の主要航空基地の攻撃を要請した。それまで都市と基幹工業地帯の爆撃を基本にしていた米戦略空軍は、ここにおいてその大部分の兵力を一斉に九州の基地群に指向した。すなわち、戦略爆撃から戦術爆撃への作戦の一時的転換であった。

『第21爆撃兵団戦史』(Narrative History XXI Bomber Command) によると、米軍が攻撃目標とした陸海軍飛行場は、大刀洗《たちあらい》・大村・宇佐・大分・佐伯・富高・新田原《にゅうたばる》・宮崎・都城・串良・鹿屋・鹿屋東・国分・出水《いずみ》・指宿・知覧《ちらん》および松山(四国)であった。

この沖縄攻略支援のための九州基地攻撃作戦は、四月十七日から五月十一日まで続けられた。その二五日間にグアム、テニアン、サイパンの三島三飛行場から出動した「超空の要塞」延べ二一〇四機、全マリアナＢ29兵力の七五パーセントに及んだ。この間、鹿屋一五回を筆頭に、右の一七飛行場が反復して爆撃された。ちなみに九州北半では、大分九回、佐伯・宇佐各四回、大刀洗七回、大村二回と記録されている。曇天の四月二十六日、佐伯市内、城山頂上の毛利神社本殿・佐伯中学校舎・馬場の共同防空壕に雲上から爆弾が落下直撃して大きな被害をもたらしたのは、まさに、このＢ29九州基地攻撃がピークに達したときのことだった。この日初めて佐伯海軍飛行場がＢ29の空爆攻撃の目標となり、市内爆撃はその巻き添えであった。

B29による最初の佐伯基地攻撃および市内爆撃は、どんな状況下でおこなわれたのだろうか。

密雲――B29爆撃隊集結に失敗

米アラバマ州マクスウェル空軍基地所在の「米空軍歴史調査センター」に、第21爆撃兵団のB29出動報告ほか関係資料が保存されている。それによると、同兵団は一九四五年四月二十六日、佐伯・大分・宇佐・松山各飛行場を目標に合計一〇三機のB29を送ったが、目標付近上空の厚い雲層に阻まれ、投弾できたのは七一機であった。そして、佐伯飛行場攻撃については次のように記録している。

「出動No.99 出撃符号Cockcrow《コックロー》 #1目標 佐伯飛行場。第73爆撃飛行団（サイパン）の二三機が出動、一九機が目標に投弾、戦果不明、喪失なし」。そして、

「この出撃の目標は九州の佐伯飛行場（Saeki Airfield）であった。二二機に追加予備の一機が当てられ、出動したのは計二三機となったが、所期の目標に投弾したのは一九機であった。四機は機械系統の故障で投弾に失敗した。曇天を衝き爆撃高度に上昇したが、各機は集結地点でなお編隊を組むのに難渋し、雲上には出たものの、結局大部分の機が各個に投弾した。爆撃は、雲量一〇の雲層を通してレーダーでおこなったが、戦果は不明であった。敵戦闘機の反撃も対空砲火もなく、全機無事基地に帰投した。悪天候に阻まれ、本飛行任務を計画ど

おり遂行できなかった」

このように、佐伯飛行場を目標とする第一回の空爆隊Cockcrow《コックロー》 #1の二三機は、密雲のため集結に失敗、爆撃体形を構成できなかったというのである。そして、雲上から各機バラバラに投下した爆弾の一部が目標をそれて市内に落ちたのだった。

当時、このとき来襲したのはＢ29でなく、その爆音から、コンソリデーテッドＢ24リベレーター四発爆撃機だったという噂があった。すでに、四月一日、沖縄に上陸開始した米軍は、即日、北＝読谷《よみたん》、中＝嘉手納《かでな》両飛行場を占領し、早くも十六日にはＢ24ほか戦爆連合の陸上機約一〇〇機（硫黄島からのＢ25、Ｐ51をふくむといわれる）が南九州に来襲していた。佐伯爆撃はその一〇日後のことであり、沖縄からＢ24が来襲したという推測がおこなわれても無理はなかった。だが、第二次大戦における米空軍の全出動状況を網羅している『出撃年表』（COMBAT CHRONOLOGY 1941〜1945）には、同日、日本本土に向けてＢ24が出動したという記録はない。来襲機は、やはりサイパンからのＢ29だったのだ。なお前掲『大分県警察史』によると、この日、佐伯市域に落ちた爆弾は計七〇発、爆死者は四六人、うち馬場の防空壕の犠牲者三六人であったという。一方、基地の被害は皆無だったのである。（「佐伯」の読みは、戦後になって「さいき」と統一されたが、それまでは「さへき」（駅名）、または「さえき」とも呼ばれた。米軍は、Saeki〈サエキ〉と読んでいた）。

第二章　海軍戦闘機隊来らず

四月二十六日の雲上爆撃をきっかけに佐伯は急に火の消えたような淋しい町となっていた。市内は家屋の強制疎開も近づいて一段とさびれかけていたところに、艦載機の奇襲につづく大型機の盲爆で人々は動転し、あたふたと店を閉めて避難を始め、幼児学童の多くも急ぎ山間部に疎開させられていったからだ。

それにしても、長島山の向こうの海軍航空隊が敵機来襲の報に動く気配を見せないのがもどかしかった。ときおり飛行場の方から風に乗って爆音が聞こえてはくる。だがそれもただエンジンを調整しているだけのことらしく、何となく間延びしていて迎撃の構えなど感じられない。《航空隊には戦闘機は来ないのか》と訝《いぶか》ったのは、ひとり当時国民学校生徒や中学生に限らず、かねて海軍航空隊の存在に誇りをもちつづけていたこの町の人たちが等しく抱いた期待と願望であったろう。しかし、緒戦時には空母戦闘機隊の根拠地であった佐伯飛行場に、このとき敵襲に応ずべき防空戦闘機隊は配備されていなかった。

戦史によると、たとえば三月中旬、米機動部隊来攻直前における第五航空艦隊の戦闘機兵力となっていた二〇三空、七二一空の零戦一六四機は、鹿屋・鹿児島・出水《いずみ》・国分・笠ノ原《かさんばら》・富高と、主として九州南部の飛行場に配置されていた。そして、三月十八日、米艦載機の大軍が襲来したとき、鹿屋、鹿児島、笠ノ原から二〇三空の零戦約五〇機、宮崎県富高では七二一空の零戦六四機（数には諸説）が飛び立ち、コルセア、グラマンの数十機と入り乱れての大空中戦を繰り広げたという（撃墜二二、自爆四、未帰還一九。公刊戦史『沖縄方面海軍作戦』）。――いま、少年の日に帰れば、このような大邀撃戦が佐伯飛行場を舞台に展開されなかったことを心残りに思う人も少なくあるまい。

さらに沖縄戦の開始とともに、四月初め関東から移動した第三航空艦隊（木更津）の各戦闘機隊も国分を基地とした。同じく三航艦麾下《きか》にあって、三月十九日、呉軍港をめざした米機動部隊の艦上機群を松山上空に奇襲痛打（部隊の自称五二機撃墜）したことで戦史に著名な三四三空「紫電改」部隊は、四月一日五航艦の指揮下に入り、同八日松山から鹿屋に進出、その後国分を経て四月末には基地を大村に移していた（五月二十五日五航艦に正式編入）。また、横須賀・呉・佐世保各鎮守府防空の厚木三〇二空・岩国三三二空（移駐地兵庫県鳴尾）・大村三五二空の局地防空戦闘機隊「雷電」三六機（一説に四三機）が四月上旬から下旬にかけて鹿屋に集結、〝竜巻〟部隊と称して五月中旬までB29を邀撃した。このように当時海軍戦闘機隊の主力は、決戦場が沖縄であったこともあり、ほとんどが九州南部の基地に展開していたのである。

では、このころ佐伯航空隊は何をしていたのか？　話の本筋からはややそれるけれど、当時の幼い疑問に納得ある答えを得るために、いま少し記録と関係者に尋ねたい。

佐伯空水偵隊、戦艦「大和」進撃路を警戒す

戦争後期、佐伯は哨戒・海上護衛部隊の基地であった。もともと、佐伯海軍航空隊（部隊記号「サヘ」）は、呉空とともに呉鎮守府に属して、担任海域の哨戒偵察・攻撃・艦船出入掩護を主要任務としていた。防衛庁の公刊戦史『海上護衛戦』によると、「佐伯海軍航空隊は、豊後水道外方海面の哨戒攻撃、防備戦隊（注、海上部隊）に協力して豊後水道の対潜防備、また連合艦隊の豊後水道方面行動時の全面協力」と、その任務行動が昭和十六年十二月の開戦時に定められていたのである。

沖昌隆中尉

そして、同書に記載する昭和十九年における「海軍航空部隊兵力配備標準」に見ると、佐伯空の定数は「水偵三二機」とあり、二十年八月では同「二四機」とあるようだった。ちなみに、それ以前の戦争前半期について いえば、佐伯航空隊は十九年初頭以降、水上偵察機隊であった。佐伯空の定数は、開戦時昭和十六年十二月時点では「艦爆一六機」、そして十七年十一月には同「三六機」とな

り、この機種と機数は十八年十一月でも変わっていない。すなわち、大戦前半期の佐伯空は艦爆隊であり、複座単葉固定脚の愛知九九式艦上（急降下）爆撃機が陸上飛行場に配備され、右の哨戒・攻撃・艦船出入掩護の任に当たっていた。これは私たちの戦時中の記憶に一致し、当時佐伯の空に最も多く見た海軍機は「九九艦爆」であった。それが後半期に入る十九年を境にして、佐伯空は水偵隊に変わったのである。元来、佐伯航空隊には、昭和十一年、幅五〇メートル、長さ八七五メートルの滑走路をもつ陸上飛行場が開設される以前、昭和九年の開隊時から幅五〇メートル、長さ一七〇メートルの水上機用滑走台があり、水上機・飛行艇基地としての機能が備わっていた。開戦後二年を経た昭和十九年初頭から、水偵隊の開隊によってこの施設が全面的に活用されることとなった。

海軍航空隊員出身の作家幾瀬勝彬《かつあき》の作品に『海と空の熱走』という中篇がある。それは、終戦直後の昭和二十年八月十八日未明、佐伯空の水偵一機が離水して呉に飛び、要務を帯びる呉鎮長官金沢正夫中将を乗せ、一日のうちに呉—横須賀—山口県平生《ひらお》—光—大津島（徳山沖）—別府と回り、そこで長官を降ろして帰任した巡回飛行の背景を追究する、全篇に緊張感の流れるルポルタージュである。この作品の主人公たる水偵のパイロットが、前記した沖昌隆中尉（飛行科予備学生一一期、終戦時大尉）であった。

昭和十九年一月一日、水偵隊としての佐伯空が呉空水偵隊を母体に大挙移動開隊された当初から在隊していた沖大尉によると、広の呉空から空路着任した飛行科幹部は、飛行隊長米《よね》原《はら》少佐（のち中佐、飛行長）、先任分隊長吉田秀穂大尉（のち少佐、三座、偵・兵六六）、分隊長山本大尉（二座、操・兵六八、のち戦闘機に転科）であった。このとき一緒に飛来した士官は浜島栄大尉（偵・機五〇）ほか四名で、沖少尉（当時）もそのなかにいた。

佐伯空水偵の機種は、初め零《れい》式三座水上偵察機のほかに零式潜水艦偵察機（潜水艦搭載、羽布張り折り畳み式）、零式水上観測機（複葉二座）、九四式水上偵察機（同）があったが、二十年になると二座機はなくなり、単葉三座双浮舟の零式水偵一本となっていた。端麗な容姿の機体で知られる愛知零式水偵は、零戦同様、皇紀二六〇〇年（昭和十五年）に制式機となったので零《れい》式の名が冠せられた。本機は、戦中、水上機母艦・巡洋艦搭載をふくめて海軍が使った水偵の大半を占めた。速力（最大三六七キロ／時）、航続力（最大三三二六キロ）ともにすぐれ、水偵としては「世界最高の傑作機」であった（「航空ファン」別冊『太平洋戦争・日本海軍機』）。

速力、航続力にすぐれていた零式三座水上偵察機

　佐伯空水偵隊の任務は、既述の哨戒・索敵・護衛に加え、電探・磁探・C装置など秘密兵器の実験・使用訓練もおこなうかたわら昭和十九年七月以降配属された予備学生一三期出身者の実用機操縦訓練を担当した。佐伯空は実施部隊ゆえ、本来新人搭乗員は実用機教程を終えて配属される。

だが一三期生は、戦局逼迫のおりからその暇がなく、佐伯空に配属後初めて実用機の教育訓練にはいったのである。練習航空隊ではないから、操縦桿が後席の教官席にも付いている練習用の機体がなく、新人がいきなり実用機を操縦しての危険きわまる教育だった。沖中尉ら教官は後ろから声をかけるだけで指導は想像以上に難しかった。空へ上がったはよいが、「降《お》りられません!」と、べそをかく者もいて、教える方も教わる方も必死だった。

電探による哨戒飛行高度は通常三〇〇メートル、これに対し、潜航中の敵潜探査を目的とする磁探機の高度はできるだけ低空を可とし、五メートル以下と海面すれすれであった。これは磁探の有効距離二〇〇メートル内に機位を保つためで、編隊各機の開距離もこの範囲に維持するため視力検査表からヒントを得て、胴体に「Ͻ」記号を描き、空間がはっきり視認される間隔で各機を横一列に配したのである。

電探隊は夜間の洋上飛行に度々出動し、沖中尉は夜間飛行に最も習熟した分隊士であった。磁探・C装置隊は石田鏡三大尉(操・兵六九)が率いていた。C装置とは、長波を基地または航空機から放射すると、潜水艦の上空で干渉波が生ずる現象を応用した敵潜探知装置であった。当時北京工専の菊池教授が唱導し、中国大陸の鉄鉱脈の探鉱に実用して効果のあったという理論に基づき、佐伯空では同教授本人と横須賀空の杉田大尉(兵六六)の指導のもと、海軍機関学校出身の小島正美《まさよし》大尉(五二期・偵)と名古屋高工出身の山田勇夫中尉(予学一三・偵、「東海」隊)が開発・実験の中心となり、クルシー式帰投装置を利用し、東京の横河電機会社から機材の提供を得て製作した。探知可能距離は、磁探の二〇〇メートルに対し五〇〇メートルといわれた。

二十年四月以降、激化するB29の空襲を避けて、水上機をはじめ大入島付近に分散、のちには基地より北方一〇キロの浅海井《あざむい》や日代《ひじろ》に搭乗員・整備員をふくめ水偵隊全部が疎開した。この間、浜島栄大尉以下の一隊が薩摩半島指宿《いぶすき》に派遣され哨戒索敵に当たったが、五月五日、B29大編隊の空襲で大庵《おおいお》少尉（予学一四）ほか地上員一〇名が爆死して多大な打撃を受け、さらに同十三日、米機動部隊再度の来襲時に夜間索敵に出た水偵の多くが未帰還となり、浜島大尉は帰投したが、機を降りたとき暗中にまだ余勢で回転していたプロペラに撥ねられるという事故も加わり、派遣隊はほとんど全滅した（三月十八日、水上滑走中の沖中尉の危急を救った松阪中尉もこのとき戦死した。グラマン夜間戦闘機に遭遇したものとみられている）。

右の浜島大尉は、前年夏、夜間哨戒飛行で乗機が接水沈没し、操縦員輪島兵曹は即死したが、助川兵曹とともに漂流中を翌朝捜索に出た基地の水偵が発見し救助されたことがあった。機は電探高度の三〇〇メートルを維持していたつもりが、暗中いつの間にか低下し接水するまで気づかなかったのである。洋上の夜間飛行はきわめて難しく、「こんなことが起こっても決して不思議ではない」と、沖大尉は語っている。海軍機関学校出身の浜島大尉は、電探の運用に全霊を注ぎ、技術系の信念に生きた士官であった。一方、佐伯に残った本隊水上機の疎開は成功し、空襲では一機も失わなかったが、行動は多く夜間に限られた。

終戦時、搭乗員は大湊派遣隊をふくめ、飛行隊長大沼稲三少佐（兵六六・操）、先任分隊長吉田秀穂少佐以下、およそ士官一〇名、下士官三〇名であった。大沼少佐は飛行艇の操縦が専門で、南方で火炎の海を泳いで顔面にケロイドが残っていたが、目は優しく、豪放な性格で隊員に人気があったという。

防衛庁防衛研究所図書館の教示によると、水偵隊開隊以来の佐伯空司令は、長井満大佐（兵四五、前空母「隼鷹《じゅんよう》」艦長、のち少将、昭和十八年十二月二十五日～）以後、梅谷薫（開戦時空母「鳳翔」艦長、昭和十九年七月十日～）、三田国雄（昭和二十年一月一日～）各大佐と異動があり、二十年四月十日以降終戦まで野村勝大佐（副長兼務）であった。同年四～五月、沖縄戦のころの飛行科幹部は、飛行長・米原綱明中佐（呉防備戦隊航空参謀兼任、昭和二十年一月十五日～）、水偵隊飛行隊長は前記大沼少佐で、同隊長は指宿に分遣隊（飛行艇、追って水偵）を出していた間は同地にいることも多かった。

また、佐伯基地には海上部隊の呉防備戦隊司令部が置かれていて、佐伯空歴代の遠藤・渋谷・米原各飛行長が同戦隊司令官の航空参謀を兼ねていた。前出『海上護衛戦』によると、水偵隊開隊当時の呉防戦司令官は、魚住治策少将（兵四二、昭和十八年十二月一日～、前重巡「羽黒」艦長）、後任は清田孝彦少将（兵四二、昭和十九年六月八日～昭和二十年七月二十日、開戦時重巡「那智」艦長）、戦隊参謀は朝広裕二中佐であった。

呉鎮麾下の海上部隊には呉警備戦隊と呉防備戦隊があり、後者は佐伯防備隊と下関防備隊とで構成され、所定海域の防備、海上交通保護、艦船出入掩護、艦船護衛を任としていた。航空部隊としての佐伯空は、組織的には呉鎮長官に直結していたが、その任務において海上部隊の呉防備戦隊と密接不離の関係にあり、とくに対潜防備については前記のとおり同戦隊に協力することとされていた。したがって歴代佐伯空飛行長が呉防戦の航空参謀を兼ねていたのである。

さて、昭和二十年四月六日夕刻、戦艦「大和」特攻出撃にあたり、佐伯空の零式三座水偵一四機が十六時十分から二十時まで艦隊の豊後水道進撃路付近の対潜前路掃討をおこなった。同海域の水路は水の子灯台を起点に東西に分かれ、「大和」以下一〇隻の艦隊は西水道すなわち九州東岸寄りを通過した。同夕、十八時三十分ごろ、水偵隊が宮崎県細島の一〇五度、一〇海浬に敵潜水艦らしきものを発見、攻撃を加えた。このとき日本側の得ていた敵潜情報は、水道出口に二隻、日向灘に一隻であった（『沖縄方面海軍作戦』、吉田満／原勝洋『ドキュメント戦艦大和』）。この日出撃した水偵隊は、指揮官石田大尉直率の六機（推算）と小島大尉以下八機の二編隊であったと思われる（未確認）。

石田大尉は、出撃の当日午後、佐伯から飛んで三田尻沖に仮泊中の「大和」に水偵を横付けし、前路哨戒の事前打ち合わせをおこなっている。戦争文学不朽の傑作とされる吉田満『戦艦大和ノ最期』〝作戦発動〟の項に、「水上機一機、舷側付近ニ着水セルヲ認ム」とあるのがこれだという。小島大尉によれば、水偵隊は艦隊直衛の任務を知らされていたが、出港日時、隻数など詳細について連絡がないため飛行計画が立たず、急遽石田大尉が「大和」に出向いたのであった。艦隊は極秘の出撃なので無線連絡を控えていたのである。小島大尉の後出手記によると、水偵隊は広範囲にわたって磁探捜索をおこない、敵潜を探知攻撃して油の流出を認めた。小島機は帰投の途次、単機わかれて折から水道を南下中の「大和」上空に至り、経過を報告球にしたため投下したのであった。

英海軍出身のジャーナリスト、ラッセル・スパー『戦艦大和の運命』によると、実はこのとき、水道入り口西側、深島の南一〇マイルに米潜水艦スレッドフィンが、水道東側にはハッフルバックが潜んでおり、さらに付近一帯には不時着機乗員救難艦をふくむ別の一五隻が潜伏していた。だが、上空一〇〇フィート(三〇メートル)に佐伯基地からの水上機七〜八機が密集した捜索編隊を組んで哨戒行動をとったので、米潜水艦群は、護衛艦艇に守られて之字(ジグザグ)運動を繰り返しつつ出てくる「大和」以下の接近を察知しながら攻撃行動を阻害され、ついには通過する艦隊を空しく見送ったのである。ただし、米潜は、愛知零式水偵(米軍呼び名、JAKE)を中島二式水戦(同、RUFE=単座・三浮舟、零戦を水上機化したもの)と誤認していた。

艦隊の前路掃討は長時間を要し、探知可能距離二〇〇メートルの磁探捜索では、八機でスイープしても二〇海浬平方の海域では四時間ほどかかり、「その間海面すれすれの超低空で飛ぶのであるから、パイロットは相当神経を使うことになる」と、小島大尉は書いている。戦中、艦隊出撃のたびに対潜上空直衛もしくは前路警戒するのは佐伯空の重要な任務であった。だが、言うまでもなく、この任務も巨艦「大和」最期の出撃をもって終止したのである。

佐伯空水偵隊搭乗員の戦死消耗率は、その地味な任務の割りに意外と高く、沖大尉の記録するところでは、在隊した予備学生出身士官だけでも戦死二二名、五〇パーセントに及んだ。これは、指宿派遣隊の全滅によるところが大きいとされている。また、戦死者のなかには豊後水道の対潜哨戒に出動して未帰還となった矢尾正衛中尉（偵・兵七二、昭和二十年四月十四日）のような例もあった。同機は、哨戒中敵潜と交戦墜落、もしくは不時着水して漂流中を敵潜に発見され、中尉は敵艦に収容されることを拒み自殺あるいは射殺されたと伝えられる（再述、第八章参照）。

「やがて行く道と想えばさしてまた、先立つ人を嘆かざりけり（殉職者有りたる日の飛行場指揮所黒板より）」とは、九州南方洋上で夜間索敵中、グラマン夜間戦闘機に撃墜された前記松阪中尉（同志社大、戦死後大尉）の日記にあった一節だという。

海上護衛艦攻隊、沖縄に出動

また、佐伯基地には昭和十九年二月一日以来、海上護衛総司令部（東京）に直属する第九三一航空隊の本部が置かれ、南方と往来する船団の護衛を任として九七式艦上攻撃機隊が配備されていた（部隊番号九三一の九は対潜哨戒隊、三は所管鎮守府・呉、奇数一は常設航空隊を示す）。

九三一空（部隊記号KEB）の艦攻隊は、開隊以来、四隻の商船改造護送空母「大鷹《たいよう》」「雲鷹《うんよう》」「神鷹《しんよう》」「海鷹《かいよう》」を母艦とし、主として門司から東シナ海・バシー海峡を経て比島やシンガポール方面に航行する船団の護衛、対潜哨戒に当たった。当初の定数四八機のうち、早く派遣隊を硫黄島とサイパンに出し、ほかに石垣島・済州島・小禄《おろく》（沖縄本島、現在の那覇空港）などにも分遣した。その間、累次の海上護衛戦において空母三隻を失い（「大鷹」八月ルソン西岸、「雲鷹」九月南シナ海北部、「神鷹」十一月済州島西方）、少なからず飛行機および搭乗員を喪失し、十一月時点では、「海鷹」を母艦とする第三飛行隊のみが健在の状態であった。

十九年十二月、九三一空は第一護衛艦隊に付属し、空母「海鷹」も同艦隊に編入された。同年秋以降、同航空隊に所属した宮本道治《みちはる》上飛曹（甲飛一二、当時一飛曹）の『われ雷撃す』によると、二十年一月、分隊長小松万七大尉（兵七〇）以下の主力九七式三号艦攻二四機が佐伯から大分に進出し、別府湾において空母「鳳翔」を標的に、馬蹄形攻撃法による昼間雷撃訓練をおこなった。対潜爆弾攻撃を専門とした九三一空艦攻隊にとって、これは最初の雷撃訓練であった。同年二月から三月にかけては、司令中村大佐以下、台湾の新竹《しんちく》基地に進出し、かたわら一隊を中支杭州湾口の舟山島に分遣し（追って主力が舟山島に、分遣隊は上海に移動）、台湾海峡・東シナ海の対潜防備に任じたが、沖縄の戦雲急を告げるに及び、三月下旬から推定四月初旬にかけて、根拠地佐伯に復帰した。

前掲『海上護衛戦』によれば、二十年三月末時点の兵力は、佐伯に九七式艦攻一七機（可動一四）、「天山」艦攻二機、九三式中間練習機二機、二式中練一機、九〇式機上作業練習機一機であり、これに上海戊基地の九七式艦攻一二機を加えると保有艦攻計三一機であった。上海の艦攻は、隊員石井力一飛曹の手記によると、四月上旬、燃料と爆弾を搭載して地上で待機中を敵P51ムスタングに急襲されて炎上誘爆し、ほとんど全滅したという。

すでに比島陥ち、沖縄戦が開始されたこのころには、制海制空権を完全に米軍に奪われて南方との交通は途絶状態となっていたため、護衛すべき船団はなく、この対潜攻撃専門の護衛航空隊も五航艦の指揮下に入り、沖縄海域の米艦船攻撃に転用投入された。

三月二十五日から一〇日間、別府湾において空母「海鷹」を標的に激しい夜間雷撃訓練をおこなった九三一空は、菊水隊「千代田部隊」と命名され、中村司令以下搭乗員四二名をもって第一陣とし、四月八日、九七式三号艦攻（単発三座、最大時速三七七キロ）により佐伯を発し、いったん北上して大分で雷装のうえ豊後水道を南下、鹿児島県串良基地に進出した。四月十一日夜、喜界島へ前進を図ったが、目的地上空で敵グラマン夜間戦闘機の妨害を受け、小松大尉の率いる艦攻の何機かが着陸直後被弾損傷し、ダグラス輸送機で移動していた飛行隊長片山信夫大尉は、乗機撃墜されて同乗の整備員一四名とともに戦死した。

以降、九三一空は、小松大尉以下、他部隊所属機との混成をふくめ出撃をつづけながら、四月下旬から五月初旬にかけて、機種を新鋭優速の「天山」（最高時速四八一キロ）に改変し、終戦直前まで沖縄海域の米艦船に対して、再三にわたり、少数機ごとの黎明、薄暮あるいは月明雷撃を敢行している。その間、要員は後方の佐伯湾や別府湾において夜間訓練をおこなっては串良に進出した。

「天山」艦攻は、離昇出力一八七〇馬力の発動機に四翅のプロペラをもち、自重三〇一〇キロ、日本海軍では空前の大馬力・大重量の大型艦上機であり、一部は電探を搭載していた。二十年四月二十二日現在の保有機数は、「天山」四二機、九七艦攻三五機（秋本実『中島艦上攻撃機「天山」』)。これは三月の九州沖航空戦以来串良にあって五航艦麾下の雷撃専門部隊として当初から沖縄戦に参加し、そのころ九三一空に編入された攻撃二五一飛行隊の保有機をふくむものと思われる。防衛庁防衛研究所図書館の戦史資料に見ると、九三一空は四月二十日付で五航艦に付属し、飛行隊は攻撃二五一飛行隊長・後藤仁一少佐(兵六六)の指揮下に入っているので、この時点で、同航空隊は大きく二飛行隊編成となり、本来の九三一空小松大尉の一隊と、攻撃二五一飛行隊(分隊長・永田徹郎大尉・兵七〇)とから構成されることになったようである。海軍では昭和十九年以降、航空隊司令部と飛行隊を分離し、戦局・戦況に合わせて飛行隊を最も適切な航空隊司令の指揮下に随時編入する特設航空隊制度が設けられていた。攻撃二五一飛行隊もこの趣旨において九三一航空隊に編入されたのであろう。

五月中旬以後、他の艦攻部隊の消耗とともに九三一空の出撃が多くなり、六月二十三日沖縄陥落後は、本土決戦に備えて攻撃兵力が整理されたため、以降、沖縄に出撃した「天山」はすべて九三一空のものとなった(秋本実前掲記事、木俣滋郎『日本空母戦史』)。

九三一空の二十年四月以降の戦闘詳報は防衛庁防衛研究所図書館に残されていないというので、その沖縄沖艦船攻撃の動きを、断片的とはなるが各種の戦記・戦史から拾うと、

三月二十七日(と永田大尉手記『天山雷撃隊』にあるが、九三一空の前記行動からすると日付不確か)小松大尉、小嶋潔上飛曹(甲飛一二)らの一隊が戦艦を雷撃、命中の火柱を見た。小嶋機は魚雷投下して敵艦を飛び越えたとき、艦上の構造物に翼が触れ、翼端一メー

トルをくしゃくしゃにして帰投した。

四月二十七日　倉谷定義飛曹長機が巡洋艦に発射、水柱を認む。

同　二十八日　山口八郎中尉（予学一一）が巡洋艦に、荒武一少尉（予学一三）機は大型駆逐艦にそれぞれ発射したが効果不明。

大馬力を擁していた「天山」艦上攻撃機

五月十一日　〝菊水雷桜隊〟と命名された爆装特攻隊九七艦攻七機に協同して九三一空の雷装「天山」四機が攻撃二五一飛行隊の同六機とともに昼間強襲に出動し、全機未帰還。栗村正教少尉機「敵空母を雷撃す」、本川譲治少尉（予学一三）機「敵飛行機見ゆ」、小嶋上飛曹操縦機「われ戦艦を雷撃す」と報じ消息を絶つ。

同　十七日　南條知一少尉（予学一三）機が攻撃帰投中、海上に不時着、搭乗員三名とも力泳四時間にして生還した。

同　二十四日　福田峰康（操）・川村重信・宮本道治各一飛曹搭乗機が月明雷撃、輸送船一隻轟沈視認。

同　二十七日　弾薬輸送艦カナダ・ビクトリー号が三機の雷撃で轟沈。同艦乗員戦死一二（この日の「天山」出撃状況不詳）。

二十年六月下旬、串良の主力は戦力再編のため佐伯に緊急復帰して、昼間雷撃・月明雷撃・照明雷撃の三攻撃隊を編成した。本来の九三一空飛行隊からは、小松大尉以下六機、一七名が照明雷撃隊に指名された。照明雷撃とは、永田大尉の手記によると、二機が一組となり、一機が高度七〇〇〇メートルから吊光弾を投下、照明時間約一分の間に他の一機が海上高度二〇メートルの低空で目標を捕捉し雷撃する方法で、「最高度の夜間飛行の技術を必要とした」と、同隊に加えられた電信員・宮本上飛曹も書いている。この訓練は攻撃二五一と合流して大分・築城《ついき》・宇佐を基地におこなわれた。

このあと再び串良に進出した九三一空は、同基地に残存する他部隊の艦攻搭乗員を吸収しながら九三一部隊とも呼ばれ、沖縄航空戦における最後の雷撃隊として出撃をつづけるうち、八月三日付で第五航空艦隊第三十二航空戦隊（司令官田口太郎少将）に編入された。

最末期九三一空の戦果は、主として米軍側の記録に拠って伝えられている（木俣前掲書および秦郁彦『八月十五日の空』）。

七月十八日　兵員輸送艦ジョージ・F・エリオット二世号が月明雷撃により損傷（同日、「天山」末松幹夫飛曹長機未帰還）。

八月十二日　「天山」四機の攻撃で、戦艦ペンシルバニアに魚雷一本が命中、同艦は大破孔を生じ、戦死二〇名を出した。この夜襲は海軍航空部隊最後の雷撃となった（この日「中《なか》城湾《ぐすく》の戦艦らしき一隻に火柱を認む」という無電を残して倉谷飛曹長機ほか全機未帰還）。

九三一空開隊時の司令は大塚秀治中佐（のち大佐）、ついで昭和十九年秋から二十年春沖縄戦たけなわの時期まで中村健夫大佐（昭和十九年十一月二十一日～昭和二十年五月十日）、そして最終期は峰松巌大佐（五月十日〜九月三十日）であった。飛行長は、初代が短期間、牧秀雄少佐（昭和十九年九月十五日〜十月七日）、ついで倉兼義男少佐のあと、沖縄戦の期間から終戦まで足立義郎少佐（昭和二十年四月十日〜）であった。初代の飛行隊長は右記の牧少佐（昭和十九二月一日〜九月十五日）。次の片山大尉戦死（前記昭和二十年四月十一日）後は、攻撃二五一の飛行隊長・後藤少佐（昭和二十年四月二十日〜）が継承した。また、沖縄戦当時の整備主任は佐野牧夫大尉（昭和二十年四月二十日〜）であった（同じく防衛研究所図書館の教示、ならびに宮本道治氏提供の資料による）。

なお、牧飛行長の在任が短いのは——十九年十月、九三一空は、レイテ戦にあたり囮艦隊となった小沢機動部隊の空母「千代田」配乗となり、同飛行長と整備員は乗艦したが、飛行隊は母艦収容直前に命令変更となり基地に残り、いったん乗艦した整備分隊・兵器分隊計約六〇名も下艦した。牧少佐らを乗せたまま出動した「千代田」は、「瑞鶴」ほかの三空母とともにルソン島エンガノ岬沖に沈んだのである。のち沖縄戦にあたり、夜間雷撃隊となった九三一空が「千代田」部隊を名乗ったのは、この悲運の空母を記念したものといわれる。

戦後、最後の司令峰松大佐が伝えたところでは、「千代田」部隊の命中雷数は十五余とのことである。終戦まぎわまで沖縄に出撃した九三一空は、それ自体としては特攻隊ではなく、終始正攻法の雷撃隊であった。これは二十年四月串良進出前、旧型機九七式艦攻を使用する九三一空が特攻隊の編成を勧告されたとき、分隊長小松大尉が〝機も人も一回しか使用できない〟必死の作戦に強硬に反対し、代わりに夜間雷撃隊となることを上層部に認めさせたたからだという。

戦後、同航空隊搭乗員生存者は、大正十年生まれ、当時満二四歳であった小松万七大尉（戦後没）の卓見を讃え、こんにちに至るも深く徳としている。海兵同期生、攻撃二五一の永田大尉の前掲手記によると、小柄敏捷の小松大尉は、前記沖縄戦初期の攻撃で、回避行動をとる敵戦艦に対して好射点を得るために、熾烈な対空砲火のなかを進入やり直し四回目にして魚雷を発射命中させたこともあるという、実戦においても緻密にして大胆な指揮官であった。雷撃のやり直しは「必ずと言ってもいいくらい撃ち墜とされる」のが通例だったのだ。（小松大尉は戦後〝原野〟姓に変わり、日本航空のパイロットとなったが、昭和四十一年八月二十六日、コンベア880機の操縦訓練教官として搭乗指導中、羽田着陸時に機が滑走路を外れて火災発生事故死した）。

戦争最終期の九三一空は、宇佐を基地として終戦を迎えた。飛行隊長後藤少佐、分隊長永田大尉以下の一隊は四国観音寺基地で八月二十二日解散し、搭乗員は艦攻に分乗して、それぞれ郷里の方向に散ったという。

九三一空の戦死消耗率はきわめて高く、沖縄航空戦開始直後の主力搭乗員八十余名中、終戦時、搭乗配置にあったのはわずか二一名であった（宮本前掲書）。また、佐伯空沖大尉によると、終戦までの九三一空予備学生出身搭乗員の戦死殉職は一五名、九〇パーセントに及んだ。これは主として、「海鷹」以外の三空母が船団護衛任務中、敵潜に撃沈されたこと、それに沖縄沖艦船攻撃での犠牲、ならびに夜間雷撃訓練中の事故が加わったためである。

夜間の雷撃訓練は、パイロットには苛酷な作業であった。水偵の沖大尉は、夜間洋上飛行そのものが難しいことなのに、また重い魚雷を抱えて飛ぶだけでも難儀なのに、暗中低空で雷撃運動をおこなうことの危険さを九三一空同期生二名の殉職によって思い知らされたと語っている――昭和二十年五月二十九日山口八郎中尉・別府湾、昭和二十年七月二十七日古畑定基中尉・佐田岬沖。ほかに、同航空隊の夜間雷撃訓練中の事故として、宮本前掲書は、昭和二十年五月二十八日佐伯湾において一機、和田智中尉、田辺栄三少尉、細川上飛曹の殉職を伝えている。山口中尉（神戸商大、大尉）はミッドウェー海戦で戦死した〝烈将〟山口多聞中将の甥にあたり、同司令官に似て体が大きく前記宮本上飛曹の伝えるところでは、飛行機を壊して上官に叱られると、「飛行機は買って返します」とのたもうた豪傑であった。また、古畑中尉（早稲田大、昭和二十年七月一日大尉、戦死後少佐）は血液鑑定で知られた東大の古畑種基博士の子息で貴公子然としていたが、同じ九三一空の整備員、小原叶一等整備兵曹の印象では、定着訓練のさい、何度脚を折っても諦めずに定点に降着しようとする気性の強さを見せていたという。

「佐伯空」哨戒任務に黙々たり

試製「東海」米潜撃沈作戦に出動

一方、昭和十九年十月、双発対潜哨戒機「東海」隊が初めて佐伯基地で編成されていた。各地の護衛航空隊から搭乗員を集め、試製機によって訓練のうえ、順次実施部隊に配備してゆくのである。指揮官は飛行隊長・江藤圭一少佐（兵六四）、分隊長高木久男大尉（兵六七）であった。高木大尉は、横須賀空で「東海」開発の任にあたり、続いて佐伯空に移って養成訓練・実施部隊配備の中心となった。前掲『海上護衛戦』によれば、同年十二月、佐世保鎮守府長官指揮下、空水協同での九州南西海面の米潜水艦撃沈作戦に、「佐伯空の試製東海六機が、零式三座水偵六機ならびに指宿所在の佐伯空飛行艇全機とともに出動した」とあり、「東海」隊は訓練のかたわら、早々に実戦の哨戒兵力に加えられたのである。江藤少佐は、巡洋艦「熊野」「能代」「愛宕」各飛行長を歴任、呉空飛行長を経て零水偵を率いて南方に進出、重巡「最上」飛行長としてマリアナ海戦に参加したあと、「東海」隊発足後の十九年末佐伯空司令付着任、追って飛行隊長として指揮をとり、最後の一隊を率いて元山に進出した（五月十五日付）。

機首三座の双発機「東海」は、カブト虫を思わせる頭デッカチの四角い機首に胴長の機体が特徴で、耳を聾さんばかりのけたたましいエンジン音を発し、戦争末期、着陸時に佐伯の町の上を飛んだ数少ない海軍機の一つであった。対潜哨戒攻撃専用機として昭和十七年に「一七試陸上哨戒機」として製造企画された本機は、九州飛行機会社（大刀洗）による一号機の完成を見たのが十八年十二月、そして、すでに内地周辺海域でも敵潜跳梁し、艦船の被害が著増していた十九年秋、ようやく佐伯空で搭乗員の養成が開始されたわけである。

優秀な磁気探知装置を備えていた双発対潜哨戒機「東海」

昭和二十年二月、いち早く済州島摹瑟浦《モスリッポ》基地に一二機を率いて進出した九〇一空森川久男大尉（兵七〇）の手記によると、「東海」は「優秀な磁探と広い視界をそなえた有能で繊細な」哨戒機であった。同隊は、零式水偵隊同様、磁気探知装置や電探のほかに、試験段階にあったC装置も使って敵潜探知に効果をあげた。だがこの飛行機は、開発期間を短縮して実用配備された試製機であったため、機体関係の故障が頻発し、二十年三月には佐伯湾で急降下中の空中分解事故も起こった（『精鋭の翼〝東海〟海峡の米潜を撃沈せよ』）。

水偵の沖大尉によると、これは湾内の標的潜水艦に急降下爆撃を試みたとき生じた機体共振によるもので、佐伯に機体受領のため集まり互乗していたヴェテランパイロット、松尾大尉（操・兵七〇）、森田大尉（操・予学九）、声高飛曹長（操・金鵄勲章保有）の三名が殉職したという。標的潜水艦は、飛行場北端から東側の三栗島と納地島のあいだに廃潜を繋留していたのである（前出二六ページの地図参照）。また、十九年二月から二十年六月まで九三一空に所属していた前記小原一整曹によると、「東海」が佐伯飛行場を離陸時に発火し、搭乗員が焼死するという事故もあったとのことである。「事故だ！」というので駆けつけると、搭乗員が二名炎のなかに見え、脱出した一人はガソリンを全身に浴びて火達磨となり、飛行場の草地の上を転げ回っているうちに小さな焼死体となってしまったという。

「東海」の実施部隊への配備は、前記の済州島に始まり、上海・美保（済州島から移動）・能代および元山と、つぎつぎにおこなわれ、二十年六月には展開を終了した。

このように、沖縄戦が開始されてあわただしい昭和二十年四〜五月、佐伯の陸上飛行場にあった海軍機は、九三一空の艦上攻撃機群と、各地への配備を予定して訓練中の対潜哨戒機「東海」であった。（九三一空は佐伯を根拠地としたが、佐伯航空隊とは別部隊である。呉鎮付属の佐伯空は水偵隊であったが、「東海」隊も各地実施部隊に配備されるまでは佐伯空に所属した）。加えて、沖縄戦の進展とともに佐伯は特攻の準備基地となり、他基地で編成された特攻隊の訓練機が入れ替わり飛来しては、伊予灘を走航する護送空母「海鷹」を標的に体当たり訓練をおこなうことになったというから、そのような飛行機も別に何機かはいたかと思われる。

だが、かつて緒戦時から戦争中盤にかけて空母部隊の零式艦上戦闘機が華麗に発着した佐伯の陸上飛行場は、前年秋海軍が最後の機動部隊を比島沖に失って以降、絶えて戦闘機隊の姿を見ることがなく、敵機の来襲しきりとなるにつけ、邀撃機なき寂蓼の気配は覆うべくもなかったと推察されるのである。少なくともその淋しさは、戦闘機の飛来を心待ちに空を見上げ、飛行場からの爆音に耳を傾け、あるいは風防ガラスの破片を求めて場外の掩体壕に近づきながら基地のなかを垣間見ることもあった少年たちの抱いていた実感であった。（風防ガラスは、それを材料に模型やペンダントを作るのであり、細工するとき削ったり擦《こす》ったりすると、合成樹脂独特のえも言われぬ芳香が漂うのであった。私たちは、航空隊の兵士たちから伝えられたと思われるこの遊びに熱中していた。当時佐伯の少年にとって、昭和二十年、斜陽の海軍航空隊の記憶はこの風防ガラスの香りとも結びついているのである）。

こうして、私たちが長年にわたって抱きつづけていた海軍航空隊への畏敬と憧憬は、雷撃機隊の沖縄への出動によってなお保たれていたとはいえ、空襲下、邀撃戦闘機の発進を空しく待望するうちに半ば失望と落胆に変わりつつあった。

佐伯は戦前から海軍の一要衝としてその存在が知られており、米軍にとっては優先順位の高い攻撃目標であるはずであった。敵がひた押しに迫ってきた今、海軍は米軍にもよく知られている水道入り口のこの飛行場に虎の子の戦闘機群を並べてB29や艦載機の目に曝すわけにはいかぬと考えているのかもしれない。

また、三方を山に囲まれ、海の方向には島が控え、そのうえ気流状態が悪く、面積もさほど広くない佐伯飛行場は、重戦・高速化している邀撃戦闘機の自由奔放な離着陸には不適とみなされているのかもしれない……と。（佐伯上空の乱気流は、海軍搭乗員から伝えられて小学生にまで知られていた。飛行場周辺の地形の起伏が激しいのが原因ということだ。水偵隊員の一人、宮田光夫中尉〈予学一三・偵、戦後佐伯市在住〉によると、海上では島の風下で乱気流・乱渦流が発生し、これに飛行機が近づくと、ガクガクと大きく揺れるという）。

ここで、佐伯航空隊のために敢えて弁明するならば、佐伯はこの時期、哨戒・海上護衛部隊の基地に位置づけられており、本来、呉鎮管内の防空は、「雷電」、零戦、双発夜間戦闘機「月光」を擁する岩国の三三二空（司令八木勝利中佐）が担っていた。だから、敵機邀撃のため必要とあらば、この戦闘機隊が臨機に佐伯に進出して来なければならぬはずのものだった。ところが同隊は挙げて阪神防空支援のため、かねて鳴尾と伊丹に分駐しており、期待の「雷電」隊一七機が、前記したように、B29の九州各基地空襲がさかんとなった四月下旬には急遽南九州鹿屋に転進していたのである。

また「雷電」と並んで海軍の新鋭邀撃戦闘機としてささやかれていた「紫電」および「紫電改」の三四三空戦闘機隊は、昭和十八年新設の四国松山飛行場を根拠地として南九州に展開していたが、四月末には基地を大村に移しつつあった。対戦闘機邀撃を専門としたこの部隊が、かねて在支米空軍の来襲時以来たびたび爆撃目標となっていた大村に敢えて基地を変えたのは、司令源田実大佐によると、鹿屋や国分では警報網の先端との距離が短いために〝間合い〟が充分にとれず、その点大村は適当な位置にあり、「地形の関係も飛行場の状態も良かった」からだという（『海軍航空隊始末記』）。

とすれば、大村とほぼ同じ緯度線上にあっても、敵機の表通りの豊後水道側の佐伯は、地形もさりながら、〝間合い〟の点で難とされたことになろうか。それに、すでに艦攻部隊の根拠地となっていた佐伯は、人員・飛行機の収容能力からしても、小部隊の臨時基地ならともかく、一航空隊が居を占めるには余地が少なかった。単座の戦闘機隊といっても、地上員をふくめると相当な数となり、水偵隊や艦攻隊の留守のあいだ一寸《ちょっと》間借りするというわけにはいかなかった。

かにかくに、海軍航空部隊の用兵者は、この時期、佐伯に戦闘機を持って来なかった。敵機の跳梁に拱手するばかりと見えた海軍に、町の者たちがいくら心中扼腕《やくわん》しても、任務の違う佐伯航空隊としては動くすべもなく、零水偵や「東海」が黙々と昼夜洋上の索敵哨戒任務につき、九三一空の「天山」艦攻も、ひたすら薄暮や月明の雷撃訓練に励んでいたのだった。

第三章　陸軍三式戦闘機「飛燕」飛来す

敵機来襲を告げるサイレンの音にも慣れてきたある日の午後であった。細長い旧市内の東側を中川（別名・長島川）沿いに南北に走る未舗装の幹線道路は、警戒警報が解除されて間もなく、まだひっそりと人影が少なかった。

突如、轟音が聞こえ、市の南西、曇り空の城山西側の山かげから見慣れない飛行機二機が現われ、南東の番匠川方向に疾駆してゆくのが見えた。二機は、はやる機速を強いて抑えようとするかのごとく、機体を大きく左に傾け旋回しながら主脚を開き、相競うように編隊のまま着陸降下してゆく。「キーン」と鋭く鼓膜に響く金属音、初めて見る先の尖った独特の機首。そして、精悍なスタイルながら一《ひと》きわ流麗な機影は、まぎれもなく、かねてうわさに聞く陸軍の新鋭液冷式戦闘機「飛燕」と知れた。

軽快な零戦を見慣れた目に、一段と強く迫る高速感と重量感。特異な高音階の液冷エンジン音。海軍戦闘機の丸味を帯びた形状に対し、やや角ばって見える機体の斬新なデザイン。

それは〝一撃必殺〟の高速戦闘機にふさわしかった。瞬時、矢じるしと目に映じた垂直尾翼のマークは、海軍機になじみの数字の標識と違ってめずらしく、機がたちまち降下して人家の陰に隠れたあとも空中に白く残像を結んだようだった。

それにしても、陸軍機を佐伯の空に見たのは初めてのことで、多分この二機はどこかの陸軍基地へ飛行の途中、燃料補給のため佐伯に降りてきたのに違いないと思われた。ところが、たしかその日の夕刻、駅前から市内につづく舗装された本道で、偶然航空隊の方から歩いてくる陸軍航空士官二人を見かけた。萌黄色の軍服姿も目新しく、行き違う水兵たちの敬礼に陸軍式の挙手の礼を返す動作が端正であった。とっさに、私は心のなかで、《あの「飛燕」の操縦士だ！》と確信した。うわさに聞く海軍の新鋭戦闘機「雷電」や「紫電」はいつ現われるのかと半ば諦めがちに期待していたところへ、思いがけず飛来着陸してきた「飛燕」二機と、二人の青年士官パイロットの凛々《りり》しい姿が、戦局の緊迫のゆえもあってか、鮮やかな印象となって心に残った。

それから、学校でも《佐伯に「飛燕」隊が来た》といううわさが流れ、私たちは、頼もしい「飛燕」の機影を目に浮かべては空中戦の期待に胸をふくらませるのだった。だが市内の子供には、現実に「飛燕」が邀撃出動して、佐伯の空を勇ましく飛翔するのを見る機会はなかった。「飛燕」が飛び立つときは防空壕に避難していて、目は外界から遮断されていたからだ。のちにまた「街《まち》を陸軍の整備兵がかたまって歩いているのを見た」という者もいたが、空襲下のあわただしさのなかで、やがてその話題もいつしか消えた。

この「飛燕」がどこから来て、その後どこへ行ったのか、戦時中は教えられる機会もなく、戦後も長いあいだ知ることなく過ぎた。しかし、その思い出は忘れ難く、第二次大戦の有名機の一つとされる三式戦闘機について、おりにふれ紹介記事や写真に接するごとに、かつて見た機影とパイロットが偲ばれた。

川崎キ61三式戦闘機「飛燕」

ドイツとの技術提携による国産ダイムラー・ベンツ液冷エンジン搭載、機体設計は川崎航空機技術陣による〝混血〟戦闘機。主要諸元・性能を、われわれが特になじんだ海軍の零戦、それも初期の21型と対比して関係書に見ると次のとおり。

	川崎三式戦Ⅰ型乙	三菱零戦21型
全幅	一二m	一二m
全長	八・七四m	八・七八m
自重	二三八〇kg	一六八〇kg
離昇出力	一一七五馬力	九四〇馬力
最大時速	五九〇km／高度四七六〇m	五二〇km／高度四五五〇m
上昇時間	五分三一秒／高度五〇〇〇mまで	五分五五秒／高度五〇〇〇mまで
武装(胴体)	一二・七mm×二	七・七mm×二
(翼)	一二・七mm×二	二〇mm　×二

初期の三式戦Ⅰ型甲（胴体砲一二・七ミリ×二、翼内銃七・七ミリ×二、生産三八七機）と、後継Ⅰ型乙（諸元右記、翼砲も一二・七ミリとなる、生産五九二機）の両翼火器を、ドイツ製マウザー二〇ミリ機関砲に換装、もしくは生産過程で装備したのがⅠ型丙であった（生産三八八機）。

マウザー二〇ミリ砲の重量は、Ⅰ型乙搭載の「ホ一〇三」一二・七ミリ機関砲の一門二三キロに対し、四二キロ（砲のみ）であり、付帯装置をふくめⅠ型丙は乙より四五キロほど重量増となったという。

マウザー砲は、一門一二〇発、弾丸の直進性がよく、零戦のスイス製エリコン二〇ミリ砲より初速で一〇〇メートル速かった。この弾丸はドイツ都市防空用に開発された時限信管付きの曳火榴弾で、地上の人や建物に危害を与えぬよう、射距離三〇〇〇メートルで自爆する仕掛けとなっていた。装塡は、「ジー、カチカチカチ」と耳に心地よい小型モーターによる高速自動式、発射音は軽やかで機体に及ぼす反動も小さく、昭和十八年、空中で初めて試射をおこなった村岡英夫少佐（航士五二期、当時飛行第二四四戦隊で大尉）は、その高性能と精巧な構造機能に驚き、ドイツの技術にシャッポを脱いだと、その手記に書いている。試射の射弾は前方三〇〇〇メートル付近で正確に炸裂し、「黒煙が相模湾の空に規則正しく連なって、まるで大空をミシンで縫っているようであった」という。

これに対し、後継Ⅰ型丁（生産二三五八機）の「ホ五」二〇ミリ砲は、ブローニング系国産で、弾倉と空《から》薬莢受けが大きく、機首を二〇センチ延長して胴体に装備された。すなわち

急降下に強く格闘性能にもすぐれていた三式戦闘機「飛燕」

Ⅰ型丁は、丙とは逆に、胴体砲二〇ミリ×二、翼砲一二・七ミリ×二が基本型である。

昭和十九年九月製作開始されたⅡ型（生産九九機）は、さらに機首を延長して全長九・一六メートル、搭載エンジン「ハ一四〇」の離昇出力一五〇〇馬力、最大時速六一〇キロ、高度五〇〇〇メートルまで六分であり、零戦の後期量産された52型は、出力一一三〇馬力、最大時速五六四キロであった。

「飛燕」はⅠ型において、同型エンジンをもつ本家のドイツ空軍戦闘機メッサーシュミットMe109Eより三〇キロ／時優速、一撃離脱を主戦法とする準重戦闘機ながら、飛び方に順応して常に安定した作用をする空戦フラップを備えて格闘性能にもすぐれていた。機体は堅牢で急降下に強く、本機により本土防空戦を戦った古川少佐は「B29を直上攻撃して離脱後の加速約七〇〇キロに堪えたと思っている」と実感を伝えている。設計者土井武夫技師によると、「飛燕」の降下制限速度は、零戦の六七〇キロに対して八五〇キロであり、

「いかなる急降下においても空中分解をおこしたことはなかった」とのことである（『丸メカニック45・隼／飛燕』）。戦後の米解説書にも、「〝飛燕〟の急降下性能は日本戦闘機のなかで比類なく、これは〝飛燕〟が同機より重い米軍戦闘機をダイブで振り切ることができたことで証明される」とある（ウィリアム・グリーン『第二次世界大戦の有名戦闘機』）。また「飛燕」の急上昇は、「飛行線から直角に、捻るように、急激な姿勢の変化を一瞬にして行ない、みごとに昇るのが特徴」であったと、南方戦線で戦った松本良男少尉は語っている（幾瀬勝彬著『秘めたる空戦』）。

だが、そのころ日本の液冷エンジン技術は未熟でトラブルが多く、可動率に不安が大きく、空中での故障による事故も多発し、しばしばパイロットに〝殺人機〟と恐れられた。また、腹部ラジエーターに被弾すると、エンジンは四分で止まり、手のつけようがなかったともいう。

昭和十八年、ニューギニア戦線に初登場、ついで十九年比島航空戦と本土防空戦で活躍。昭和二十年一月、その名「飛燕」が新聞に公表されて以来、陸軍の新鋭戦闘機として広く国民に知られるところとなったが、この時点では、十九年四月制式機となった中島航空機の世界水準に迫る傑作機、重戦闘機「疾風《はやて》」（二〇〇〇馬力、最大時速六二四キロ）も登場していた。だが、背と座席下の防弾鋼板撤去・落下タンクなしの条件で、高度一万一〇〇〇メートルを飛行できた過給器装備の「飛燕」Ⅱ型の高空性能は、日本陸海軍実用戦闘機のなかで最高であった。速力、上昇時間、上昇限度においてほぼ対等な海軍機は、関係書記載の性能に見るかぎり、強馬力のエンジンをもつ局地重戦闘機、三菱「雷電」（一八〇〇馬力）と、川西「紫電」（中翼）および「紫電改」（低翼、一九九〇馬力）である。

〝液冷〟「飛燕」の発動機冷却用の液体は、供給の便を考慮して水であった。すなわち水冷であり、沸騰点を上げるための化学剤エチレングリコールなどは使わず、系統内の圧力を高めて沸騰点を一二五度Cとしていたのである。なお、「飛燕」Ⅱ型のメタノール噴射「ハ一四〇」液冷エンジン生産遅延のため、その機体に百式司偵と同じ三菱四式一五〇〇馬力空冷エンジンを装備したのが、二十年二月初飛行の五式戦であった（生産三九〇機）。

同機は、幅八四センチの胴体に直径一二二センチの空冷エンジンを付けたので、機首がくびれる形となり速力がやや低下したものの、予想外の好性能を示し、同一の三菱金星エンジンを使用した零戦54型丙（生産二機）よりも上昇力・最大時速ともに優ったのは、川崎航空機による「飛燕」の機体設計が格段にすぐれていたことの証しとされている。陸軍航空審査部戦闘隊の名テスト・パイロット荒蒔義次少佐（陸士四二期）が、「陸軍の戦闘機のなかで何が一番良かったか」との問いに、言下に「〝飛燕〟だ」（前掲『丸メカニック』）と答えたゆえんであった。

第四章　陸軍飛行第五十六戦隊機動防空作戦を展開す

さかのぼって、昭和十九年三月、本土防空を任とする陸軍飛行第五十六戦隊が大阪府下柏原の大正基地で開隊し、四月二十六日戦隊編成を完結、三重県宇治山田近郊明野飛行場で「飛燕」五機、「隼」二機を受領し、同二十八日、伊丹飛行場（現大阪伊丹空港）を基地として実戦訓練を開始していた。戦隊長古川治良《はるよし》少佐（大正五年十月十五日生、陸士五〇期、昭和十三年卒）、飛行隊長緒方醇一大尉（航士五三期、同十五年卒）であった。所属は、初め第十八飛行団、のち七月昇格した第十一飛行師団（大正・師団長北島熊男少将、参謀長神崎清大佐、兵団名「天鷲」）、部隊番号は中部第一八四二八部隊であった。

古川少佐は陸軍戦闘機隊のメッカ明野で戦技教育を受け、中尉として飛行第二十四戦隊（満州・海拉爾《ハイラル》）に所属、昭和十四年、満蒙国境ノモンハン事件勃発とともに九七式戦闘機（単葉固定脚）により甘珠爾廟《カンジュル》飛行場に進出、六月二十二日、ソ連戦闘機イ15（複葉）、イ16（単葉）大量五八機撃墜で航空戦史に特記されるアムクロ上空戦に小隊長として参加（二機撃墜、被弾、足に負傷)、以来歴戦の戦闘機パイロットであった。昭和十六年三月以降は大尉として関東軍の精鋭戦闘機隊・飛行第八十五戦隊の中隊長、ついで十八年六月からは二式単戦「鍾馗」により同戦隊本部付として中南支戦線に進出、南京・武昌・広東・漢口などを転戦した。十九年三月、少佐進級とともに、飛行第五十六戦隊編成のため内地に呼び戻され、四月、戦隊長に任命されたのである。

戦隊創設当初、隊員は実戦経験者がほとんどおらず、飛行学校から教育飛行連隊を経たばかりの未熟練者が多かったという。

伊丹で訓練を開始して以来の戦隊の行動を詳記している同少佐の二つの手記、『飛燕機動防空作戦』および『陸鷲の鎮魂——三式戦の本土防空戦闘』によれば、昭和十九年六月十五日夜半に始まった在支米空軍のB29北九州来襲によって風雲急を告げるなかで、戦隊は、一時期小牧にも移駐して錬成を続けたあと八月下旬九州大刀洗に進出、九月一日、「飛燕」全機一七機をもって朝鮮半島南方、済州島北岸中央部島首所在地・済州飛行場に移動して邀撃《ようげき》任務につき、十月二十五日、B29七〇機が大村に来襲したとき、戦隊として初の空戦を洋上黄海上空でおこない、一機撃墜、六機撃破の戦果をあげ初陣を飾った。この戦闘において、戦隊編成作業開始当初からの幹部・岩下敏一大尉(航士五四)は、右眼失明の重傷を負い、血《ち》のりしぶきで風防を染め、顔面血糊にまみれながら隻眼をもって着陸生還した。同小隊の分隊長、真下軍曹によると、このときは敵発見が遅れて後上方からの不利な態勢からの攻撃となり、敵の応射が激しく被弾機がほかにも出たという。

これより前、同島展開の初期九月九日、城野《じょうの》政次郎中尉（航士五六）が訓練より帰投着陸時、草地の滑走路の地盤軟弱のため転覆、頭蓋骨を折って即死し戦隊最初の殉職者となっていた。また、初陣の翌二十六日、古川久夫伍長（少飛一二）が邀撃出動帰投中に機位を失し、波間に手袋の一片を残して行方不明となり、さらに二十七日、外山《とやま》文夫軍曹（予備下士八）が大刀洗から機体空輸中、密雲に迷い五島列島西側海上に爆音を残したまま消息不明となった。同じくこの日、古賀正伍長（予備下士九）が基地上空で未修者教育中、錐もみに陥り墜落死した。戦隊の済州島進出期間中の殉職・行方不明は、これら四機であった。

古川戦隊長は大尉時代に二式単座戦闘機「鍾馗」に乗っていた

十一月十五日いったん伊丹に復帰、ついで同月下旬から十二月初旬にかけて、北九州防空のため伊丹―大刀洗を二度往復した。十二月三日の移動のとき、西日本一帯は強い偏西風に送られてきたシベリア寒気団に覆われ、機上は〝操縦桿も凍る〟（古川少佐）耐え難い寒さで、着陸した大刀洗は吹雪であった。にもかかわらず、この進出は会敵の機会なく徒労に終わったのである。根拠地を基点に、かく即応的に長駆要地飛行場に進出しての邀撃配置をこそ、古川少佐が〝機動防空作戦〟と呼んだゆえんであった。

防空戦隊が根拠地を離れ、他の軍管区に転進して邀撃任務につく作戦を、防衛総司令部では「航号戦策」と呼称した。防空戦隊の西部＝九州方面への集中は、「航イ号」であった。航号戦策は、配備の手薄な防空戦力を機動集中によって補うという応急措置だった。事実、B29が中国大陸奥地から北九州に襲来し始めてすでに半年近く、さらに転じて、マリアナから東京・阪神・中京を窺い始めていた昭和十九年十一月のこの時点において、西部にあって見るべき戦力をもつ陸軍戦闘機隊は、六月以来北九州防空に目ざましい活躍をしていた双発「屠龍」の飛行第四戦隊（山口県小月）のほかには、南方から帰還して再建途上の同第五十九戦隊（「飛燕」、福岡県芦屋）があるだけだった。

本来、関西・近畿・中京を担当して根拠地を固めねばならぬ五十六戦隊にとって、これは大きな負担でもあった。飛行機は一飛《ひと》びだとしても、地上員・機器機材の移送が付いて回るのだ。この一事を見ても、米軍の息をもつかせぬ攻勢に比し陸軍の本土防空戦備は立ち遅れていたといえよう。

大刀洗を基地とした戦闘で特筆すべきは、B29三機を撃墜、一機を撃破した十一月二十一日の有明海上空の邀撃戦闘であった。この日、涌井《わくい》俊郎中尉（航士五六）の小隊は、今田良三少尉（下士八六）小隊の牽制攻撃のあとを受け、肉薄攻撃を敢行して敵機操縦士を射殺、このB29を海中に撃墜するという壮絶な空戦を展開した。

涌井小隊の分隊長としてこの戦闘に参加した真下《ましも》静作軍曹（下士九一期優等卒業、戦後の姓・嵯峨根）によると、緒方飛行隊長以下の出動一二機が草地の大刀洗飛行場に横一線に並び、前方の雲の切れ間にB29を見た直後、ピストの戦隊長命で一斉に発進した。高度六〇〇〇で敵編隊を発見、出合いがしらの戦闘となり、軍曹は先頭の指揮官機を狙って前側上方攻撃をかけた。体当たりするかと怖れたほど接近銃撃し、逆落としに、垂直状態で敵編隊のあいだを縫うようにして離脱した。攻撃中、敵弾は一つも飛んでこなかったのでこの攻撃法に限ると確信した。再び高度をとりつつB29の方を見ると、先頭機がいったん機首をもたげたと思うと右に傾き、そのままゆっくりと回転しながら、長崎南方の天草灘沿岸寄りの海中に墜ちていった。「一機は私が攻撃し墜としたのは僚機の石川伍長が目撃しています」と、真下軍曹は敵指揮官機の撃墜を確信している。一方、今田機は被弾、大刀洗筑紫分教場に不時着を意図して降下中についに力尽き、福岡県南西部の矢部川畔（現八女市上妻祈禱院）に墜落戦死した。

伊丹飛行場における古川治良戦隊長機

　なお、この戦いまでの相手B29は、中国奥地成都を基地とする米第20爆撃兵団（司令官・八月末以降カーチス・ルメイ少将）に属するものだった。

戦隊は、当初から一飛行隊編成をとったが、空中では三個の中隊に分かれて行動した。九月の済州島転進時から十二月初旬まで、北九州防空にあたった時期における第一線操縦者は、その間の戦死・殉職（×印）、重傷者（△印）をふくめ次の二三名であった。

古川戦隊長、緒方飛行隊長、岩下敏一大尉（△）、永末昇・城野政次郎（×）・涌井俊郎各中尉、今田良三少尉（×）、藤井智利・小野傅・外山文夫（×）・高向良雄・羽田文男・真下静作・南園清人（△）・吉野近雄各軍曹、石川新次・川本忠義・小合節夫・古賀正（×）・原田熊三・日高康治・古川久夫（×）各伍長（階級は当時）

すなわち、航士出の士官に即していえば、五六期（昭和十八年五月航士卒、十一月明野飛行学校卒）、下士官では下士操縦学生九三期（十八年九月飛行学校卒）あるいは少飛一二期（同）までのパイロットである。特操一期生ならびに少飛一三期生は、この時期は三式戦への転換訓練段階にあり、永末中尉（航士五五）が留守をあずかり、藤井軍曹（下士八七）を助教に教官を勤めていた。とくに特操一期生は多く教育飛行隊での訓練未成のため、当初は高等練習機の復習が必要であった。だが、この間の戦死傷・殉職によって生じた欠員は、追ってこれら新人操縦者によって補充されることになった。すでに技量上級者若干名を失っていたとはいえ、このころ戦隊の戦力は高揚し、有明海上空の直上攻撃をふくむ会心の戦果によってパイロットの士気はいやがうえにも高まったのだった。

昭和十九年十二月から二十年一月にかけての保有機数は約五〇機、十九年末の戦隊納め飛行は、戦隊長編隊四機のほかに三個中隊各一二機、計四〇機をもっておこなわれた。以降二十年三月末まで根拠地伊丹にあって、名古屋・大阪・神戸方面へのB29の空襲に出動、阪神・中京地区における防空戦闘機隊の中心となった。

しかし、この期間に戦隊操縦者の戦死殉職累増し、十二月から一月初めにかけて四次にわたった名古屋上空邀撃戦闘で、小《こ》合《あい》伍長（少飛一二、十二月二十二日）と涌井中尉（一月三日）を失ったあと、とくに三月中旬、あいつぐ阪神夜間空襲時に基幹パイロットの戦死、負傷が続出した。

飛行第56戦隊の昭和19年末納め飛行

三月十四日未明大阪空襲――高向《たかむき》軍曹（少飛一〇）戦死、鷲見《すみ》忠夫曹長（下士八六）・真下軍曹重傷。

三月十七日未明神戸空襲――緒方大尉体当たり戦死、川本軍曹（下士九三）・津田三五郎軍曹（同）戦死。

ここにおいて、戦隊の「戦力の低下顕著となる」と古川少佐は書いている。前年秋の済州島転進以来、すでに戦死殉職一一名、重傷四名を数えていたのであった。

鷲見曹長の奮戦、緒方飛行隊長体当たり

前記鷲見曹長は、前年十二月十二日、帝都防空の飛行第二四四戦隊（調布、「飛燕」）から、伊藤国治・津田三五郎・宮本幸雄の三伍長（のち軍曹）を連れて着任し、以来、練達の先任下士として活躍していた。そして、三月十四日、大阪夜間空襲のとき、地上の猛火に照らされて血のように赤い夜空に反復出動（初め弾が出ず、いったん着陸）、単機よく四機に致命傷、三機撃破の偉功を立てたが、燃料欠乏して、朱に染まった二つの雲層の間から降下を意図した。だが、錯覚によって両雲層の上下を取り違えていたため、機は失速墜落状態となり、落下傘で脱出を試み機外に飛び出したさい、尾翼で肩を強打して重傷を負ったのだった。同曹長は、この勇戦で異例の生前個人感状を受け、さらに武功章が授与された。一歩兵から出発した操縦者鷲見准尉は、二四四戦隊以来通算撃墜B29五機、P51一機をもって陸軍戦闘機隊のエースの座に列して戦史に名をとどめた。

古川少佐の二つの手記から摘記すれば、その夜、「天候悪化し冷雨粛々、飛行場一帯無風、煙霧伊丹猪《い》名《な》川《がわ》河畔に流れ視度不良、下降気流あり、雲層もまた数段にわかれ離陸の困難性は一入《ひとしお》大」であった。だが、大阪市街の「阿鼻叫喚の声手にとるが如く傍観できず」出撃の師団命令が下され、最優秀のパイロットを選抜出動させたのである。この悪条件下、真下軍曹は飛行隊長緒方大尉につづいて発進中、途中で離陸を断念した先行の大尉機の翼端に上から接触し辛うじて浮揚したが、姿勢保持不能となり、転覆数転する間に両翼ちぎれ、胴体だ

けの一本棒となって直進、場外畑地に激突、発動機飛散し、機体は天地逆転して畦道の溝に停止、軍曹は座席に逆吊りになって胸骨を折り、気息奄々たるところを警防団に救出された。ついで、高向軍曹機が離陸したが、飛行場西側にそびえる工場煙突に翼端を払われ一大音響とともに墜落即死した（同軍曹は、去る一月三日、第四次名古屋上空戦においてB29の尾部に体当たり、左翼端を吹き飛ばしながら奇跡の生還を遂げていた）。

真下静作軍曹（重傷復帰後）

「それは、九死に一生を得た出動でした」と、この夜戦に上がった石川軍曹（下士九三）は回想する。空中にいても地平線は見えず、機の姿勢も定かでないのである。夜間でも好天であれば地上は黒ずんでいて地平線は分かるのだが、この夜は皆目見当がつかなかった。飛んでいると、何だか前方に影のように迫るものがある。ハッとして機を起こす。地面だった。知らず知らず機首が下がっていたのだ。冷雨のなか、エンジンを始動したとき、翼の上に駆け上がってきた戦隊長が軍曹の飛行帽の耳覆いに口を当て「天候が悪いので、慎重に離陸するように」と言うのを聴いて「涙が滲みました」。

翌朝の大阪一帯は、雨中なお余燼《よじん》くすぶって灰黒色に包まれ、前夜火勢に宙を舞った紙片が伊丹の滑走路のあちこちにも落ちて、降りしきる雨に打たれていた。飛行場横の畑の小道を、一組また一組と、防空頭巾ごと雨に濡れ、うつむいてとぼとぼと避難していく親子連れの罹災者の姿に、隊員は胸を衝かれ居たたまれない思いであった。それは無言ながら、《兵隊さん、あんたら何しててんねん》と抗議の声を聴くようだったと、整備の長谷川見習士官はその手記に書いている。

そして三日後、神戸夜間大空襲のとき、戦隊創設以来つねに先頭に立って闘っていた飛行隊長、緒方大尉を失ったことは掛けがえのない痛恨事であった。十七日未明、まず永末小隊四機が離陸し、暗夜、空域の撞着を避けるため三〇分ほど間をおき、緒方大尉以下四機が発進した。

大尉は神戸上空において、「敵は市街地の火災で明瞭に浮かび出されている」、つづいて「一機撃墜、攻撃続行中」と、基地に連絡してきたまま消息を絶った。

そのとき、左右から交差する二本のサーチライトの光芒が白く浮かんだB29一機に、上空から流れ星のような小さな光の点が糸をひいて吸い込まれたかと見えた瞬間、紅蓮の火の玉があがるのを地上の隊員は見たのであった。（長谷川国美整備見習士官の手記『本土防空戦隊かく戦えり』）。

あたかも神戸市街の「焼炎天に冲し、雲を呼び、風を呼び、小雪まじりの西風は殺気に満ちていた」と、古川少佐は煉獄さながらのその夜の凄絶さを伝えている。明けて六甲山系再《ふた》度山《たびやま》に墜落したB29一機の残骸から、「緒方」と白のエナメルで書かれた片方の航空靴が「飛燕」のプロペラ、脚、冷却器とともに発見され、凄惨な体当たりの跡も生々しかった。

すでに戦隊着任前、ビルマで爆撃機を三機撃墜していた空の猛者緒方大尉（熊本出身）は、

昭和19年12月22日、第３次名古屋上空邀撃戦闘より帰投直後の戦闘報告の様子。前列、古川少佐(記録板)、緒方大尉(説明中)。後列左より永末中尉、涌井中尉、藤井軍曹、鷲見曹長、吉野軍曹、石川伍長、原田伍長、津田伍長、日高伍長、高向軍曹(階級は当時。この日、小合伍長が戦死)

本土防空戦でB29撃墜四、撃破五の記録を持ち、日ごろ部下の敬愛を集め、心技ともに卓越した操縦者であり指揮官であった。伊丹飛行場に近く、螢池の下宿にいとなむ大尉の家庭には生まれたばかりの女児があった。

戦隊における体当たり撃墜は、二十年正月三日、「彼我の航跡雲錯綜し、壮絶言語に絶する」（古川少佐）名古屋上空高高度での戦闘で、敵機を道連れに散華した前記涌井中尉（戦死後二階級特進少佐）につづいて二人目であった。ちょうど、この日の名古屋空襲において、マリアナの米第21爆撃兵団は、それまでの軍事目標に対する高高度精密爆撃に飽き足りないワシントンの第20航空軍の督促を受けて、〝モロトフのパン籠〟と呼ばれたナパーム焼痍弾を篠つく雨のように降らせて市街地を焼く、都市無差別爆撃の実験に踏み切っていたのである。

古川戦隊長の手記によれば、「市街地の焼失するさま、また人心の動揺は、空中から手をこまぬいて望見するに忍びないものがあった。こうして空中勤務者の心に流れ、顔に現われた無言の決意が、捨て身の戦法となり、体当たりを敢行せしめたのである」と。あるいは一部下操縦者は、「激突覚悟の攻撃だったとしても、緒方大尉は意図して体当たりしたとは思えない。夜間ゆえ、練達の飛行隊長でも、操作の一瞬の差で衝突することはありえたのだ」と、こんにち解釈するのである。

米軍が本格的に無差別の都市絨鍛《じゆうたん》爆撃に移行したのは、正攻法の昼間精密爆撃に固執する第21爆撃兵団司令官ハンセル准将が「生ぬるい」として更迭され、代わって成都以前には、英国本土の基地からするＢ17によるドイツ・ルール工業地帯への無差別爆撃で鳴らした三七歳の猛将、前記ルメイ少将が一月二十日着任し指揮を取って以降、それも満を持して三月からのことだった。

成都のＢ29は、一月六日の大村空襲を最後にインド経由マリアナに集中され、第20爆撃兵団は解散した。

緒方大尉（二階級特進中佐）の後任飛行隊長は、四月一日付で第五十一航空師団（旧称教育飛行師団、各務原）司令部付・船越明大尉（航士五三）が着任することになった。大尉は、飛行第二十四戦隊を経て、同第八十七戦隊（牡丹江・団山子、九七戦のち「鍾馗」）のとき、昭和十六年春、戦技訓練中に空中接触事故で受傷、入院二年有半、傷癒えたりといえども全からずの身をもって再起し、右教育師団に勤務していたのを、古川少佐が後任飛行隊長として申請したのであった。

大尉が遭遇した事故は、九七戦による単機戦闘訓練中に起こった。ぶっつけた機は翼をぶらぶらにしながら辛うじて着陸したが、衝突された船越中尉（当時）機は尾部を捥ぎとられて錐もみとなった。中尉は落下傘で脱出したが、少し早く開いた傘体が落下する飛行機の破片に触れて裂けた。地上からは高度の高いうちは普通の降下速度で降りているように見えたが、地面に近づくにしたがいスピードがひどく速くなり、指揮所《ピスト》で見守る隊員は総立ちとなった。やがて、爆撃場にどすんと落ち、傘がその上に覆いかぶさった。中尉は命はとりとめたが大腿骨骨折であった（当時の戦隊長・新藤常右衛門中佐、のち大佐・第十六飛行団長『あゝ疾風戦闘隊』）。

戦雲沖縄に、戦隊北九州へ

さて、B29神戸夜間空襲の翌三月十八日、九州を襲った米第58機動部隊は十九日には四国沖一〇〇海里から室戸岬南方三〇海里の地点まで北上遊弋《ゆうよく》して、呉および神戸方面を主目標に再び激しい空襲を加え、伊丹飛行場も艦載機一二〇機による波状攻撃を受けた。このとき戦隊は、敵戦闘機との真面目《しんめんぼく》の戦闘を避けて一旦、小牧に着陸、燃料補給後再出動したが会敵しなかった。沖縄の前哨戦は、戦隊の足もとにも及んできたのであった。

かくて、阪神・中京地区における防空戦に死闘をつづけていた飛行第五十六戦隊は、米軍の沖縄来攻とともに、二十年三月三十一日、古川戦隊長以下、「飛燕」二七機をもって北九州芦屋飛行場に転進した（追って着任予定の船越飛行隊長は、伊丹残置隊を指揮して戦力養成向上に努めるとともに阪神防空にあたることとされた）。

戦隊が伊丹を進発するとき、飛行場の草原から雲雀《ひばり》が上がり、離陸する機の翼下、宝塚歌劇場の辺りが咲き始めの桜で薄紅《うすくれない》に染まって見えた。「航イ号」発令されて緊張する高木幹雄少尉の日に映じた根拠地飛行場とその周辺の点景であった。古川少佐によると、移動時の編隊は左の二中隊をもって構成した。編隊の半数を占める少尉一三名は、すべて学徒出身の特操一期生であった。

T日高軍曹　T岩口少尉　T吉川伍長
T戦隊長　T秋葉少尉　T中里少尉
T吉野軍曹　T三村伍長　T鈴木少尉
T石川軍曹　T中村少尉

T宮本軍曹　T原田軍曹　T伊藤軍曹　T濱田少尉
T副島少尉　T羽田軍曹　T小野軍曹　T中川少尉
T永末大尉　T上野少尉　T藤井曹長　T草葉少尉
T高木少尉　T石井少尉　T込山伍長　T安達少尉

飛行第五十六戦隊の各出動時における編隊図は、終戦時に他のほとんどの書類とともに焼却されて残っていない。したがって、これを再現するには、隊員が個々に持つメモや記憶に頼るほかない。たまたま、右記転進時の編組は、古川少佐が戦後半年以内の比較的早い時期に整理した記録をもとに、本稿のために少佐自身が復元した。なお、四機編隊の僚機は、右記戦隊長編隊の場合、一番機戦隊長（小隊長）、二番機日高、三番機吉野（分隊長）、四番機石川各軍曹となる。

戦隊の移動中、草葉真太郎少尉機がエンジン不調となり瀬戸内海・呉付近に不時着水海没したが、少尉は奇跡的に海底から生還した。永末大尉僚機として飛んだ高木少尉は、途中、大尉が四国北西部上空で旋回し始めたので、《まだ四国なのに、勘違いしたのかな？》と不審に思いながら付いていくと、隊長機は旋回を一回で切り上げて北九州へ針路を定めた。これは、後尾編隊の一機が欠けたのに大尉が気づき、確認のため旋回したのではなかったか。

二〜三日後、芦屋に飛行服姿の身一つで現われた草葉少尉は同僚に次のように語っている。

「機が着底して座席の中から上を見ると、ぼうっと明るみがあり、すぐにベルトをはずし天蓋を開くと、どっと海水が入ったが、救命胴衣《カポック》の浮力でそのまま浮き上がった。海上で手を振っていると釣舟が助けに来てくれた」

たまたま着水地点の水深が浅かったのが幸いしたのである。

陸軍機は海軍機のように水密構造となっていないので着水するとすぐ沈んだ。これに対し、洋上の飛行を前提とした海軍機はしばらくは浮くようにできていた。救命胴衣は陸軍でも基地に備えられていたが、通例陸軍パイロットは海軍と違い、ほとんど使うことがなかった。救命胴衣なしは陸軍飛行機乗りのスタイルでもあったし、これを付けると着膨れて何となく操縦に不自由だったからだ。高木少尉は、「三点着陸がやりにくかった」と言う。草葉少尉は九州までの海上上空の移動にあたり、煩をいとわず要心深く着用していたのが正解となった。

戦隊では、これまでにエンジン停止海没殉職者をすでに二名出していた。十九年十一月十五日、大刀洗から伊丹に移動中、石川恵一少尉（幹候）機が瀬戸内海小豆島沖に海没した。遺体は、落下傘の曳索が機体にからんだまま飛行機の下になっていたといわれ、機体とともに回収収容された。少尉は学徒出身（拓殖大）だったが操縦歴では特操一期生より先行し、一足早く戦列に加わっていた。

また、翌十二月二十五日、大箸育夫少尉（特操一期）機が大阪湾上空で側後上方射撃訓練中に失速墜落し、日を経て遺骸が淀川河口に打ち上げられた。草葉少尉は、大箸少尉とは同室の仲だった（前記石川少尉の事故については、回収時に機体を点検したところ、燃料コックの切り換えがおこなわれていなかったという整備隊の前田七郎准尉＝戦後「沖」姓＝の戦後も最近に至っての証言がある。三式戦はエンジンのトラブルが多かったとはいえ、早計に〝故障〟とみなされては整備にあたる者は立つ瀬がない、というのが整備隊員の気持ちだったろう）。

芦屋飛行場は遠賀川河口西側丘陵地に位置し、西北に走る滑走路が海に向かって少し下り気味に傾斜していて、着陸後飛行機がなかなか止まらなかったとは再び高木少尉の回想である。

戦隊の到着はすでに薄暮近く、整列したパイロット総員に対する戦隊長の訓話が終わり、一同解散して宿舎に入るころには、周囲はもう夕闇に包まれて真っ暗く、〝血戦場〟に一歩近づいた基地の緊迫感が漂うかのようだった。ときに、

「九州ノ山々春陽ニ煙リ　桜花マサニ咲キ始メントス　松籟ノ音　打チ寄セル玄界ノ波　砂浜ニ砕ケ殺気九州本土ニ漲ル　暫シ瞑目スレバ涙潸然《さんぜん》」、と古川少佐は、今や沖縄の戦雲とともに訪れた昭和二十年の九州の春を印象深く書き記している。

当時芦屋は、南九州飛行場へ前進する陸軍特攻隊の中継基地でもあったので、その後戦隊員は、訓練や迎撃の合い間、連日のように特攻機の壮途を胸塞がる思いで見送ることになった。五十六戦隊においても、前年十二月、第六航空軍（福岡、司令官菅原道大《すがわらみちお》中将、海軍五航艦の統一指揮下で沖縄特攻戦を担当）の通達を受け、特攻要員として吉田市少尉（航士五七）ら三名を送り出しており、これら〝神鷲〟は第二十振武隊員として南西諸島海域に突入散華していった。吉田少尉の戦死は昭和二十年三月三十日奄美大島と伝えられ、さらに、特操一期山本英四少尉（関西大）昭和二十年四月二日、少飛一二期重政正男軍曹昭和二十年五月四日と、戦隊出身者の名を陸軍特攻戦死者のリストに見出すことができる。

吉田少尉は、同じ十一飛師の飛行第二四六戦隊（大正）から第二十振武隊に加えられ、四月十二日に突入戦死した穴沢利夫少尉（特操一）が残した日記から、「隼」四機で知覧から

奄美諸島徳之島へ前進移動の途中、悪天候に遭遇したことが窺える。神坂次郎『今日われ生きてあり』に採録されているその日記によると、穴沢・伊藤・滝村・吉田の四少尉は、三月三十日十六時、知覧を出発したが、吐噶喇《トカラ》列島の「中ノ島附近より天候刻々悪化し、四機単縦陣となり、雲を縫うて進む。高度五十米となる。行手は墨を流したるが如く暗し。飛行一時間十分。四機諸共雲中に突入せり。瞬間、右に強引なる旋回をなし雲中より脱出せるも、頼みとなる地図をとばし、已むを得ず単機基地に帰還せり。他の三機の運命や如何に」。吉田少尉は滝村機とともに奄美大島に不時着を試みたが、海岸の岩に激突死したことが、砂地に着地して救助された滝村明夫少尉（特操一）によってもたらされたのである（いま一機伊藤機も他の島に不時着生還したという。なお、第二十振武隊の行動と戦跡については、森岡清美『若き特攻隊員と太平洋戦争』に詳しい）。

重政伍長（当時）は、明日は特攻要員として戦隊を出るという夜、兵舎で、「俺は〝熱望〟と書いたが、本当は行きたくないのだ。死ぬなら戦闘機乗りとして死にたい」と泣き、送る同僚みな返す言葉もなく等しく涙したのだった。こんにち、生存下士官操縦者たちが語り伝える特攻秘話である。同伍長は、戦隊の済州島進出前、大刀洗に着陸時、草地の水たまりに脚をとられて転覆負傷したため、第一線に出られぬうちに特攻に起用されたのであった。彼我の記録に見ると、菊水五号作戦が発動された昭和二十年五月四日、重政軍曹は薩摩半島知覧から第二十振武隊員としては単機、第十九振武隊の五機とともに、直掩機なく、一式戦「隼」により〇五三〇発進した。

その日、沖縄本島陸岸から一・五キロの沖に投錨中の軽巡バーミンガムの五インチ砲二番砲塔近くに「オスカー」（「隼」の米軍コード名）一機が突入し、上甲板に同機と同じ形状の穴をあけ、抱えていた爆弾が艦内で爆発、戦死五一、大火傷八一名を出し、同艦はこの被害により後退したという（デニス＆ペギー・ウォーナー『神風』）。

また、山本少尉は、これより一ヵ月早い四月二日、隊長長谷川実大尉（航士五五）指揮の一式戦二機のうちの一機として他隊の九九式襲撃機一機を伴い、同様直掩機なく、徳之島を○四〇〇発進し、慶良間北方洋上において米揚陸艦群に突入していた。同期生濱田芳雄少尉の回想によると、山本少尉と「飛燕」二機で伊丹から訓練飛行に出たとき、山本機が大阪のビルディングのまわりを低空で旋回し始め、内側にいた濱田機は「危ない」と思っても出るに出られず往生した。後日、山本少尉に兄に当たる人から、「二機の飛行機が来てビルのまわりを飛ぶ夢を見た」と、検閲を顧慮して書かれた葉書が届いた。この〝軍規違反〟の飛行は、結果、少尉の肉親への訣別の挨拶となった。

同じころ、十一飛師の兄弟戦隊である飛行第五十五戦隊（小林賢二郎少佐）は小牧から薩摩半島万世に転進、十二飛師の五十九戦隊（木村利雄大尉）は芦屋から同知覧に前進、ともに飛行場制空・特攻掩護にあたった。決戦のとき到り、「飛燕」を使用機とする中部以西の三戦隊が九州において、あるいはB29邀撃、あるいは特攻掩護と焦眉の任務を分かち合っていたのである。（なお、五十五戦隊主力は前年十一月上旬から比島レイテ戦に投入され、悪戦苦闘、多大の犠牲を出して三月内地に帰還、再建の過程にあった。前出『日本陸軍戦闘機隊』によると、当初進出した三式戦三八機、無事内地に帰還した操縦者五名、そして置き去りになった地上員はルソン、ネグロスの山中に放浪して終戦までに殆ど全滅するのである。

――五十六戦隊は当時たまたま済州島にいて、紙一重の運命で比島行きをまぬがれていた。また、五十九戦隊は、十九年二月までニューギニアにあって撃墜九十余機の戦果をあげた伝統の部隊だったが、損耗甚だしく疲れ果てて帰還、補充再編かたがた八月以降の一時期北九州防空戦にも参加した)。

「飛燕」武装再強化す

このころ古川戦隊「飛燕」の武装は、I型丙の機体については一二・七ミリ（通称一三ミリ）機関砲四梃となっていた。実は、これより前には両翼の二〇ミリ砲を取りはずし、胴体の一二・七ミリ砲二梃のみとしていた時期があった。

それは、過ぐる十二月十三日、B29の名古屋三菱重工業地帯初空襲のとき、九〇〇〇メートル以上の高高度で飛行するB29に対して、三式戦は酸素吸入装置の不備に加えて、操縦桿のグリースの凍結（気温は高度一〇〇〇メートルごとに六度弱低下し、一万メートル以上の成層圏では気温減率はゼロに近づく。だから、冬季高高度での機内は冷凍庫同然）、あるいは二〇ミリ砲の故障をきたし、そのうえ重装備のため荷重に耐えず、あえぐばかりで手も足も出なかったという苦《にが》い経験からとられた措置であった。さらに、機体を軽くするために座席の防《ぼう》楯《じゅん》（防弾鋼板）さえ撤去したのも、この戦訓によるものだった（このとき、パイロットにより火器の装備の仕方に違いが出たようで、永末中隊長は自身の初陣となった右記の邀撃戦後、胴体の一三ミリを降ろし、両翼の二〇ミリ砲を胴体に積んだと、その手記に書いている——「中京の守護神〝三式戦闘隊〟迎撃せよ」)。

当時、戦隊「飛燕」の機種は、Ⅰ型丙（本来の武装、胴体一二・七ミリ二梃、翼内マウザー二〇ミリ二門）と、Ⅰ型丁（胴体〝ホ五〟二〇ミリ二門、翼内一二・七ミリ二梃）とが混在しており、初め軽量化のために両機種とも翼砲を降ろした。弾丸が機軸に沿って発射される胴体砲を残す方が命中精度が良いからだった。したがって、その時期においては、Ⅰ型丙の機体は（永末機のような例もあったが、多くは）胴体一二・七ミリ二梃のみ、同丁のそれは胴体二〇ミリ二門のみとなったことになる。それが、武装再強化されて両翼に一二・七ミリ二梃を装備したので、Ⅰ型丙は胴体・翼内ともに一二・七ミリ各二計四梃と、本来とは変則の武装（Ⅰ型乙と同じ）となり、Ⅰ型丁については胴体二〇ミリ二門、翼内一二・七ミリ二梃となってこの機種本来の武装に返ったわけである（ドイツから潜水艦で長途——インド洋で中継——もたらされたマウザー二〇ミリ八〇〇門、弾丸四〇万発をⅠ型丙で使い切ると、ブローニング系国産〝ホ五〟二〇ミリ胴体砲装備のⅠ型丁が作られた）。

なお、陸軍では正式には一二・七ミリ以上を機関砲、七・七ミリ以下を機関銃と呼称し、海軍では二〇ミリをふくめすべて〝機銃〟と言っていた（碇義朗「恐るべき飛燕の射撃兵装のすべて」『丸メカニック45』）。とはいえ、第一線で厳密に使い分けたわけでもないらしく、古川少佐は「一三ミリ機関銃」と言うのである。

一二・七ミリ機関砲の弾倉には、曳光徹甲弾・焼夷弾・炸裂弾が二・一・一の割合で込められている。これが発射速度一分間に八〇〇発、初速一秒間に七八〇メートルをもって撃ち出される。搭載弾量は通常一門二〇〇発、四門計八〇〇発であった。というと、多く聞こえるかもしれないが、交戦時に思わず発射ボタン（操縦桿頂部）を押しつづけていると弾はたちまちなくなってしまうのだ。発射速度から計算すると一五秒で撃ち尽くすことになる。

また、胴体砲二門の射弾は、一分間に二四〇〇回転（I型、後継II型では二六五〇回転）する三翅のプロペラの回転圏内を、同調装置によりプロペラに触れることなく通り抜ける。もっとも古川少佐の記憶では、「稀にプロペラを傷つけたことがある」とのことだ。この技術を二〇ミリ砲でも逸早く確立したのが川崎航空機の二宮香次郎技師らの技術陣であり、それゆえに二〇ミリ胴体砲装備のI型丁が製作可能となった。ちなみに、海軍の三菱零戦の胴体固定銃は、長らく七・七ミリであり、十九年四月に一号機が完成した後継52型乙において初めて一二・七ミリとなった。だが、海軍機では二〇ミリ砲の胴体内装備は最後までおこなわれなかった。もし同調装置の不安定で二〇ミリ炸裂弾がプロペラに当たると、たちまちペラが吹っ飛ぶ怖れがあったからだという。

「飛燕」の本家、ドイツのメッサーシュミットは、プロペラ軸に二〇ミリ砲を装備するモーター・カノンで、弾がペラを射貫する気遣いのない方式だった。すなわち「飛燕」の二〇ミリ胴体砲は川崎の独自技術である。なお、四翅のプロペラをもつ重戦闘機の場合、二〇ミリの胴体砲はない。陸軍の中島「疾風」の胴体砲は一二・七ミリ、海軍の三菱「雷電」、川西

「紫電」および「紫電改」は、ともに二〇ミリ四門の重武装だが、銃はすべて翼内もしくは翼下面（紫電）装備であった。

直路大刀洗上空に急行会敵す

芦屋に展開した戦隊は、「空中指揮ノ軽快ト靱強ナ戦闘ノ持続」を意図して、出動は一五機平均、残りを予備に配し、付近の地形慣熟から戦闘訓練と、戦力の培養に寧日なかった。だが、前月の二つの夜戦で基幹操縦者の多くが戦死傷した痛手は大きく、「仲々、意ノ如クナラズ」と、古川少佐はそのメモに焦燥感を記している。かたわら根拠地伊丹に船越飛行隊長着任し、三式戦伝習のため永末大尉以下ヴェテランをふくむ五機を早々に帰任させたので、在芦屋操縦者の大部分が殆ど若手ばかりとなっていたのだ。操縦歴において最先任のパイロットが、飛行学校卒業後丸二年の下士九一期生、羽田・吉野両軍曹の二名であった。

マリアナの米戦略空軍は、早く三月二十七日、大刀洗・大分・大村に、ついで三十一日には大刀洗・大村・鹿屋と、陸海軍の主要飛行場に来襲していたが、四月中旬に至り、いよいよ本格的な沖縄上陸支援の九州基地攻撃に踏み切り、その初日、同十七日には、一目標二〇機前後のB29をもって九州南部の諸基地のほか、同北半では、陸軍の拠点飛行場大刀洗を重ねて第一目標に襲ってきた。戦隊はこの日出動したが、会敵の機を摑みえなかった。

しかし翌十八日、ふたたび豊後水道から国東《くにさき》半島を経て大刀洗に向かう敵三個梯団を、古川少佐以下十余機が芦屋から直路南に五十余キロ急行して目標上空で首尾よく捕捉した。防弾鋼板を撤去したまま、改めて翼砲を取り付け、武装再強化した戦隊の「飛燕」は、高度五〇〇〇メートル付近の戦闘で行動の柔軟性を回復し、一機撃墜の戦果を収めた。この戦闘に参加した副島《そえじま》少尉は、甘木市街地の四つ角にB29が墜落炎上するのを空中から望見したことが、こんにちなお脳裡に鮮やかなのである。だがこの日、戦隊長の二番機、吉野近雄軍曹が戦死した。同機は、機体不調のため戦隊長機に遅れながら敵機の前下方から攻撃した。だが離脱時に銃火を集中され、黒煙を曳いて降下していくのを他の僚機が認めた。

吉野機は、眼下の大刀洗飛行場に緊急不時着を試み、被爆炎々たるなかを脚を入れたまま進入したが、接地の衝撃で転覆、火を噴いた。軍曹は、はずみに座席から投げ出されて重傷を負い、軍医の手当て後まもなく絶命した。また、中川少尉機はエンジン不調となり、近傍の目達原《めたばる》陸軍飛行場に不時着進入のさい、目測過高となり場外に出て転覆大破、少尉は負傷入院した。ほかに、鈴木少尉機・伊藤軍曹機ほかに被弾があった。交戦中、古川少佐はB29一機が友軍機の体当たりで空中分解を起こして墜落するのを目撃した。これは、飛行第四戦隊の対B29特攻「回天制空隊」の山本三男三郎少尉（甲幹九）の双発「屠龍」であった。このB29は、久留米北西方の水田に墜落した（同戦隊長・小林公二少佐〈航士五二〉『北九州防空作戦』）。

この日、九州への来襲機合計は、米軍側資料に見るとB29一三〇機で、大刀洗のほか、南九州の新田原、鹿屋、鹿屋東（笠ノ原）、出水、国分の五飛行場を爆撃し、喪失は大刀洗での二機以外にはなかったとしている。また、この空襲は、前日十七日と全く同じ六目標に対する反復攻撃であった。

茶褐のマフラー、有為の空中戦士

吉野軍曹の遺体は、大刀洗飛行場大隊の協力により、同日貨車で芦屋に運ばれた。納棺時古川少佐の検分によると、「顔面紫色　打撲ノ跡大」であった。軍曹の戦死は、戦中無数の飛行機乗りの死の一つである。戦没戦闘機パイロットの記録は、他に比しまだしも整っているとはいえ、氏名階級のほか戦死年月日・地点・戦闘名以上に記されることは少ない。ここでは、古川少佐が当時の粗末な紙質の大学ノートに書きとめた追悼の覚え書き『戦死殉職者名簿』によって、大刀洗の空に黒煙の弧を描いて散ったという無名の一下士の履歴と横顔を偲ぶこととしたい。

吉野近雄軍曹

「陸軍軍曹（進級曹長）吉野近雄　大正九年十一月十日生、本籍地　東京都向島区、兄　吉野馨、

略歴　昭和十四年徴集（下士操縦学生昭和十七年十一月〜十八年四月、筆者補記）、十八年　任下、明野教導飛行師団一九・六・一、飛行第五十六戦隊一九・七・二五、戦歴　殊勲乙。

三式戦闘機ヲ既修シ　真下・羽田軍曹等ト共ニ余ノ配下ニ参ジ　済州島南方ノ戦闘ヲ緒戦トシテ

各所ノ邀撃戦闘ニ参加セリ　体力気力絶倫　野球其ノ他運動競技ヲ好ム　茶褐ノマフラー走ル格好稍《ヤヤ》ギコチナシ　東北訛　主トシテ余ノ僚機トシテ　名古屋・神戸上空ニ戦フ　振リ放サレルヲ託《カコ》チアリタリ（中略）親愛尊敬ノ人　緒方飛行隊長ヲ失ヒ　嘆キ悲シム」

明野で「飛燕」を修めて配属され、戦隊長僚機を勤めることの多かった軍曹が、戦闘飛行時、隊長機の急激な運動に付いていけないことがあり、口惜しがったというのである。また、前記三月十九日、阪神方面に艦載機多数が来襲したとき、戦隊は取りあえず真っ向からの戦闘を避けたのだったが、軍曹は、「一般ノ風評ヲ気ニシテ憤激」したという。このころ世間では、《友軍機は敵機が来るといなくなり、敵機がいなくなると出て来る》などと言われ始めていたのだった。

「戦隊長、何で反撃しないんですか、やりましょう！」と、突き上げたのであろう。だが、指揮官とすれば、過ぎる数日間のうちに基幹操縦者を何名も失ったばかりで、成算のないまま多数のグラマン戦闘機に反撃を挑むわけにはいかなかった。「烈々タル闘志ニ燃エル　有為ノ空中戦士」と少佐が評し、戦隊における〝戦闘機乗りらしい戦闘機乗り〟の一人と回顧する好漢、吉野軍曹戦死一ヵ月前の挿話であった。

第五章　足摺岬上空にＢ29を攻撃せよ

こうして、沖縄特攻戦の激化とともに、九州各航空基地が米軍の当面の攻撃目標となり、Ｂ29の来襲は四月十七日以降いよいよ熾烈の度を加えていた。

防衛庁公刊戦史『本土防空作戦』によると、Ｂ29爆撃隊の九州各飛行場への来襲は、四月十七日約八〇機、十八日二二〇機、二十一日約二〇〇機、二十二日約一二〇機、二十六日約一〇〇機、二十七日約一四〇機、二十八日約一三〇機……とある（日本側が捉えた機数、十八日は欠落しているので前記米軍資料による。九州以外の基地では松山が佐伯と同じく四月二十六日に第一回の空襲）。

この数字の羅列を見るうちに、たとえば、

「西部軍管区防空情報——午前七時××分、敵Ｂ29の三梯団、四国足摺岬上空にあり。敵機は豊後水道に侵入北進中なり。大分県南部警戒警報発令！」

などというラジオ放送がしきりであったことを、あの不吉な爆音とともに思い起こすであろう。

空中集合未完の敵機を捕捉すべし

九州北半や内海西部の基地攻撃を企図するB29は、単機ごとに飛来して四国足摺岬付近上空で空中集合ののち、梯団をなして豊後水道を北上、目標に指向するのをつねとした。

前掲『本土防空作戦』によれば、ここにおいて山口県小月《おづき》基地にあった陸軍第十二飛行師団（第六航空軍）は、足摺岬上空で空中集合未完に乗じてB29を捕捉攻撃すべく、北九州芦屋の飛行第五十六戦隊に対し、東九州佐伯海軍飛行場に前進することを命じた。本来同戦隊は中部軍管区の防空を担当する第十一飛行師団（一航軍）の隷下にあったが、伊丹から芦屋基地に転進するとともに、臨時に西部軍管区防空担当の十二飛師の指揮下にはいっていた。そして、同飛行師団長三好康之少将が第十六方面軍司令官・横山勇中将に意見具申して、足摺岬上空のB29を攻撃するため、芦屋基地の飛行第五十六戦隊を佐伯に展開させることにしたのである。

佐伯飛行場使用については、第十六方面軍（西部軍管区司令部兼任、福岡）から呉海軍鎮守府に協力要請がなされ、呉鎮より佐伯航空隊に戦隊受け入れの命令が発せられたはずである。早速、小月—佐伯間には、第十六方面軍司令部を経由して、直通の有線通信回線が構成され、第十二飛行師団から参謀浜野宗房少佐が作戦指導のため佐伯に派遣されることになった。

古川「飛燕」戦闘隊到着す

昭和二十年四月二十九日、天長の佳節に——と古川少佐は書いている——飛行第五十六戦隊三式戦闘機「飛燕」I型の主力一六機が、芦屋から佐伯海軍飛行場に前進移動した。この日も午前、B29約一〇〇機が南九州の諸基地に来襲しており、戦隊はその脱去を待って警戒を解き、午後進発したのであった。

古川少佐機を先頭に芦屋飛行場を玄界灘方向に離陸した戦隊は、半旋回する間に空中集合、一個小隊四機、計四個小隊一六機からなる編隊を組み終えると、芦屋と佐伯を東南方向直線に結んで飛行した。筑前の平野を斜めに横切り、筑紫山地を越えて耶馬渓、さらに鶴見岳上空から別府西方を抜けて真っすぐ佐伯に至る約一五〇キロ、部隊行動速度の毎時二五〇キロで四〇分の行程である。高度は、山地上空のため、ふだんの移動よりやや高めにとって二五〇〇メートル、むろん、このコースは戦隊が初めて飛ぶ空域であった。左方の海岸沿いに築《つい》城《き》、つぎに宇佐、つづいて大分と、各海軍飛行場を認めながら予定の時間が経過するころ、左手に屈曲したリアス式の海岸が現われ、《近い》と思う間もなく、編隊は前方に、これから戦闘空域になろうとしている豊後水道出口海上の遠景を望む位置に出た。佐伯の少し西方であった。古川少佐の飛行記録には、「コース稍《ヤヤ》右ニ外レテ佐伯上空ニ出ズ」とある。立ち止まるように、少佐が左側を見下ろすと、手前の湾に注ぐ大きな川の下流沿いに、両側を山に囲まれたかたちで飛行場があり、灰土色の滑走路が南北に走って見えた。佐伯海軍飛行場である。

編隊は機首を下げ、一気に高度を落としながら蛇行する川（番匠川）の上流寄りを北から南に横切ったあと、左に旋回して東進し、たちまち山合いのもう一つの川（堅田川）の上に来ると、また左旋回してこの川沿いに北進するうち再び番匠川の、今度は下流寄りに出た。これを斜めに横切り、編隊のまま一かたまりとなって三角州の畑地を越え、滑走路の直上三○○メートルを海の方向へ航過した。飛行場中央付近、滑走路の傍らに見える指揮所の吹き流しによって風向を海側（北）からの向かい風と確認すると、好都合とばかり、そのまま湾内の大入島《おおにゅうじま》の南端上空を左すなわち西に回って湾岸西部（海崎）の陸地上空に達し、そこでさらに左旋回、南に変針、漸次高度を下げながら編隊を解いて単縦陣となり左回りに今きた場周経路にもう一度はいった。

さきほどから番匠川中流の通称〝天神水流《づる》〟の沖に年少の友達と二人で小舟を出して遊んでいた佐伯中学二年の宮下良三生徒は、突然西の空、栂牟《とがむ》礼《れ》山《やま》方向に現われた小型機の一群を見て、一瞬、《敵機！》と身構えたが、やがて機影が近づくにつれて日の丸を認め、周回し着陸コースにはいる十余機が思いもかけない陸軍機の「飛燕」だと分かり、舟底に腹這って怯えている連れの少年に叫んだ。

「日の丸じゃ。見よ。味方機じゃ！」

前列左より岩口少尉、原田軍曹、石川軍曹、上野少尉。後列左より鈴木少尉、副島少尉(後方の機上)、石井少尉、日高軍曹。昭和20年4月、芦屋にて高木少尉撮影。写真のパイロットは、岩口少尉をのぞく全員が佐伯展開に参加した

「我々のすぐ南側を、三十センチ物差を握った手を一杯に延ばして見るくらいの大きさで滑っていく。写真や絵では見慣れているが、実物は初めて見る飛燕である。操縦士の顔が見えそうなくらいである。いや、機首に並んだ排気管の一本一本がはっきりと見えた。それより先、一番機が自分の方に突っ込んでくるときから、私は狂喜して両手を振回していた。嬉しい。頼もしい。叫ばねば涙が出てきそうだった。編隊から一本棒となった飛燕が次から次へと通りすぎていく。先頭の飛燕は着陸姿勢である」（「鶴友新聞」復刊74号）

堅田川の上を第四旋回点として高度五〇メートルで茶屋ヶ鼻橋上空を通過した一列縦隊の「飛燕」は、番匠川を越えて進入コースにはいり、女島《めじま》の畠をなめるようにして戦隊長機から次々に佐伯飛行場滑走路に着陸した。

呉鎮守府（司令長官沢本頼雄中将、昭和二十年五月一日金沢正夫中将）から戦隊の受け入れ

を命じられていた佐伯航空隊では、身内の海軍戦闘機隊に代わってB29を邀撃せんとする陸軍「飛燕」戦闘機隊の来着を歓迎した。このとき基地には、既述のように、佐伯空水偵隊のほかに、対潜哨戒機「東海」隊と、沖縄沖艦船攻撃のため主力が串良に進出中の九三一空艦攻（雷撃）隊があったが、敵機を邀撃できる戦闘機隊はいなかったからだ。空襲のたびに保有機の遮蔽や避退に腐心していた佐伯基地では、海軍陸軍と言わず、防空戦闘機隊の到来に、呉防戦司令官清田少将をはじめ上下少なからず期待を寄せていたのである。すでに、米原航空参謀の指示で陸軍の戦闘機隊受け入れのため万端の手配がなされていたはずであり、陸上飛行場を使用していた九三一空もしくは「東海」隊の地上員が、これに協力することになっていたと推測される。

海軍地上員の誘導を受けながら戦隊各機が格納庫前エプロンの停止位置に近づくにつれ、流麗な「飛燕」の機体の垂直尾翼に描かれた戦隊マークの矢じるしが、待機して迎える海軍基地将兵の目を射て陽光に白く輝いた。飛行第五十六戦隊の標識は、垂直尾翼の底辺に沿って前方を指向する矢の後部に、丸に横一文字を通して一見G、よく見ると6と読める円が描かれ、その頂点から三角形にかたどられた矢羽《やばね》の先端が方向舵に斜めに伸びるデザインに特徴があった。それは、戦隊番号56という数字を図案化したものなのであった（この戦隊マークは、前年開隊後隊内で公募し、元になったアイデアは戦隊本部員・一谷定少尉から出され、整備隊の平田一男上等兵のデザインが入選採用されたものという）。

機体の塗装は必ずしも全機統一されていなかったけれど、多くは上面がくすんだ黒に近い暗緑色、下面は明灰白色または銀、プロペラ・スピンナーは暗褐色であった。ある機には斑《まだら》模様の迷彩が施され、ある機はB29同様、ジュラルミンの地肌そのままに無塗装であった。それは高高度での邀撃を予定して、極限まで機体を軽くするための措置だった。塗装機尾翼の戦隊マークは白、無塗装機のそれは黒ぶちの赤で描かれていた。また、無塗装機は、機首部の上面だけ、プロペラ・スピンナーの後縁から風防前縁まで、光線の反射よけのため縦に細長く帯状に黒く塗られていた。その黒い帯が、「飛燕」の流麗さと力強さを引き立たせて効果的であった。塗装機胴体の日の丸は白く縁《ふち》どりされていた。そして指揮官機は、識別のために胴体の日の丸の下地に幅広く白帯が描かれていた。

飛行第56戦隊長古川少佐機(胴体白帯)。尾翼に戦隊マークが印されている。後方中央に班模様、左端上に銀色の機体が見える

　戦隊長機の機体は、暗緑のものと斑模様と二機が用意され、整備状態ほか状況により取り換えられた。いま佐伯には、副島少尉が斑の予備機を操縦して着陸していた。各機の主脚カバーには機体番号下二桁の数字が大きく記されていた。主塗装は、通例、各務原《かがみがはら》の川崎航空機岐阜工場から機体が届けられたときすでに施されていたのである。そして、戦隊独自のマークは、

本職は看板業の召集兵、宮崎勇吉上等兵が専門に描いた。軍隊にはあらゆる職業、あらゆる階層の人間が集まって来るので、たいがいの手仕事は間に合うというが、新鋭戦闘機に戦隊マークを施す役を担った宮崎上等兵ほど手につけた職を誇らかに生かしえた兵も少なかろう。こんにち前掲の写真のマークを見ながら、「これは私が揮毫したものに相違ありません」と胸を張って言うのである。整備隊の前田准尉によると、簡単には見えないデザインのマークを、下絵も書かず、スラスラと一筆書きのように描いてゆく見事な筆捌きに、伊丹の隊員は等しく見惚れたものだという。

直径三メートルのハミルトン恒速プロペラの回転が静止して、戦隊のパイロットが地上に降り立つと、誘導を終えた海軍整備員が小走りに近づいてきて、垢抜けたスタイルの陸軍機に目をみはりながら、

「これは何という飛行機ですか?」

と訊ねるのであった。海軍飛行場着陸直後初めて受けたこの反応を高木少尉は嬉しく記憶している。

「《飛燕》です。〝飛ぶ燕〟と書きます。三式戦闘機《飛燕》。陸軍では、通常《三式戦》と呼んでいます」

戦隊のパイロットは微笑みながら愛機をかえりみ、誇らしく、こう答えたに違いない。

飛行機を、警戒用の二機だけ残し、他は場外南のコの字型掩体壕に納めて少時待機するうち、車体の正面に錨のマークを付けた自動車が、将官旗をなびかせてエプロンに到着した。

草色の略服姿の基地司令官清田少将、佐伯空司令野村大佐以下数人の海軍幹部であった。整列した戦隊のパイロットと対面に清田少将が台上に立つと、古川少佐が挙手の敬礼を送り、

「陸軍第十二飛行師団命令により、飛行第五十六戦隊戦隊長・陸軍少佐古川治良以下、〝飛燕〟戦闘機一六機をもって敵B29を邀撃するため只今着任しました。お世話になります」

と手短かに、小兵ながら野太い声で凛然と申告した。

海軍側からは、初めて迎える陸軍戦闘機隊に対する司令官の歓迎と期待の挨拶につづいて、野村司令と航空参謀米原中佐がこもごも立って、飛行場の概要、地形、気象上の特徴について小一時間にわたり説明と注意があった。

「佐伯湾は水深が五〇～六〇メートルと深く、軍艦の停泊に適し、年来艦隊の泊地となっている。したがって、この飛行場は艦隊航空隊の基地としても使われてきた。現在、佐伯空本隊は水上偵察機隊であるが、同時に、対潜哨戒機と艦上攻撃機の部隊が本陸上飛行場を基地にしている」

おりしも、頭でっかちの双発一機が胴体から張り出した電探のアンテナを震わせながら離陸滑走を開始していた。対潜哨戒機「東海」の名は未知であったが、陸軍のパイロットの目には、その異形のスタイルが珍奇に見えた。

「北側が海に面して、番匠川と中江川の二つの川に挟まれ周辺に山が迫るこの飛行場一帯は、この季節にはしばしばミスト（靄《もや》）が深くなる。離陸時には晴れていても、降りるころには一転してミストが立ちこめ、飛行場が見えなくなることがあるので注意されたい」

という助言は、陸軍航空隊員には聞き慣れない英語の〝ミスト〟という用語とともに戦隊のパイロットに強く印象された。さきほど、上空から見ると、三方に山があり海の方には滑走路の前に島があって、「エライ飛行場だな」と思ったのであったが、そのうえに靄だ霧だというのである。しかも、「佐伯は、全国の海軍飛行場のなかでも気流状態が良くないことで知られている。もう今時分はましであるが、とくに春先までは山あいや島の付近を通過するとき、機がひどくがぶることがある。このところ天候不順でもあるので油断は禁物だ」、と畳み掛けるような警告であった。

山と靄と悪気流と、それでも海軍がここに水陸の飛行場を設営したのは、豊後水道出口に近く奥まった入江に位置して、海上交通・軍事上の要衝であったからだ。

佐伯空幹部の説明では触れられなかったかもしれないが、同航空隊の開隊は昭和九年二月十五日、九州では佐世保、大村についで三番日に古く――ゆえに部隊記号は佐世保空の「サ」に対し佐伯空は「サヘ」となった――、全国では横須賀、霞ヶ浦、館山、呉がすでにあって、七番目の海軍航空隊であった。ただし、佐伯は当初水上飛行場として発足し、その後、空母部隊の増強に対応する艦上機の訓練基地増強計画の一環として、陸上飛行場が完成したのは昭和十一年であった。

歴代主任務は、前記した豊後水道海空域の哨戒・護衛に加え、艦戦・艦爆・艦攻・水偵などの初級搭乗員の実用機訓練の場となり、あわせて第一線母艦機搭乗員の錬成、あるいは、支那事変勃発時の第十二空以来、前線に進出する航空部隊の編成基地ともなっていた。戦史上特記すべきは、昭和十六年秋、ハワイ真珠湾攻撃に先立ち、「赤城」「加賀」「蒼龍」「飛龍」四空母の零式艦戦隊七二機がここに集中、統一訓練をおこなったことである（「瑞鶴」「翔鶴」の艦戦隊訓練基地は大村）。そして、同年十一月四日、南九州志布志湾を発した六隻の空母群が、佐伯東南二五〇海浬の海域から攻・爆・戦の乙軍攻撃隊二波を放ち、佐伯湾上、山本司令長官座乗の「長門」を旗艦とする連合艦隊と佐伯航空隊をパールハーバーに擬して大挙空襲し、これを佐伯飛行場の甲軍零戦隊が迎え撃ったのである。

　思えば、そのころ、未明から早暁にかけて、東方の空に響きつづけるただならぬ数の飛行機の爆音は、防御側零戦の試運転と発進、つづく両軍の秘術をつくした大戦技演習の進行を伝えていたのだった。

　それから戦いの日は流れ、海空の戦士幾多去来して、ここを基地に訓練した最後の艦隊航空隊は、十九年六月のマリアナ海戦を前にした機動部隊の戦闘爆撃機隊であった。戦闘爆撃機とは、当時新鋭の液冷式艦爆「彗星」は、「隼鷹《じゅんよう》」「飛鷹《ひよう》」「龍鳳《りゅうほう》」などの中小型空母では発着艦が無理なことから生まれた苦肉の着想で、すでに旧型化していた零戦21型に二五〇キロ爆弾を搭載して爆撃機とし、投弾後はこれを戦闘機に戻すのである。だが、もうこのころ海軍のパイロットも飛行一五〇時間程度の未熟練者が多く、伊予灘での着艦訓練では飛行機が海にこぼれる事故が続出し、佐伯飛行場指揮所を目標とする降爆訓練では、過速に陥った機の引き起こしができず、滑走路上人機ともに飛散する酸鼻な事故も起きたのだった（海軍六五二空戦爆隊員空母「龍鳳」配乗・東富士喜飛曹長『空母戦爆隊の突撃』）。この酷烈な訓練を終え、右の空母群が戦艦「武蔵」とともに佐伯湾を出撃したのは、陸軍「飛燕」戦闘隊来着のほぼ一年前、十九年五月十一日のことであった。

戦士たちの来歴

さて、いま古川少佐以下佐伯に機動した戦隊の「飛燕」は、初め一六機であったが、あとから一機が追及到着したので、参加機は都合一七機と数えられる。かくて、隊員パイロットは次に記す士官八名・下士官八名であった。

戦隊長　古川治良少佐（陸士五〇期・佐賀）

安達秀雄少尉（特操一期・東京）
上野八郎少尉（同・山梨）
副島慶造少尉（同・佐賀）
中村純一少尉（同・鹿児島）
石川新次軍曹（下士九三期・山梨）
伊藤国次軍曹（少飛一二期・岡山）
宮本幸雄《ゆきお》軍曹（乗養一二期・山口）
吉川精造伍長（少飛一三期・福島）

石井政雄少尉（特操一期・東京）
鈴木啓司少尉（同・東京）
高木幹雄少尉（同・東京）
濱田芳雄少尉（同・高知）
原田熊三軍曹（下士九三期・群馬）
日高康治軍曹（少飛一二期・宮崎）
込山友義伍長（少飛一三期・新潟）
※三村勝司伍長（同・長野）

（地名は本籍または出身県、※はあとから追及）

戦隊の幹部たる中隊長永末昇大尉は、すでに書いたように、新任飛行隊長船越大尉の「飛燕」伝習のため、部下四機（秋葉栄一、中里正二郎両少尉、藤井智利曹長、小野傅軍曹）を率いて芦屋から伊丹に帰任していた。そして芦屋には、なお三機（草葉真太郎、中川裕両少尉、羽田文男軍曹）が、機体修理や負傷などで残留もしくは入院していた。むろん、戦隊長の〝二番機〟吉野軍曹は、一〇日前に散ってすでにいない。

古川少佐の出身期・陸士五〇期は、陸軍航空士官学校開校直前の期にあたり、正確には、五一期の飛行科生徒が航士開校第一期生となった。だが、東京市ヶ谷の予科士官学校を経て埼玉県豊岡（現入間）に設けられた本科分校（訓練飛行場は所沢）に初めて入ったのは五〇期生であった。この分校が、五〇期生卒業（昭和十三年六月）直後の同十二月、航空士官学校として発足した。こんなことから、陸士五〇期の飛行科士官が、ときに航士五〇期生と伝えられることがある（航士の期は陸士と同列に数える）。ともあれ、この陸士五〇期生のうち、戦闘機専修者はわずか六名であった（卒後、戦闘機への同期転科者八名）。陸軍戦闘機隊操縦者のエリートとも称さるべきこれら五〇期生は、その前後の期出身者とともに今次大戦において第一線指揮官の重任を担うこととなった。

飛行第五十六戦隊の士官学校出身者は、すでに四名が殉職・戦傷・体当たり戦死して、いまや幹部の古川少佐と伊丹に新任の船越大尉、同帰任中の永末大尉だけとなっていた。伊丹には、航士出の士官としては最後の戦力となる五七期の野崎和夫少尉が十九年秋、明野を出てすぐ配属されてきていたが、まだ訓練中のため主力の九州転進には加わっていなかった。佐伯に前進してきた隊員のうち、八名の士官はすべて、前年三月飛行学校を終え、七月末から八月にかけて各地の教育飛行隊から戦隊に配属され、十月に少尉任官した特別操縦見習士官一期生であった。すでに中堅幹部・基幹操縦者の多くが累次の邀撃戦闘に倒れ、前年夏配属以来もっぱら訓練に従事するなかで、十九年秋B29の阪神地区単機初来襲につづいて、二十年冬の明石空襲のあたりから邀撃に参加し始めていた特操士官が、三月末、戦隊の芦屋転進を機に、いよいよ戦列の前面に登場していたことはすでに見たところである。

副島少尉は、十九年十一月下旬、空襲記録では二十七日、初めてB29が高高度を単機阪神上空に侵入してきたとき邀撃に上がったのが、特操士官最初の出動となったと記憶している。もっとも、このとき三式戦は軽量化する前だったので、八〇〇〇メートルほど上昇するのがやっとで、敵機に接近交戦することはなかった。B29の本格的な来襲に対する特操パイロットの邀撃出動参加は、関西方面への初空襲となった二十年一月十九日、川崎航空機明石発動機工場爆撃のときだった。濱田少尉は、戦隊長編隊に組まれて出動したが、空中でエンジン不調となり、同航空機飛行場に緊急不時着したのが初陣の体験となった。

下士官パイロット八名は、当然ながら、下士操縦学生および少年飛行兵出身者がほとんどを占め、ひとり宮本軍曹が逓信《ていしん》省熊本航空機乗員養成所出身で異色だった。陸軍には、部内各兵科から操縦適性者を選抜登用する「下士官操縦学生」と、一般から公募選抜する「少年飛行兵」と、二つの伝統的な下士官操縦者育成コースがあった。加えて、昭和十五年以降、民間航空操縦士育成機関である航空機乗員養成所（略称・乗養）卒業者を、そのまま陸軍教育飛行隊に入れて軍実用機の訓練を施し、予備下士とする制度が採られていた。しかし戦勢た。即軍隊に徴集された。修了者は本来の民間航空に従事するいとまもなく、即軍隊に徴集された。そして帰るべき民間航空もすでに逼塞状態にあったため、軍隊以外に活躍の場はないに等しく、〝予備〟と呼ばれながら実態としても軍の役種においても現役なのであった。だから、宮本軍曹の乗養一二期生は予備下士九期生でもあるが、軍曹らは予備下士と呼ばれるのを好まなかった。

このとき下士官パイロットは操縦経験において特操士官に先行しており、その主力は夜間戦闘もこなして戦隊戦力の重要な一角を形成していた。とくに、日高（着任昭和十九年四月二十八日）・石川（昭和十九年六月四日）・原田（同）の三軍曹は、すでに前年秋済州島初陣時からの実戦経験者であり、宮本・伊藤の両軍曹も二四四戦隊から伊丹に着任早々、十二月十八日の第二次名古屋上空戦以降、戦隊の出撃に参加していた。

これまで戦隊戦力の基軸をなした少飛一〇期、下士九一期クラスまでの先輩を欠いて佐伯に進出してきた、これら少飛一二期、下士九三期生の飛行時間がおよそ四〇〇時間だった（このグループは、前年配属時には伍長であったが、二十年には軍曹に進級していた）。日高軍曹は、戦隊の編成時から配属されていただけに、隊内では「飛燕」の操縦を一足早く始めた一人であり、芦屋転進時以来、戦隊長僚機を勤めることが多くなっていた。つい一〇日ほど前、四月二十八日の大刀洗上空戦でも、吉野・石川両軍曹とともに戦隊長編隊を構成して出動し、B29一機撃墜に協同したばかりであった。

第四旋回高度低シ

また、石川軍曹は台湾屏東《へいとう》の第八教育飛行連隊で実用機の訓練を受けてのち、明野で三ヵ月操縦学生の教育にあたり、伊丹の戦隊に配属された。このとき初めて三式戦に搭乗することになったわけだが、ここに石川伍長（当時）が日々几帳面《きちょうめん》に楷書で記した大学ノートの『操縦手簿』をしばらく覗いて、戦隊の「飛燕」未修教育の一端に触れてみることにしたい。

「六月三十日　金曜日　課目〈三式離着陸〉　注意事項　緒方大尉・岩下大尉　1．第四旋回高度低シ（H二〇〇米）、2．降下安定セズ、3．離陸方向悪シ、4．意志ガ弱シ、特ニ接地後安心スルナ。所見　風向ハ左側風　離陸尾部擡起ヨリ機首左ニ偏ス　常ニ偏位スルハ確実ナル離陸目標ヲ選定セザル為ナリ　第三、四旋回高度低シ　復行ヲ試ミタルモ〝レバー〟ト共ニ発動機内ヨリ滑油吹出シ　ヤムヲ得ズ無理シテ着陸セルモ滑走路前ニ接地　意志ノ弱サニ注意ヲ受ケタリ　不時着ノ場合ハ充分ナル日測ヲ以テ余裕アル接地ヲスベシ」

軽戦の九七戦や「隼」と違い準重戦の「飛燕」では、降下の最終旋回点で高度をきちんと確保しておくことが肝要なのだ。また、これまでの軽戦による草地の離着陸では方向が多少ずれても大目に見てもらえたが、勝手の違う三式戦で、しかも細い滑走路を真っすぐ走るのが難しいのだった。六〇メートルの幅が実に狭く感じられたという。

「七月六日　木曜日　晴　課日〈離着陸〉　注意事項　戦隊長　1．我流ハ絶対出スナ、2．降下ノ安定、3．不安ヲ感ゼシ時ハ必ズ復行スベシ、4．技倆ニ「一杯」ナル操作ヲスベカラズ（常ニ八分）、5．益々努力スベシ。所見　昨日ハ残念乍ラ飛行停止、本日失敗ヲ二度繰返サザル様充分注意シ地上滑走ヲナス　滑走中滑走路ノ見エ方ニ特ニ注意ス　離陸モ円滑ニ直進デキ得タリ　斜メ滑走路ハ初メテナリシ為　第四旋回近ク目測低ク復行　第二回目前方ニ一式降下シオリ二度復行　第三回目降下ハ目測速度共ニ良ク　自己ノ難解ナル降下ニ移ル　大キナル深呼吸二回　心モ落チツケリ　特ニ滑リニ注意シ接地　地上滑走中モ方向変ゼズ　二回復行セシ為終リト思ヒ準備線ニテ飛行機停止　命ゼラレタル回数ハ必ズ実行スル様注意ヲ受ク　余リニモ自分ハ気ガ小サイ事ヲ本日ハ特ニ感ズ　今後注意スベシ」

石川新次軍曹

そして、七月九日(日)には課目は〈空中操作〉に移っているが、戦隊長に「1．接地ノ〝バウンド〟ハ其ノ儘持シテオルベシ、2．離陸ニ速度ナク引キ上ゲルベカラズ」、緒方大尉には「1．離陸滑走ニ尾部ヲ上ゲヨ、2．自然ナル浮揚ヲナスベシ」と、なお離着陸の注意を受けている。あくまでも、重戦はとくに離着陸が肝腎なのだ。

こうして、七月十二日〈高空飛行、五五〇〇米〉、十三日〈分隊教練——行進・戦闘隊形〉、十四日〈小隊教練〉へと進んだ。分隊教練といい小隊教練といい、地上の教練を想起させて耳懐しいが、二機および四機編隊飛行訓練のことで、いかにも陸軍式の呼称であった。

七月十八日以降、〈後方射撃予行〉〈後方射撃〉〈前下方射撃予行〉と進度を上げ、七月二十九、

三十日、八月二日と計三日にわたった〈前下方射撃〉では、「1．攻撃動作ハ毎回一定ニスベシ、2．厳密ナル突進」、あるいは「占位諸元厳守ガ悪シ」と戦隊長の注意があり、それぞれに反省を込めて伍長自身の所見が事細かに記されている。さらに、同八日の〈前側上方射撃〉では戦隊長に「1．精神ノ緊張、2．機ハ特ニ慎重ニ操作シ事故ヲ絶無ニスベシ、3．一回ノ搭乗モ三回以上ノ効果ヲアゲヨ」と要請されている。

すでに北九州に戦雲起こり、伍長らは一日も早い戦力化を期待されていた。課目を一通り終えたのが八月十一日、この一〇日後には「航イ号」が発令され、戦隊は大刀洗に転進、石川伍長も原田機ら同期生とともに戦列に加えられ、九月一日大刀洗から勇躍済州島に進出したのであった。

初陣は十月二十五日、岩下大尉の僚機として出動した石川機は、途中エンジン不調で遅れ出し、会敵したときは単機離れていた。接敵中に被弾、弾は首筋をかすめて風防に風穴があき、開閉も不能のまま、済州島西南端の海軍飛行場に不時着した。ついで、十一月二十一日の有明海上空戦では、涌井中尉小隊の一機として真下機につづいて敵編隊に突入し一機撃墜に協同したのだった。このときB29が白銀の機体をきらめかせながら、有明の海にゆっくりと落ちていったのが忘れえない戦闘場面の一つとなった。「あれは、まず涌井中尉の一撃が効いたのだと思います」と言う。自分の撃った弾もたしか当たったように思ったが、何しろ事実上初攻撃のこととて撃墜の確信が持てなかったのである。

以後、毎次の邀撃戦に出動し、三月十四日の大阪夜間空襲時には悪天下に離陸して九死に一生を得たのであり、つづく十七日、神戸上空の夜戦において初めてB29一機撃墜を確信できた。昭和十八年九月、飛行学校卒後一年半にして単座機での夜間戦闘参加は本土防空戦史にまず先例を見ず、軍曹らの奮起は刮目に値《あたい》した。

初陣で不時着した石川軍曹は、三ヵ月後の二十年一月十九日、B29が高度六〇〇〇～七〇〇〇メートルで明石に来襲したとき、密雲の上で索敵中に機位を失し、加えて燃料計に赤ランプがついたため、やむなく雲層を盲目降下した。視界が開けると、下は紀伊半島南東部海岸の断崖線で不時着の適地はなく、やむなく和歌山・三重県境の熊野川河口に胴体着陸した。着地寸前、機体が鉄橋に触れたため、接地時の衝撃で胴体がポッキリと二つに折れ、機が河原に停止したとき、尾翼が逆さに風防の上に重なっていた。「わたしは操縦がへたでねえ」、とは軍曹の謙遜であろうが、不時着のとき「充分ナル目測ヲ以テ余裕アル接地」ができなかったことを言ったのかもしれない。ともあれ、このときは機体は折れても自身は無疵であった。

この日、鷲見曹長の僚機として石川機とともに出動した真下軍曹によると、初め「明石を守れ」の命を受け、神戸上空六〇〇〇にいたとき、「名古屋を守れ」の無線がはいった。名古屋に向かっていると、B29が紀伊水道を北進しているので、伊丹の指揮所に「B29明石に向かう。それでも名古屋へ行くのか」と問うと、「しばらく待て」のあと、「明石に戻れ」の指示。はや機は滋賀県八日市上空、急いで戻ってみると明石から火の手が上がり、敵機は去ったあとだった。伊丹に着陸して間もなく、十一飛師の北島師団長が飛来、「どうもうまくいかん」と師団の指示が適切を欠いたことを認め、「諸君よろしく頼む」と頭を下げたという。石川機がはぐれて、紀伊半島上空をさまようことになった背景である。

同じ日、同期の原田軍曹もやはり雲に禍され、はるか北方金沢という思いがけない地点に不時着し、これは頭部に軽傷を負っていた。原田軍曹は、戦隊が前記の第二次名古屋上空邀撃戦闘でB29撃墜二（緒方大尉、永末中尉）、撃破二を記録したとき、同期の川本軍曹（神戸上空の夜戦で戦死）とともに撃破の殊勲者として、その名が「毎日新聞」に報じられ、同僚下士官パイロットの羨望を呼んでいた。

宮本軍曹の乗養一二期＝予備下士九期は、下士九三期・少飛一二期と同列とされていた。民間航空コース出といっても操縦経験は決して浅いものでなく、当時二一歳の軍曹の場合、多く退役軍人教官による軍隊に劣らぬスパルタ式の訓練を受けながら一七の時から飛行機に乗り、第一一一教育飛行連隊（北鮮興南、昭和十八年十月〜十九年二月）での九七戦履習を経て、調布の飛行第二四四戦隊に所属していた間に「隼」「鍾馗」「飛燕」を経験した。

昭和十九年十一月一日、B29の東京偵察単機初来襲に出動、同二十四日以降生起していた帝都防空戦への参加を期して錬成中の十二月、伊藤軍曹らとともに伊丹の五十六戦隊に転属となり、早速、中京防空の戦列に加えられたのである。

込山・吉川・三村伍長ら少飛一三期生は、日高・伊藤軍曹らの一二期に六ヵ月遅れて昭和十六年十月、東京陸軍航空学校（村山）に入校した。十九年三月教育飛行隊修了後、他部隊を経て同年七月二十日付で伊丹の戦隊に着任した。この少飛一三期生と踵を接して前記の特操見習士官が配属されてきたので、これら二グループの新人パイロットは合同して実用機訓練にはいることとなった。そして、九月、済州島に転進していた戦隊主力に「隼」で追及合流して訓練を続け「飛燕」に進んだ。込山伍長（戦後、本田姓）は、「飛燕」で宙返りを打とうと、「隼」の感覚で操縦桿を引いたところ、機は半ば背面姿勢となったまま宙返りせず、どこまでもぐんぐん上昇していくのに慌てたという。その後、三村伍長の飛行機大破入院などもあったが、先輩パイロットに伍して急速技量向上に努めるうち、伊丹に帰還後逐次邀撃出動に加えられ、芦屋進出のころには、古川少佐が戦力と頼むところとなっていた。なかでも込山伍長は、済州島で思いがけず初のB29攻撃を経験している。

その日、哨戒に加えられ海上上空を飛行中、北九州に向かうB29十余機の編隊に遭遇した。味方は急ぎ戦闘隊形に開いて攻撃に入り、伍長は、敵機の垂直尾翼が異様に大きいのに驚きながら夢中で一撃をかけた。初めてのこととて、集中する銃火に離脱するのが早過ぎた憾みの残る「予期しない初陣だった」と言う。（古川少佐の手記によると、十月二十五日の同島からの邀撃戦は、初め戦隊の一七機が往航のB29を発見接敵したときには燃料不足となり、いったん帰投補給後の再出動で復航の敵編隊を捕捉している。込山機のいた哨戒編隊は往航の敵機群を見たとき攻撃行動をとったものか）。

なお、当時、陸海軍ほとんどの例にもれず、戦隊でも電波による誘導は実用の域になく、厚い雲に閉ざされると石川機や原田機のように思いがけない地点をさまようことになった。戦闘機のことゆえ行動半径は想像を越えて大きくなった。故川本軍曹は前年十二月二十二日、名古屋上空高高度邀撃のとき、遠く埼玉県北の児玉飛行場に不時着したという。この場合は、成層圏の高空を風速六〇〜七〇メートル、あるいはそれ以上で吹き渡る卓越偏西風、いわゆるジェット気流に押し流されたのであろうか。

下士官操縦者が不可欠の戦力要素を成したのは、日本独自の制度に由来した。そもそも米英の空軍では、パイロットは士官に限られていて、大型機の機関士や射手は別として、操縦士はすべて士官だったというのである。これに対し、日本陸軍において操縦学生に下士を加えたのが大正五年の第五期からであり、一般募集の少飛一期生の入校は昭和九年であった。海軍でも下士官兵搭乗員の養成を試験的に開始したのが大正五年、これが操縦練習生制度に発展し、あわせて部外から募集する予科練が発足したのは昭和五年であった。——陸軍ではパイロットは下士官以上であるが、海軍は兵をも用いた。このような仕組みがあったので、大戦に至り戦力の裾野を形成していた下士官・准士官層が第一線で活躍することになった。戦争も末期のこの段階において、もともと少ない士官パイロットを次々に失い、後続あるいは急速養成の戦力未成のなかで、下士官操縦者が勢い戦力の基幹となったのは、こうした制度上の背景があったからだ。

整備派遣隊輸送機で到着

さて、整備派遣隊員約三〇名も戦隊保有の輸送機・双発高練キ54に分乗（三機分）、もしくは空中輸送に余る器材を守りながら自動車と汽車で先行到着していた。キ54は、一式双発高練ともいい、本来、爆撃機乗員の練習機であったが輸送機としても重用されていた。古川少佐によると、戦隊移動時輸送機の操縦は重爆から転科して双発機に手慣れた永末大尉と藤井曹長が引き受けていたが、今回、芦屋から佐伯への移動にあたっては、二人とも伊丹に帰任していたので第十二飛行師団の協力を仰いだ。

整備派遣隊の幹部は、隊長・瀧恒郎中尉、武装担当・久保大徹少尉、山下信一見習士官、通信担当・佐藤与一郎少尉、整備担当・貞島操、長谷川国美の両見習士官であった。実は、隊長の瀧中尉（幹候一期）は伊丹の留守部隊にいたが、戦隊の佐伯進出にさいし整備力充実のため派遣隊指揮官に任命され、同じく部隊の庶務を掌握するため出動を命じられた戦隊副官石井俊三中尉とともに根拠地を出発、鉄道で追及したので少し遅れて五月一日着任する。そのころ日豊本線は、四月にはいっても断続する米機動部隊の空襲で不通箇所があり、両中尉は一駅手前で降ろされ、線路伝いに佐伯まで歩いたのだった。

整備隊員は難物といわれた三式戦の整備に自信をもち、戦隊保有機の可動率は良好に保持されていた。これは前年戦隊編成直後、整備隊長谷本政武中尉以下二九名を立川整備学校に伝習教育のため派遣したことの効果が的確に発現していたのである。

〝武装〟とは搭載機関銃の照準調整・故障排除・弾薬補充などを主任務とする。もともと陸軍戦闘機隊の兵器整備体制には定評があった。海軍第十一航空艦隊参謀野村了介中佐の手記によると、昭和十一年、同中佐が大尉で横須賀航空隊戦闘機分隊長――海軍の分隊は陸軍の中隊に相当する――のとき、松村黄次郎大尉の率いる陸軍明野飛行学校戦闘機隊と〝果し合い〟と称して三回目の戦技合同演習を催したことがあった。結果、海軍は航法と通信では優っていたが、陸軍は編隊群空中戦闘法にすぐれるとともに「兵器とくに機銃整備では海軍より数年進んでいた」。そのため海軍でも陸軍にならい、兵器整備専門の士官《オフィサー》が任命されることになったという。なお、松村大尉は陸軍戦闘機隊の空戦技法を確立した一人で、のち昭和十四年、中佐のとき飛行第二十四戦隊長として古川治良中尉らを率いてノモンハン航空戦を指揮した。そのとき、ソ連のイ15、イ16戦闘機の大群は枯葉のように落ちて、ホロンバイルの草原に黒煙が幾十条となく棚引いたのだった。中佐は、同年八月の戦闘で、乗機被弾して敵中の草原に不時着炎上し、大火傷を負って失神、おりからソ連戦車群の迫り来るなかを強行着陸した部下、西原五郎曹長に救出され生還したという、当時有名な戦話の主人公である。〝曠野の風も腥く《なまぐさ》〟かよう満蒙国境「空の勇士」の物語であった。ノモンハンでは、陸軍は地上戦で惨敗を喫したと認識されたが、航空戦では九七式戦闘機隊が数において圧倒的なソ連軍を緒戦時よく制圧、後半苦戦したものの概して終始善戦したことは戦史に知られる。

〝学鷲〟の系譜

　ここで、特操一期生について付言しておかねばならない。

陸軍は士官操縦者を多数急速養成するために、大学高専卒者もしくは卒業予定者を対象に特別操縦見習士官制度を設け、昭和十八年十月（在学者は卒業を半年繰り上げ）入隊した第一期生が飛行学校から台湾・朝鮮・満州・北支・比島ほか南方各地の教育飛行隊を経て、十九年後半以降、実戦部隊もしくは錬成飛行隊に配属されていた。

高木幹雄少尉

　十九年七～八月にかけて飛行第五十六戦隊に配属された特操一期生は一五名であったが、その後も断続して数名が他部隊から編入された。当初配属者のなかでも、すでに三〇歳に達していた高木少尉はきわ立って年長であり、また、妻帯子持ちという意味において異色だった（ほかに、戦隊のパイロットで結婚していたのは、古川少佐と、さきに戦死した緒方大尉だけである)。少尉は、東京薬科大学卒後、薬剤師として自立していた身でありながら国家の危急にさいし生業を一時放擲し敢えて飛行機乗りを志願したのである。「五体満足な若いもんが兵隊にも行かず何をうろうろしておる」という顰蹙《ひんしゆく》の視線に追い立てられるような世相であったことも否定できない。それはともかく、大多数が学窓からパイロットの道に直行したなかで、少尉のような例は異数であった。

特操パイロットは〝学鷲《がくわし》〟と呼ばれ、その名を高めた一人として、中京地区で短期間にB29四機を撃墜した安達武夫少尉(飛行第五十五戦隊、小牧・「飛燕」。慶大出身、昭和二十年一月戦死)の名を戦史に見出すことができる。だが、このように目覚ましい働きができた人は、余程の天分と戦運に恵まれていたのであり、多くは充分な訓練期間をおく暇もなく、おりから酣《たけなわ》となった本土防空戦に動員されることになった。事実、佐伯展開のこの時点で、戦隊特操パイロットの「隼」に始まる実用機操縦経験は一年に満たず、飛行時間およそ三〇〇時間、熟練者にまだ余裕のあった戦争中盤期であれば実戦には起用されない訓練期にあたっていた。ちなみに、戦隊のエース、鷲見《すみ》准尉(十六年十一月飛校卒)の終戦までの累計飛行時間は二〇九〇時間であった(『日本陸軍戦闘機隊』)。(エースとは、第一次大戦以来欧米で用いられてきた五機以上の撃墜者への称号であるが、日本では戦中軍部内にはこの呼称はなく、戦後航空戦記で使われるようになった)。

戦隊の特操パイロットは総じて教育飛行隊での訓練が不足であったため、十九年夏、伊丹着任後あらためて単発高等練習機キ55や九七戦、さらには「隼」で訓練を重ねたうえ、秋、

昭和19年12月下旬、伊丹飛行場にて。手前、古川少佐。奥左より大箸少尉、小野軍曹、永末中尉、込山伍長、吉野軍曹、鈴木少尉、高木少尉、秋葉少尉、高向軍曹、野崎少尉、中村少尉、副島少尉、石川伍長、鷲見曹長、日高伍長、田畠少尉——階級は当時のもの

済州島に展開中の戦隊主力に船行合流し、多くはここで初めて「飛燕」に乗った。だが、この時期から二十年初めまでは本格的な邀撃出勤に参加することなくひたすら訓練に励んでいた。特操操縦者は、戦隊への着任時期のズレにより訓練の進度にも差があったので、その技量に従いABCの三ランクに区分された。A級者は佐伯機動に参加した一人である鈴木少尉と、このとき伊丹に帰任していた秋葉少尉の二名といわれ、この二人は、芦屋転進にさいし特操士官が戦列に加えられたとき、いち早く四機編隊の長機、すなわち小隊長の位置につくこととなった。ひとたび戦列に参加出動となると、上階級者が分隊（二機編隊）もしくは小隊（四機編隊）の長機をつとめるのが軍隊の原則であった。こうして、特操士官は、B29の日本本土への来襲がいよいよ本格化

して戦闘の条件が一層苛酷となった時期に、いわば背伸びする思いで邀撃任務につく立場に置かれたのである。

「率直に言って」と、下士官操縦者の一人宮本軍曹は語っている。「特操士官の僚機につくと、天候不良のときなど無事基地に帰れるだろうかと内心不安でした」と。もっとも、それは特操にかぎらず、同程度の練度であれば、どんな軍歴の士官でも事態は似たようなことになったのではなかろうか。操縦技量を律するのは、学歴や軍歴、階級でなく、まずは飛行時間であった。

このころ、海軍佐伯空水偵隊では、沖大尉によると、海兵七一期（昭和十七年一月卒）の士官と予備学生一一期（十七年九月入隊、十八年七月修了）の士官とは、階級は同じ中尉であったが、予備学生出は海兵出より年長で進級は遅かった。しかし操縦技量は予備学生の方がはるかに上で、海兵出身者で夜間洋上飛行のできる者はいなかったという。

海兵出身者は、兵学校卒後艦隊勤務を経て飛行学生教程に進む。海兵七一期と同期《コレス》の海機五二期の前記小島大尉の場合、機関学校卒後軍艦「高雄」乗組を経て、昭和十八年六月、第四〇期飛行学生として霞空の門をくぐっている。機関学校出身者にも卒後直に飛行学生への道が開かれたのは五二期からだったという。一方、予備学生一一期入隊者九九名のうち三分の一ほどが大学・高専時代から海軍予備航空団や学生飛行連盟に属し、入隊前すでに飛行機操縦を経験していた。沖中尉もその一人で、学生時代から水上機の素養があった。ちなみに、大戦にあたり学徒を戦力に大きく活用するのはアメリカの方が早かった、と戦史家秦郁彦氏は書いている。すなわち米軍では、すでに一九四三＝昭和十八年中期ごろ学生グループが大量に前線に投入され、戦争後半期の戦力源を構成したが、日本では同年秋になって初めて強制動員に踏み切ったので、約一年の訓練を経て戦場に出たのが翌十九年秋となって戦機を逸した――『第二次大戦航空史話』。物量・員数ともに桁違いだった米国の航空戦力には所詮敵しえなかったとはいえ、日本は学徒の大空への動員でも後手を引いていたのだった。

佐伯展開に参加した特操士官の一人濱田少尉は、自ら戦後に回想して「特操は月足らずの未熟児であった」とその手記に書いている。だが、逼迫した戦局は特操パイロットに飛び立つことを要請した。しかも「飛燕」という高レベルの戦闘機を駆り、B29なる最高水準の超重爆と闘うことが喫緊の任務であった。

酸素欠乏失神墜落

特操の当初戦隊配属者のうち、これまですでに一名、前記大箸少尉が殉職していたが、実は、佐伯機動の当日、二人目の犠牲者を出していた。それは、四月二十九日午前、北九州芦屋上空において高高度邀撃哨戒飛行中に酸素欠乏のため失神墜落したものと判断された岩口一夫少尉であった。――同機の墜落で、戦隊の芦屋での喪失は前記吉野機に加えて二機となった。戦隊は犠牲者の屍を乗り越えるようにして、予定にしたがい、その日午後佐伯に前進したのである。「佐伯転進ノタメ時間ノ余裕ナク消息ヲ待ツコトナク出動セリ」と、古川少佐は手許のメモに記している。

芦屋での整備隊長・地上指揮官を務めていた小福田正少尉（戦後の姓・谷、陸士五七、のち中尉）は、岩口少尉の遺体収容のため、戦隊本部員望月市太郎軍曹を帯同して直方市北部山中に出張し、木の枝に飛び散り、機体にこびりついた肉片と骨片の一部を集め削り取って下山帰芦したのは、すでに戦隊の主力が佐伯にあった五月一日の夜だった。

戦隊「飛燕」の酸素供給は、当初はボンベを用いたが、のちにははるかに軽量の酸素発生器によった。アルミの円筒に納めた化学剤（塩素酸カリウムと二酸化マンガン）に電気点火すると、酸素が発生噴出しマスクに流れる装置であった。酸素吸入なしで人間の耐えうる高度は七〇〇〇メートルといわれるが、体調や判断力を正常に保つには、三五〇〇以上では酸素を吸入することが必要で、陸軍では高度三〇〇〇で酸素の流れるのを確認して上昇することになっていた。酸素欠乏は、ジワジワとではなく突然にくるのだ。

石川軍曹は教育飛行隊時代、規定高度以上での飛行を酸素吸入なしで済ませ、着陸後「よく頑張った」と誉められるかと思いながら教官に報告すると、いきなり頬に一発見舞われた。とくに、機上での操作・判断をすべて一人でおこなう単座機の操縦者は、酸素吸入のような基本動作は忘れぬうちに片づけておけ、ということだったのだ。以来、軍曹は高度計が三〇〇〇を示すと自動的に吸入装置のコックを捻った。五十六戦隊においては、岩口機のほかにはパイロット死亡に至る酸素欠乏事故はなかったが、真下軍曹（このとき入院加療中）が、装置の不具合か、高度一万メートルで酸素欠乏失神して落下、三〇〇〇メートルで気がつき危うく機を回復させて無事にすんだ経験をもっている。

二十年冬、名古屋上空高高度において「Ｂ29四機北進中、間もなく名古屋に入る」との無線情報を得て四日市方向を見て待機中、酸素不足を感じたため予備のボタンを押しても出てこぬまま失神してしまった。気がつくと、高度三〇〇〇、速度計は一〇〇〇キロ／時を示し、翼がぶるぶる振動していた。静かに機首を上げ、機を水平に戻したのが高度一〇〇〇メートルだったという。これは酸素欠乏の状況を伝える少ない事例であるとともに、時速一〇〇〇キロに耐え得た「飛燕」の機体の堅牢さを示す一例にもなろう。

「飛燕」警急姿勢につく

古川戦隊長は早速、一個分隊二機を警急姿勢につかせ、Ｂ29の足摺岬上空集合に備えた。出動の令一下、ただちに警急出動（こんにち言うところの緊急発進《スクランブル》）、敵機を求めて攻撃する態勢である。陸軍戦闘機隊のいう〝警急姿勢〟とは、パイロットは機側にいて、いつい かなる時にも直ちに発進できる態勢を言うのだ。

知らずや、海軍によって果たされない佐伯の少年の秘かな期待は、意外にも、こうして陸軍「飛燕」戦闘隊の手により実現されることになったのである。《待望の戦闘機「飛燕」よ発進せよ、そして撃てB29を》——正直なところ、これがいつまで待っても飛び立たない海軍に苛立っていたわれわれの偽らぬ心境であった。海軍航空部隊用兵者の意図が奈辺にあったかは知る由もなく、この時期なおこの地の少年が求めていたものは、身近の佐伯飛行場を基地として決然飛び立つ戦闘機隊だったのだ。陸軍「飛燕」戦闘隊は、いまや海軍の町佐伯にあって、燦然と、まぶしく輝く存在となった。

前方攻撃

佐伯——足摺岬は直線距離にして一〇〇キロ余り、高速戦闘機「飛燕」をもってすれば、警急出動、足摺岬付近上空において対敵位置につくのに二〇分を要しないであろう。尾部二〇ミリ機関砲一門、尾部と胴体前後上下の砲塔に一二・七ミリ全周旋回機銃一〇ないし一二梃、全身ハリネズミのように武装して死角がほとんどないB29に対して、戦隊は十九年十二月十三日の名古屋初空襲時の戦訓から、比較的火網の弱いB29の正面を衝く「前方攻撃戦法」を主用していた。これは、古川少佐の解説によると、要地上空に待機して敵機の前上方、前下方、あるいは側前方から突進、〝敵と相撃ち刺し違える〟捨て身の攻撃法で、戦隊はこれらを吹き流し射撃により訓練した。

実は、B29の各銃座は接敵距離五〇〇メートルになると射撃管制装置によって遠隔操作で自由に発射することができたのだという。それが徹甲弾二・炸裂弾二、曳光弾一の割合で地獄の業火のような弾幕を張って応戦してくる。単機のときはまだよい。いったん編隊を形成

昭和20年冬の永末中隊、伊丹にて——手前でB29模型を操作するのは中川少尉。奥左より津田軍曹、上野少尉、中里少尉、込山伍長、小野軍曹、高木少尉、三脚の陰に草葉少尉、平松軍曹、宮本軍曹、羽田軍曹、藤井曹長、永末大尉

すると、さながらカスミ網のような火網のなかに突入してゆかねばならない。たとえば続く十二月二十二日、第三次名古屋上空高高度邀撃戦において、小合《こあい》伍長はB29一〇機編隊に対し太陽を背にして左側前方から肉薄したが、敵編隊の斉射を浴びて墜落、身体飛散する壮烈な戦死を遂げていた。だから、B29がまだ単機でいるところを捕捉攻撃しようというのだ（隊員のあいだには、小合機の墜落は味方高射砲弾の命中によるとの説もある）。

　なにぶん、最高時速五七六キロ、事実上全速の「飛燕」に優るとも劣らぬスピードを誇るB29に対して前方から突撃するのだから、接敵時間は瞬間的であり、敵機を射程内に捕捉すること自体絶妙のタイミングを要するうえに、一瞬の操作を誤ると相手に激突しかねない。しかし、反航して当てたときの弾の威力は大きく、ちょうど向かってくる膚《はだ》にカミソリの刃を当てて切り裂くようなもので、同じ機関銃でも同航の場合とは段違いの効果があるという。けれどもまた前方攻撃は、いったん敵機と擦れ違うと彼我の距離は大きく開いてしまう。それゆえ相手が旋回でもせぬかぎり、続けて同一機を攻撃できる機会は少ない。チャンスは一度だけ、一撃離脱《ヒットエンドラン》の極致をゆく戦法である。

のち六月二十六日、戦隊の永末大尉は同一機を同航反復攻撃によって撃破する。潮岬上空高度四五〇〇付近の薄い層雲を透して見える旋回中のB29に下から接近銃撃した。腹部レーダードームの付近に被弾した敵機が破片を散らし、黒煙を曳いて降下旋回するところを、下層の高度三〇〇〇あたりの雲の下から再度攻撃した。B29は機首を落とし、撃墜はほぼ確実と見えたが雲下に没したため未確認に終る。このとき、敵機が旋回していたので接近再攻撃が可能となった。また薄雲を利用したので気づかれずに接敵できた。大尉は、この日ふたたび、別のB29同一機と二度対戦するが、これは前方攻撃となる——後述。

同一機再攻撃のためには、たとえば前下方から一撃直後にB29の腹の下で〝失速横転〟という秘技を使えば、くるりと機の方向が逆転し、敵機を反復捕捉することも考えられるのだが、重い「飛燕」では相当の熟練者でも至難の業《わざ》だという。一つ誤ると、そのまま失速墜落するほかない。「重戦闘機の認識不足」(古川少佐)による事故は、戦隊でも特殊飛行訓練中に二件発生した（昭和十九年十月十七日古賀正伍長、のち二十年八月八日藤田英穂少尉）。戦史上、失速横転によりB29を反復攻撃したパイロットは、戦闘機の古豪、上坊《じようぼう》良太郎大尉（「鍾馗」、於昭南《シンガポール》）といわれるが、かような名人芸に類する戦法は戦隊の採るところではなかった。「前方攻撃を指向する一突進だけがただ一つの攻撃方向」というのが古川少佐の得た結論であった。

日本本土爆撃行途上のB29。編隊僚機が撮ったこの写真は、撃墜された敵機のカメラから現像し防空戦隊に配付された

　そして、「命中率は直前方やや高目からの攻撃が最も良い。しかし、これは衝突の危険も大きく、大変こわい」と。少佐が多用したのは直上方攻撃である。爆撃高度五〇〇〇メートルで進行するB29に対し、高度七〇〇〇を気速（対気速度）二五〇キロで反航しながら急降下にはいり、多くの場合、敵機首を狙い修整量を加えながら射撃して、敵機の後方を航過離脱する。相手も相当のスピードで前進しているので、その前方を擦り抜けることはまず不可能なのだ。機の引き起こしを完了するのが高度二五〇〇メートル付近となるので、高度差四〇〇〇メートル以上を一気に急降下することになる。この間に機は時速七〇〇キロ以上の過

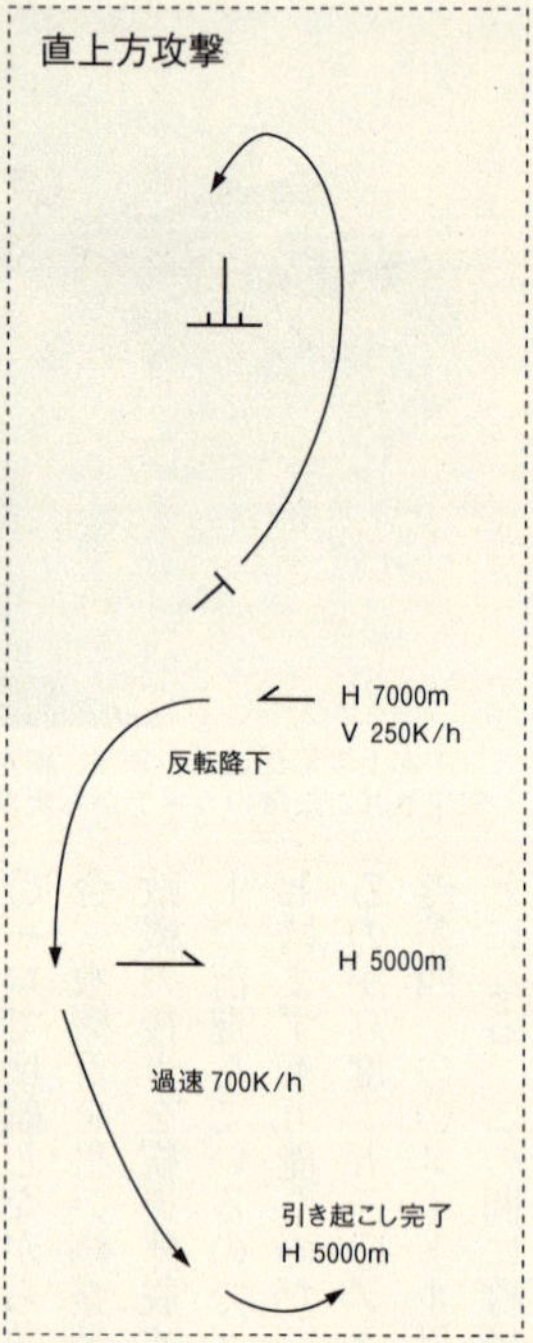

速に陥り、急激に引き起こすと機体強度上危ないので引き起こしには徐々にはいる。

直上方攻撃は敵の射弾も少なく、練度の高いパイロットの好む攻撃法であったが、のちに阪神上空でこれをこころみた真下軍曹は、「好適な位置関係を得る機会になかなか恵まれない」と言う。この度の足摺岬上空の邀撃作戦は、空中集合のため単機もしくは少数機で旋回中のB29は機速が低下し、機動性が鈍り、防御力も弱いという点に着目したものだった。これならばきっと、前方攻撃も効果が上がり、「飛燕」に速力さえついていれば、反復攻撃もまた不可能ではないであろう。

速力・火力・防御力にすぐれる大型機に対しては、前方攻撃が唯一残された有効な戦法であるとの帰結は、つとに前線において練達の操縦者が実戦のなかで期せずして得ていたものであったようだ。たとえばこれより以前、B17「空の要塞《フライング・フォートレス》」に対して前方攻撃法を開発していたパイロットに吉良勝秋准尉〈飛行第二十四戦隊〉がいた。戦中、撃墜二一機により陸軍戦闘機隊のエースの一人となった同准尉は、十八年八月、ニューギニアのマダン上空において、一式戦「隼」によりB17を正面攻撃で一撃のもとに仕留めたのである。この吉良准尉は、ノモンハン戦では伍長として古川治良中尉の僚機であった。ついでながら、アムグロ・ハルハ河上空戦を初陣とした古川小隊三機のうちもう一機は、ノモンハン戦中だけで撃墜二一機という驚異のスコアをマークした石沢幸次曹長のち准尉だった。これら三機は、その後それぞれ別の戦線にわかれて熾烈な太平洋航空戦や本土防空戦に参加しながら、二十年八月の終戦まで生き抜いている。

食住の天国、佐伯航空隊

日々B29との命の遣り取りに絶え間なく緊張していた戦隊のパイロットには、佐伯海軍航空隊の空気はまだゆったりしているように見えた。けれど、石川軍曹によると、戦隊員は、航空隊の裏山（高さ八〇メートルの長島山）に蟻の巣のように壕が掘られ、宿泊設備がととのい、整備工場まで出来ているのに一驚した。この壕は長年月をかけて刳《く》りぬかれたものであるが、水偵の沖大尉の話では、昭和十九年に大々的に掘り進められることになり、そのさい、当時実用機訓練中であった予備学生一三期の大学土木工学専攻者が本領を発揮して専門的な指導をおこない、大いに面目を施したということだ。

初めて海軍飛行場を基地とした戦隊の士官は、佐伯航空隊での待遇に等しく驚きと好印象を持った。たばこは〝光〟の赤箱を各自三〇個ぐらい貰うし、士官食堂では食事は良いうえにミルクが飲み放題でうれしくなったと、陸軍でも優遇されていた空中勤務者の一人、高木少尉は語るのである。この体験は、整備派遣隊の長谷川見習士官にも忘れられないものだったようで、前掲の手記のなかで次のように書いている。

「佐伯航空隊での生活は、われわれ陸の見習士官にとっては正に天国でした。と申しますのは、居住施設は木賃宿とホテルとの違いがあり、食事は当時夢にまで見た白米で、おそるおそる一膳食べ終わると従兵が、おかわりのお盆を差し出すではありませんか。副食も朝食以外は、天ぷら、サラダ等洋食に類したものが多く、テーブルには、ミルクが自由にのめるよう銀製の器がおいてありました。今までは麦に高粱が混入された、ぼさぼさの一膳めしに芋や、かぼちゃのおかずで食べていたのですから、腹の虫もびっくりしたことでしょう」

戦隊本部の石井中尉は、海軍では食堂が士官と下士官兵とで区別されているのが珍しく、毎食後砂糖のたっぷりはいった紅茶が出されるのには、瀧中尉ら同僚ともどもしきりに感心した。陸軍では、地上勤務者は、将校も下士官兵と給与（食事）は同列だったのだ。一体、英国海軍に範をとった日本海軍士官の食事給与は格別のものだったといわれるが、戦争も末期のこの段階において、佐伯航空隊の士官食堂は、〝娑婆〟の食糧不足は言うに及ばず、日ごろ銀メシに飢えていた海軍隊内一般兵士の質素な食卓をよそに、まだ伝統の豪勢さを保っていたようだ（ただし、食事代は士官は自費、下士官兵は官給であった）。

この日、四月二十九日、初めて内地の海軍飛行場に着陸した古川少佐は、「海軍庁舎ノ豪壮性」と、ひとこと第一印象を『戦隊日誌』に記している。佐伯航空隊の庁舎は建設されたのが戦前で時期も良く、田舎町の佐伯市内には見られない三階建ての本格的なビルディングであった。その立派さは、同じ海軍航空隊員でも、他基地から初めてここに転勤してきた兵士たちが一様に感嘆したほどのものだった。大戦初期にラバウルのエースとなった坂井三郎中尉（終戦時）は、庁舎の西側に建つ兵舎について、「先輩たちの汗と脂で黒光りした霞ヶ浦の木造宿舎とは対照的に、できてまもないこの宿舎は、鉄筋コンクリートのすばらしい建物であった」と戦闘機教程延長教育時代、昭和十二年末の感想を記している（『続・大空のサムライ』）。

また、開戦後急造りの千葉県茂原《もばら》基地から、昭和十八年末、佐伯空に着任した艦爆操縦員・小澤孝公飛行兵曹は、「庁舎、格納庫、兵舎などの設備も完備していて、飛行場も広く、艦爆隊の本拠地として開隊の歴史も古い。さすがに伝統を誇るにふさわしい航空隊を思わせた」と書き、さらに「兵舎は廊下をはさんで、片側が艦爆隊、艦攻隊、戦闘機隊の居住区で、あとの片側全部を整備分隊が占めていた」と、当時の兵舎のなかを紹介している（『搭乗員挽歌』）。

水偵の沖中尉によると、昭和十九年以降、庁舎（士官舎）は、一、二階を佐伯空が、三階を艦攻の九三一空が使っていた。ただし、九三一空は出動することが多く留守がちだった。水偵ちょうどこの時期、串良に進出中の艦攻隊は機種改変で佐伯との間を往来していたが、突然の寄隊も一部が指宿に移動したり、基地から北五海浬の海辺に分散し始めていたので、突然の寄留者を受け容れる程度の余裕はあったようだ。飛行第五十六戦隊のパイロット・整備員は階級に準じて士官舎と兵舎にわかれて入居した。戦隊長の三階個室は別格として、隊員士官は庁舎の二階もしくは三階の二段ベッドの部屋をあてがわれた。高木少尉は、士官舎に入居して二階に立派な共同浴場があるのを知り、設備の行き届いているのにもう一度感心した。

海軍の沖中尉は、部屋が庁舎の玄関近くだったので陸軍パイロットの姿をよく見かけ、「飛燕」のB29邀撃に大いに期待しながら戦隊員の出入りするのを眺めていた。というのも、「零水偵は、敵機に会えば逃げるより手はなく、全く無力なのです。七・七ミリ機銃一梃と爆弾を持っているだけで、敵機への攻撃力はなかったからです。その機銃も、ふだん取りはずしていました。戦闘機には所詮ひとたまりもないのですから」と語っている。なお、水偵の通信手段は無線電信であり、「ヴォイス（電話）はなかった」とのことだ。

士官舎では、戦隊員と海軍搭乗員との間で当初とりたてて正式の紹介や交歓はなかった。

陸軍パイロット海軍の町を行く

戦隊のパイロットが佐伯の町に姿を見せたのは、到着の当日夕方のことだった。濱田少尉は、「最初の日の夕刻であったと思うが、二〜三人連れで佐伯の街に出かけた。上野、安達と三人だったと思う。街は海軍さんばかりで、生け垣のつづく静かな通りを歩いて帰った」と回想する。三少尉は伊丹で同室の仲間だったのである。濱田少尉は、「私は大学（東京農大）入学前、一時就職していたこともあり、同期生のなかでは遊びの方面で先輩格だった」とのことなので、同室の友を僚機に、早速町に〝薄暮索敵〟を試みることになったようだ。

　この日、とくに特操パイロットは、午前芦屋で同僚の岩口機の墜落を見て、心中少なからずショックを受けていたと思われる。酸素欠乏失神という事故原因の判断がすでに示されていたかはともかく、パイロットにとって死はつねに傍らにあった。誰も敢えて口に出すことはなかったが、身辺に起こった事故の衝撃と死の不安を振り払うように、同室の僚友は相誘い、命の洗濯かたがた娑婆の空気を求めて町に出たのだったか。

　高木少尉は当夜外出しなかったけれど、上野少尉から町での土産話を聞かされた。市内の、とある酒楼に上がると、店の主人は陸軍の戦闘機乗りを歓待して金を取らず、下にも置かないもてなしだったというのである。「上野少尉は愉快な人で、話がとても面白かった」と、戦友たちは、やや角張った顔に髭が濃く、人懐っこい風貌と剽軽な人柄を伝えている。少尉は、たまたま石川軍曹と同郷、甲府盆地北部の隣村同志で、同県人のパイロットには羽田《はだ》軍曹もいて、おたがいに〝山梨の三羽烏〟を自称し、内々誇りともしていたのだった。羽田軍曹は、これまで神戸上空の夜戦をふくめすでに数機の撃墜を報告していた技量すぐれたパイロットであったが、戦隊の佐伯機動前、芦屋飛行場外に転覆（古川少佐記録）して機体修理を要していたためであろう佐伯展開に参加していない。「軍曹は名パイロットとしての素質を持っていた」と古川少佐が言うのを聞くと、同期の故吉野軍曹とともに足摺岬の上で闘って欲しかったと惜しまれる。

石川軍曹や宮本軍曹によると、下士官パイロットには外出の機会はなかった。けれど、兵舎では、隊員は海軍基地には異例の陸軍戦闘機隊ということで、海軍兵士から「陸さん、陸さん」と珍重歓迎され、いろいろと差し入れが多かった。初め、戦隊員は、《こちらが〝海軍さん〟と言っているのに、〝陸さん〟とは何だ》と、心中おだやかならぬものを感じたが、そのうち海軍の若い兵士たちに他意はなく、ひたすら誠意を込めてもてなしてくれていることが感じとれるにつれ、苦笑しながら聞き流すことにしたのだった。

陸軍に対するそんな呼び方は、潮風に吹かれて格好よく艦《ふね》を走らせ、万事スマートネスをもってモットーとした海軍の、土の上を匍《ほ》匐《ふく》して戦う陸軍を泥臭いと見る、いわばスノビッシュな気風に由来するものだったのか。たしかに、板子一枚下は地獄でも、泥水すすり草を噛んで戦う陸軍より、颯爽と見えた七つ釦《ぼたん》の海軍に佐伯の少年も多く憧れていた。はたまた、これは命を的に戦う第一線の将兵にはかかわりのないことだが、年来〝沈黙の海軍《サイレントネーヴィー》〟を伝統とした海軍が、しばしば国政に横車を押すことの多かった陸軍上層部の振舞いを苦々しく思う心情に発したものだったのか。ともあれ、そんなスマートな海軍も、いまや連合艦隊壊滅して陸《おか》に上がり、かつて精強を誇った海鷲も尾羽打ち枯らして陸軍戦闘機隊の来援を頼みにしている、と軽口の一つも叩かれかねない局面にあった。

実は、本土防空は本来陸軍の担当とされ、海軍は局地的に鎮守府の防空だけを担っていた。しかし、既述したように呉鎮の戦闘機隊である岩国三三二空は、前年十二月来、Ｂ29の中京地区来襲で手薄となった阪神防空支援のため、零戦隊と「雷電」隊を兵庫県鳴尾に、夜戦「月光」隊を伊丹に移駐して陸軍十一飛師の指揮下にあり、Ｂ29の九州基地攻撃急の四月、二十三日から二十五日にかけて「雷電」隊が鳴尾から鹿屋に転進していた。

局地戦闘機「雷電」21型

呉鎮は、直轄の呉や佐伯の航空基地が爆撃の危険に晒されているとき、手もとの局地防空戦闘機隊がいなかった。陸軍の西部軍がこの点を配慮したかどうかは不明だが、もともと十一飛師の飛行第五十六戦隊を佐伯に差し向けたのは、いわばお互いさまだったのである。つまりは、陸海の防空戦闘機隊は手不足のままＢ29の大攻勢に翻弄されつつ、本来の担当空域を互いに交換する結果となっていた。（なお、三三二空は十九年八月呉空戦闘機隊を前身に新編されたが、秋には零戦隊が比島に狩り出されて壊滅状態となり、再建過程のまま根拠地を留守にして阪神防空にあたっていた）。

飛行機が地上にあるときが多忙な整備隊員の外出はもっ

と後のことになった。のちに戦隊が芦屋に後退してからも残務整理のため五月末まで佐伯に残った長谷川見習士官は、「緊迫した戦時下ですから外出など勿論ありませんが、朝から雨の日で空襲はないと判断されると、状況により午後外出が許可されることがありました」と言い、町の酒亭で歓待された体験を語るのである。のちにパイロットで最後まで佐伯に一人残ることになる副島少尉も、陸軍の戦闘機乗りだというので「佐伯の飲み屋で大歓迎された」思い出をもっている。いつまで待っても飛び立たない海軍にがっかりしていたおりから、陸軍戦闘機隊への期待と信頼が一気に盛り上がったのは、ただ少年の世界にとどまらず、この町のおとなにも共通した心情であったのだ。つづけて長谷川見習士官の話を聞こう。

「雨のある夕方外出を許可され燈火管制下の佐伯の町に出かけ、わずかに残っている飲み屋で確かドブロクだったと思いますが飲んでいますと、店の若い女の子が赤い液体の入ったコップを持ってきました。別に注文しないのにと思っていますと、小さな声で『これはとっておきのブドウ酒です。貴方は陸軍航空隊の方ですね。私達は貴方がたに感謝しています。ここは海軍さんの町ですが、海軍さんのなかには酒を飲むと戦争は俺たちにまかせておけ、必ず米・英をやっつけてやると言いますが、B29がくると海軍の飛行機はどこかへ飛んでゆきます。貴方がた陸軍は違います。警報がなるたびに戦闘機は真一文字にB29の編隊に向かって舞い上がります。本当に頼母しく思っています。どうか遠慮せずに飲んで下さい』

有難く頂戴し帰る時金《かね》を払おうとすると飲んだ酒代も受けとりません。よっぽど私は整備員で彼女の言うような勇ましいパイロットではありませんと言おうかと思いましたが、彼女の陸軍航空隊に対する信頼の瞳をみると言い出す勇気もなく申し出に甘えたことが、当時の海軍さんには誠に申しわけないのですが、唯一の佐伯での良い思い出でした。

海軍さんのかわりに申し添えますが、佐伯には、『天山』艦上攻撃機とか夜間専用電探搭載の零式水上偵察機等が配置されていましたが、Ｂ29などを攻撃できる戦闘機は配置されていなかったのです。一般の市民、特に老人・婦女子の方は飛行機であればどれでも空中戦ができると思っていたようです」

戦争もこの段階になると、さしもあたりを払った海軍の勢威も、空襲におののく町の人の目にはようやく色褪《あ》せて映っていたかのようだった。二年前であれば、まだ意気天を突く概のあった海軍航空隊員に対して市民の目も暖かかった。ハワイ攻撃以来歴戦の空母「瑞鶴」艦爆隊長を勤めた江間保大尉（兵六三）は、昭和十八年初頭には佐伯空艦爆隊長であったが、ある夜、一升酒を平らげた勢いで佐伯の町を人力車を引いて走り回ったという話がある。

大尉は前金を払って車夫を人力車に乗せ、無法松よろしく掛け声とともに町なかを駆けたのである。この武勇伝は、たちまち千里を走ってラバウルにまで轟いたのだった（ラバウル五八二空艦爆隊員松浪清少尉『命令一下、出で発つは』）。ついでながら江間保大尉は、この二年後には少佐として、九州沖航空戦から沖縄戦にかけ特攻出撃をふくめて奮戦した七〇一空「彗星」艦爆隊の飛行長となって国分にいたが、特攻については、「爆弾を命中させる自信のある者は、いたずらに死ぬな、生きて還れ」という持論をもって終始し、これを五航艦上層部に黙認させた異例の指揮官として知られる。

敵機が来ても動かない海軍さんに対する町の失望感を佐伯航空隊の要路者も当惑気味に感じ取っていたらしく、「飛燕」戦闘隊が飛来展開すると、ある日、海軍の高級士官が、日ごろ生徒が掩体壕づくりに奉仕している県立佐伯中学を訪れ、全校生徒を前にして「飛燕」が佐伯航空隊に配備されたと告げ、「敵機は佐伯上空に達する以前に直ちに発進するこの新鋭機によって、たちまちにして迎撃され立ちどころに撃墜されるであろう」と胸を張って演説したという（小野史郎『母校被爆す』）。

第六章　豊後水道上空に戦機熟す

暦をたどると、戦隊が佐伯に前進した昭和二十年四月二十九日は日曜日にもあたる。むろん、頻々たる空襲下の機動防空戦闘機隊には日曜も祭日もなかった。戦隊の佐伯機動当日、二十九日朝には鹿屋ほか南九州各基地を襲っていたB29は、翌日以降も九州に侵入し、佐伯・大分をふくむ東部および南部の飛行場を爆撃あるいは偵察投弾した。

四月三十日　曇天下、六六機（米軍記録）。

五月一日　九州全域天候雨にもかかわらず東部に少数機来襲。

滑走路北端に時限爆弾落下　B29爆撃隊ふたたび投弾に失敗

すでに四月二十六日、初めて空爆攻撃の目標となった佐伯飛行場がB29爆撃隊による二度目の攻撃を受けたのは、米軍側の記録によると四月三十日のことであった。しかし、B29は再び曇天に禍され、爆弾の大部分は目標をそれて水上機基地から防備隊にかけての沖合の海中に落下し、飛行場は滑走路北端付近、北西部海寄りに幾つか爆弾の穴があいた程度であった。だが、この朝、豊後水道の要所に備えられていた対空電波警戒機は、敵機群の接近を探知しえなかったもののごとく、また気象状況も、目視監視網が敵の機影を捉え得ぬほどの曇天だったためか、戦隊は何ら警報に接することなく出動しなかった。

佐伯空水偵隊の沖中尉は、この日、当直将校で庁舎北側の海に面する整列広場に全員を集合させ、兵たちと反対に大入島を一望に見る位置に立ち司令の訓示を聴いていた。そのとき、いきなり落下音が響き、前方数百メートルの海上に爆弾が一斉に降るのが見えた。

「まったくの不意打ちで、空襲警報も何もあったものではありません。むろん、当直将校にも責任の及ぶものでなく、司令以下全員が仰天し地にひれ伏して無様な姿でした」

一方、弾着点に近く飛行場内にいた兵士たちは、「死ぬ」と思うほどの恐怖を感じていた。艦攻部隊九三一空の射爆兵器員、山村住夫上等飛行兵は突然の落下音に、中江川にかかる橋（美国橋）のたもと北側のコンクリート造り掩体壕（現存）に同僚二人と駆け込み、突っ伏した瞬間に爆弾が落下、炸裂のたびに体が地面から二〇センチも跳ね上がり、壕内の棚に置いていた弾倉がバラバラと背に落ちてきて痛い目にあった。爆弾のすべてが直撃したと思われたほどの震動で、「もう最後だ」と覚悟したというのである。

けれど、この爆撃には予期しないおまけがついた。多数の爆弾が海中で爆発したため魚が大量に浮上したのだ。海軍兵士が黒鯛《チヌ》をたくさん掬い上げてきたのを陸軍の戦隊員も多くが

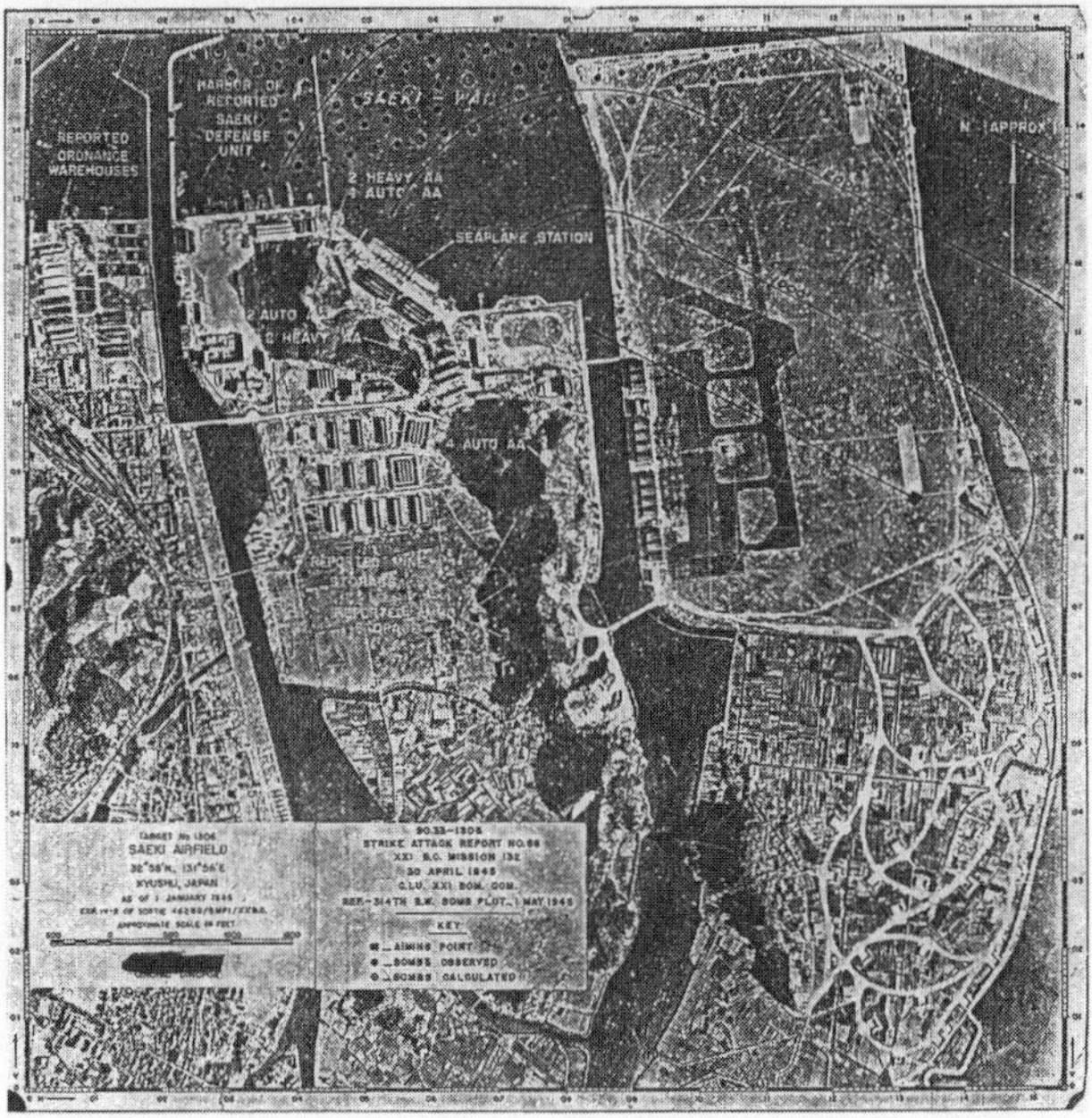

佐伯海軍飛行場。米第20爆撃兵団(成都)の偵察写真、1945(昭和20)年1月1日撮影。湾内から飛行場北端にかけての弾着点は4月30日第314爆撃飛行団(グアム)のB29、11機による爆撃状況を示す。■印：照準点　●印：視認弾着点　◎印：推定弾着点　[備考]SEAPLANE STATION(水上機発着場)、DEFENSE UNIT(防備帯)、ORDNANCE WAREHOUSES(軍需品倉庫)、HEAVY / AUTO AA(対空銃砲陣地)、MINE / AMMO STORAGE(機雷・弾薬貯蔵所)[注]飛行場南の誘導路網は掩体壕地帯

見ていた。海軍は内火艇まで繰り出したが拾いきれないほどだった。一番大きな鯛は魚拓に残したあと刺身にするなど、思わぬB29の贈り物に基地の食膳は賑わったのである。前年結婚し市内の下宿に新居を構えていた沖中尉は、フグの大きな

のを持ち帰って魚屋で料理してもらい、半分をお礼に進呈して喜ばれた。

米軍は、この日の空襲結果を次のように記録している。

「四月三十日　出動NO.132 Cockcrow《コックロー》 #2　目標　佐伯飛行場、第314爆撃飛行団（グアム）の一一機が出動、全機目標に投弾せるも効果不良」

このとき、B29は各機五トン相当二二個の五〇〇ポンド（二三〇キロ）爆弾を搭載し、雲上を海側東南方向から飛行場を斜めに横切るかたちで進入し、合計実に二四二個の爆弾を雲間から目視照準で投下していた。うち一三二個が瞬発、一一〇個が遅発弾（時限爆弾）であった。飛行場は危く集中爆撃をまぬがれていた。B29の佐伯飛行場爆撃は、四月二十六日の第一回につづき、二度目も失敗に終わっていた。米軍にとっては不満足な結果となったこの爆撃の全貌は、第21爆撃兵団情報部がワシントンの第20航空軍に提出した別掲の報告NO.68と、偵察写真に付された弾着図によって知ることができる。

当時B29は、飛行場攻撃にさいし、爆撃してもすぐ修復されるので、瞬発のほかに遅発最長三六時間までの時限爆弾を使用していたといわれる（ただし、戦後四〇年以上を経た昭和六十二年、鹿児島県国分近くの加治木町で発掘処理された不発弾は、時限装置が一四四時間にセットされていたという例もある）。佐伯飛行場北端、海ぎわの時限爆弾落下地点には、海軍により赤旗が立てられ立ち入り禁止となった。いつ爆発するかもしれない弾着地点まで自転車で旗を立てにゆくのは、それこそ海軍兵士の決死的行動であった。

戦隊のパイロット吉川伍長の（のち五月四日の空襲時の）実見談によると、落下した時限

空爆攻撃報告 №68　　1945年5月2日

目標：90.33−1306 佐伯飛行場（九州東部）
（北緯 32 度 58 分／東経 131 度 56 分）
第 21 爆撃兵団　出動№132 Cockcrow＃2
飛行日付：1945 年 4 月 30 日

概　要

本任務飛行の爆撃精度は不満足であった。第 314 爆撃飛行団の報告によれば、本飛行隊は雲のためレーダーにて進入、結局、雲の切れ間から目視により投弾す。爆弾は目標区域外の佐伯湾に落下し、駆逐艦らしき 1 隻に命中大爆発を起こす。別の駆逐艦とおぼしい 1 隻に至近弾もしくは命中弾あり。これらの艦艇は全長 200 フィート（61 メートル）以下にして護衛艦タイプと見ゆ。

攻撃情報

照準点：添付航空写真に示す
爆撃軸線：297 度

部隊	機数	搭載弾量・型式	
314	11	AN−M64（瞬発）500 ポンド	×132 個
		AN−M64（遅発）500 〃	×110 〃
		計	242 〃

爆撃精度統計

着弾状況（投弾 242 個）		全投弾数に対する比率（%）	視認・推定着弾数に対する比率（%）
視認・推定着弾数	90	37	
照準点からの弾着			
500 フィート以内	0	0	0
500〜1000	0	0	0
1000〜2000	7	2.8	7.7
2000〜3000	59	24.3	65.5
3000フィート以上	24	9.8	26.7

爆撃精度：不満足

（注）メートル換算は筆者

爆弾は尾の部分を地上に露出して、半ばは地中に埋もれた状態にあった。地上に落ちた時限爆弾は海軍の作業班が処理したが、海中に落下したものが時おり爆発して、水柱を吹き上げた。

米軍の報告は、「爆弾は目標区域外の佐伯湾に落下し、駆逐艦らしき一隻に命中大爆発を起こす……」と記している。被害を受けたのは、機雷敷設艇「怒和島《ぬわじま》」（全長七四・七メートル、排水量七五〇トン）であった。同艇は、「四月三十日、佐伯湾内で敵機の攻撃により艦尾を大破し、湾岸に擱座することで辛うじて沈没を免れた」との記録がある（『丸スペシャル47・敷設艇』）。昭和十七年就役以来、呉防備戦隊に付属、飛行場目標の弾がはずれて命中するとは、いかにも不運な特務艇であった。

米第21爆撃兵団司令官ルメイ少将は、もともと戦略爆撃目的のB29を飛行場攻撃に使うことには、とくに天候不順のこの時期、成功率が低いゆえに気乗り薄だった。日本機の特攻攻撃に手を焼いていた沖縄沖の機動部隊にせつかれたニミッツ提督の要請を受けて、第20航空軍総司令官アーノルド大将がワシントンから発した「機動部隊を支援せよ」との電命に対しても、「飛行場爆撃は天候適なるを要し、レーダーによりては不可能。高高度爆撃に気象適なるとき飛行場を攻撃す。さもなくば、当該区域の戦略目標を爆撃すること了解ありたく」と返電している（『超要塞《スーパーフォートレス》』）。

佐伯飛行場爆撃の例に見るように、ルメイの危惧は当たっていた。飛行場攻撃は滑走路破壊を主眼にして、もっぱら爆弾が用いられていた。もっとも、この時点マリアナ基地群の焼夷弾在庫は、三月の東京・阪神・名古屋の大空襲で使い果たし底をついていたという。もしもこのころ焼夷弾の用意があれば、「ジャップを殺せ、奴らを焼き尽くせ！」と叫んで都市焼尽に熱心だったルメイは、九州飛行場爆撃に向ける兵力をもっと控え目にしただろう。「四月は在庫が無かったので、三月の密度の都市焼夷攻撃を続行しなかった」と、右の戦記に書いている。

米統合参謀本部は、沖縄攻略作戦発動にあたり、所要の期間、第21爆撃兵団を太平洋方面総司令官ニミッツ海軍大将の指揮下に置くよう命じていたので、B29の戦術利用に乗り気でなかったルメイもいつまでも抵抗できず、渋々飛行場爆撃をおこなっていたのである。

つづいて、雨の五月一日正午、九州上空の悪天候を衝いて、偵察爆撃任務を負うB29一機（出動No. WSM424）が佐伯飛行場を目標に飛来し、雲上高度九〇〇〇からレーダーにより爆弾一二個を投下して〝戦果不明〟のまま脱去している（米軍任務飛行報告NO. FN-02-11）。だが、この爆弾も空しく海中に落下したのか、「飛燕」の隊員も佐伯空の沖大尉も、この日の空襲については格別記憶にとどめていない。

また、当日の気象は、来襲情報があったとしても、戦闘機の航法能力上飛行困難なものだったらしく戦隊は動いていない。

このようにB29は悪天を冒して間断なく来襲し、このころ基地は警戒を解く暇もないほどだった。（米機動部隊は、四月半ばから五月上旬にかけては沖縄上陸軍支援ならびに特攻機の応接に忙しく、艦載機による九州基地空襲を中断していた）。片や、米軍マリアナ基地のB29搭

テレタイプ交信記録

任務飛行最終報告　№FN-02-11
1945年5月1日　出動№WSM424
宛：第20航空軍司令部、ワシントン
発：第21爆撃兵団司令官、グアム
　5月2日　14:37z 発信（日本時間23:37）

A.	出動№	WSM424
B.	離陸時刻	4月30日　20:00z（日本時間5月1日05:00）
C.	着陸時刻	5月1日　10:05z（〃　〃　19:05）
D.	目標	佐伯飛行場
E.	爆撃法	レーダー
F.	投下高度	30000フィート（9100メートル）
G.	投下時刻	5月1日03:04z（日本時間12:04）
H.	投下弾量・型式	500ポンド（230キロ）×12
I.	目標上空の天候	雲量10
J.	遭遇せる敵機	なし
K.	対空砲火	なし
L.	戦果	不明
M.	視認事項	なし

（注）時間のzは「zulu＝グリニッジ標準時」を示す。（　）は筆者。
WSMはWeather Strike Mission＝天候偵察攻撃任務飛行。

乗員は連日の九州基地攻撃に忙殺されていた。

　のち五月五日大刀洗空襲のさい、海軍機「紫電改」に体当たりで竹田付近に墜とされた米第314爆撃飛行団のＢ29機長ワトキンズ中尉が、戦後、『汚名』の著者の取材に答えて語ったところによると、九州まで往復一六時間をかけて基地に帰ると八時間睡眠、休養をとり、また出撃という目まぐるしさであった。そしてＢ29乗員（一機一一～一二名）は、日本で捕らえられると殺されると聞かされていたので爆撃行も命がけで、目標に投弾すると一目散に引き返したのだという（東野利夫『汚名・「九大生体解剖事件」の真相』）。高空をゆくＢ29は、地上からは怖れを知らぬかのように悠然と飛行しているように見えたが、機上の乗員は薄氷を踏む思いで九州上空に侵入していたのだった。

　不運にして本土上空で撃墜され、落下傘降下したＢ29乗員のなかには、捕えられる前に自殺した者もいれば、簡単に手をあげず、どこまでも逃げ失せようと試みた者もいた。話は八ヵ月前に遡るが、前年八月二十一日、飛行第四戦隊の野辺重夫軍曹機が折尾上空で在支米空軍のＢ29に体当りして一度に二機を墜としたことがあった。このときの墜落機の搭乗員の一人、ジミー・ワイン中尉は落下傘で降りて隠れ、二週間近く経って芦屋飛行場のエプロン地帯に潜入しているのを歩哨に誰何《すいか》され、追い詰められてピストル自殺したという実話がある。中尉は、勇敢にも戦闘機を奪い中国へ脱出しようとしていたのである――航空自衛隊芦屋基地編『芦屋飛行場物語』。

邀撃哨戒飛行

佐伯飛行場は、番匠川下流の三角州「女島《めじま》」の北端を埋め立て延長造成されたものであった。コンクリートで舗装された滑走路は、前記したように幅五〇メートル、長さ八七五メートル（『丸』昭和五十三年九月号）、飛行場中央部は南北に伸びていた。この主滑走路に交差して北西から東南方向に四七五メートルの補助滑走路が付いていた。両滑走路の交差点は主滑走路の北端から三〇〇メートルの位置にあった。

（ちなみに、戦隊の根拠地・伊丹飛行場は民間航空からの転用で、南北一三〇〇メートル、東西一一〇〇メートル、各幅六〇メートルのベトン＝コンクリートの滑走路二本が交差する本格的なものであった。一方、早く大正七年に創設された伝統の大刀洗は草地、新しく昭和十七年にできた芦屋の滑走路はベトン、幅六〇メートル、長さ一四〇〇メートルであった。なお、〝ベトン〟は陸軍用語で元はフランス語、ペトンと訛って使われた。陸軍は明治建軍以来、仏独に習ったことが多く、航空草創期に最初採用した飛行機も仏ルノー社製式モーリス・ファルマン機だった）。

主滑走路の延長線上、北は飛行場北端から海を隔てて七〇〇～八〇〇メートルで大入島南端トオドオ鼻をかすめて島の東辺に至り、南は飛行場南端から女島を縦断して二〇〇〇メートル余で、番匠川と堅田川の合流点、茶屋ヶ鼻橋に交差した。

戦隊の離着陸は、通常この主滑走路を使っておこなわれた。古川少佐によると、「飛燕」の滑走距離は離陸時で五〇〇ないし六〇〇メートル、降りるときは定点着陸が難しいので、滑走路長一〇〇〇メートルは欲しかった。だから、場合によっては離陸時には滑走路を使い、着陸には平地（草地）部分を利用することもあった。佐伯の飛行場自体は南北長（縦）一五〇〇メートルはあったので、滑走路東側の平地を使えば、充分に余裕をもつことができたのである。海軍の沖大尉によると「当時の飛行場は草地がむしろ普通で、天下の霞ヶ浦でさえ草地であった。だから、佐伯空の陸上機も滑走路だけでなく東寄りの草地も当然使っていたと思う」と。それでであろう、昭和十九年、私たち国民学校生徒も飛行場の夏草刈りに狩り出されたことがあった。（双発対潜哨戒機「東海」隊の前出森川大尉によると、「東海」では風の弱いとき斜め滑走路を使って離陸することもあり、そんなとき、いつも主滑走路沿いに離陸していた九三一空の艦攻と離陸針路が交差するので、艦攻隊の同期生小松大尉と調整を図ったという）。

海に向かって離陸するとき、前方やや左手に標高一九三・五メートルの大入島の山頂が視界にはいった。そのころ、佐伯を基地に夜間訓練をおこなっていた海軍のパイロットは、半ば冗談に「あの山を削ってくれ」と言い、新月の前後の離着陸を避けていたとのことだが、昼間の出撃のみに備えていた戦隊のパイロットは、石川軍曹によると、「島の山はあまり気にしなかった。隊員はみなある程度の練度に達していて応用動作もできるので心配なかった」と語っている。

「飛燕」の着陸は、普通は左旋回で場周経路にはいり、飛行場上空を高度三〇〇メートルで一航過して風向・着陸方向を確認し、そこから一回りしたうえで滑走路に進入する。飛行機は風に向かって離陸し、風に向かって着陸する。風向により海の方から着陸するときは、佐伯湾上を東(豊後水道)側から大入島東端モトガ鼻上空を回り込み、湾曲した島の東岸をえぐるようにして機の軸線を滑走路に合わせながら進入降下した。

陸の方から海に向かって着陸する経路は、さきに戦隊が初めて飛来したとき見たように、最終第四旋回点を回って飛行場に向かい、川を越えて南から北に着陸降下するとき以外、翼下はほとんど山地である。周囲が広々とした伊丹や芦屋に慣れていたパイロットには、佐伯は余り気持ちのよい飛行場ではなかったと見え、宮本軍曹は、「何しろ山ばかりでしょう、風向にもよるが、なるべく陸の方からは降りたくなかった」と言うのである。高木少尉は、初めてこの飛行場に降りるとき、二つの大きな山の間を通ったことが印象に強く残っている。二つの山とは、この場合、高城山(二五三メートル)と竜王山(三七七メートル)で、この辺りが第四旋回点となり、ここを回って直進すると、やっと下が開けて番匠川の下流に出、ついで三角州の平地となるのだ。

大きく長方形を描いて降りる「飛燕」の着陸速度は、第三旋回において時速一五〇キロ、第四旋回のころは一四〇キロとなり、第四を回って滑走路に向かい、フラップと主脚を降ろし、接地する時点では約一三〇キロであった。

海軍の零戦がやや城山(市内南西部)の裏寄りに小さく回っていたのに、「飛燕」がより

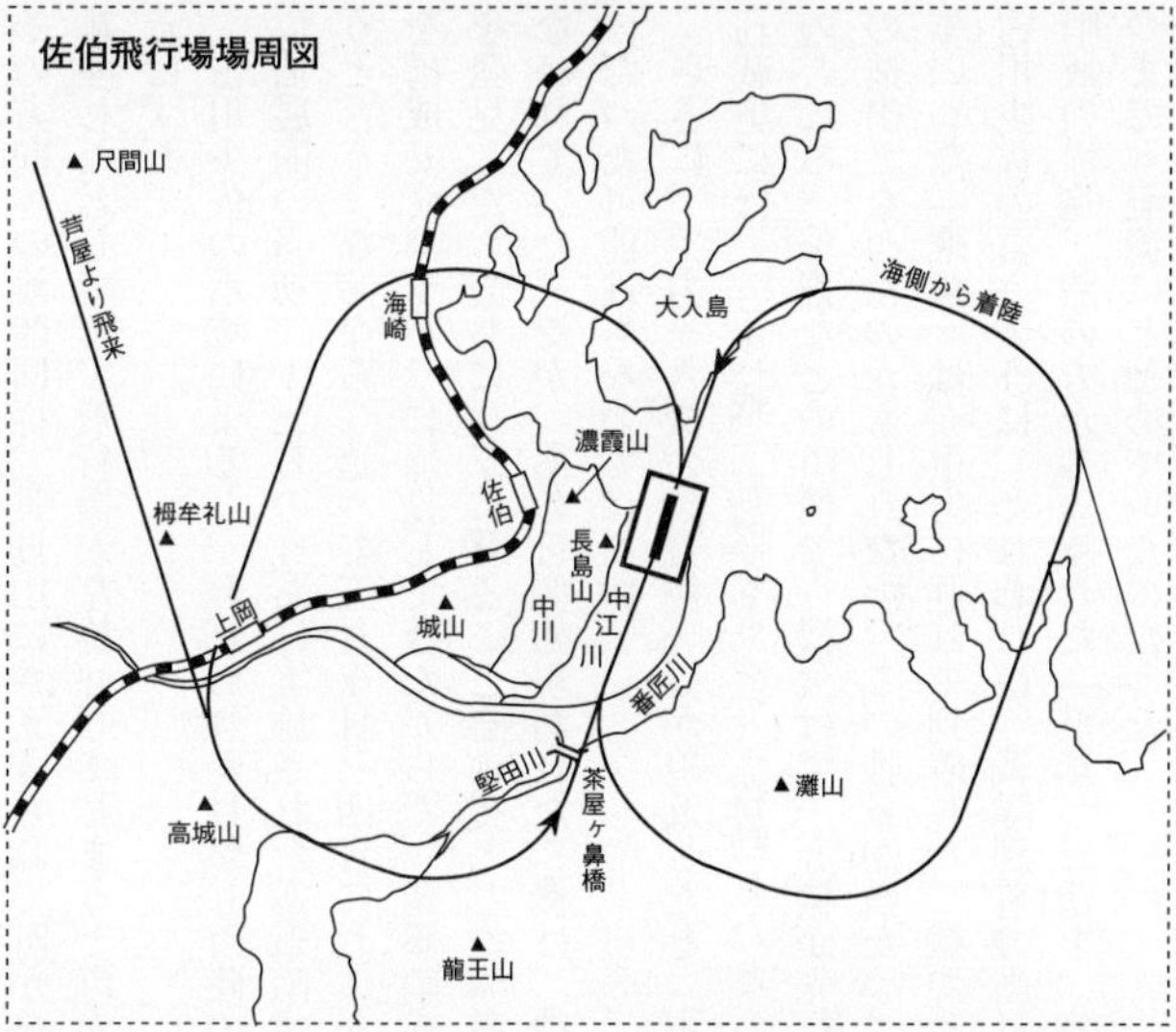

大きな弧を描いたのは、着陸速度が零戦より一段と速かったからだ。けれど、海軍機でも「飛燕」並み、もしくはそれ以上の重さとスピードの局地戦闘機「雷電」（自重二五一〇キロ、最高時速六一四・五キロ）や「紫電改」（同二六五七キロ、同五九六キロ）のような重戦ともなれば、「飛燕」同様、場周の径を大きくとることになったのであろう。

古川少佐以下の戦隊の主力が最初に佐伯飛行場に着陸したのは陸の方からであり、私が見た二機の編隊も同じであった。以降の離着陸は、逆に、ほとんど海の方からだったらしく、少佐は「山（陸）の方へ離陸、海の方から降りた記憶が強い」と語っている。だが残念なことに、海の方からの着陸は、その方向への離陸同様、長島山にさえぎられて町からは見えないのだった。また陸の方向に離陸したとしても、飛行機が左旋回してしまうと町からは遠ざかるので余りよく見えなかったはずだ。

古川少佐の示唆によると、われわれが目撃した陸の方から着陸する二機編隊の「飛燕」は、佐伯展開の当初二〜三日のうちに実施された邀撃哨戒飛行から帰投する一個分隊であったろうと言う。なぜなら、追って五月三日と四日におこなわれた邀撃戦闘終了後は、各機は編隊を構成せずバラバラに帰投してきたからだ。邀撃哨戒とは、警報下単なる哨戒でなく、敵機を発見したら直ちに攻撃に移ることを前提とした索敵飛行で、一個分隊＝二機をもっておこなわれていた。だが、あの日突如現われた二機は、戦隊の展開当初、遅れて飛来してきたものだった可能性もないではない。

さきに、主力一六機の到着後一機が追及したと（古川少佐のメモによって）書いたが、公刊戦史には、「三式戦一五機をもって」移動したともあり、当初四個小隊一六機で進出予定のところ、整備などの事情で一機欠けて一五機が先行し、遅れて二機が後を追い都合一七機の進出となったのかもしれない。この推量が当たっておれば、あのとき頼もしく編隊着陸していった「飛燕」は、主力に遅れて到着した二機だったということになろう。さもなければ古川少佐の言うように、われわれは、戦隊到着の当日もしくはその後いずれかの日に、邀撃哨戒の帰途、陸の方から着陸した「飛燕」二機を、停止した映写フィルムを見るように、いつまでも記憶にとどめていたのだった。

洋上出撃

佐伯飛行場のエプロン地帯は、庁舎側から中江川にかかる橋を渡って右側、飛行場南西隅に並ぶ十数棟の格納庫・整備工場の前面南寄りにあった。格納庫前の一帯は舗装されていて、ここから四本の誘導路が互いに一五〇メートルの間隔をおいて伸び、主滑走路に接続していた。

戦隊の「飛燕」は、このベトンの広場を待機位置に配列され、通常は夜間もその状態にあった。だが、敵空母接近あるいは硫黄島からの小型機来襲の情報があると、飛行場南側、場外の分散疎開地帯の掩体壕に入れられた。米軍は三月十七日に奪取したばかりの硫黄島に、早くも最新鋭の水冷式陸上戦闘機P51ムスタングを配備し、これが四月上旬以来、B29に随伴護衛《エスコート》しながら主として関東・近畿に来襲するようになっていた。

米軍が、日本本土とマリアナの中間点・硫黄島の占領に太平洋島嶼《とうしよ》戦でも記録的な、守る日本軍よりも多量の血を流したのは、B29の不時着飛行場と掩護戦闘機の発進基地を確保したいがためだった。だがP51は、これまで九州には、四月、鹿屋に戦闘機隊単独で、国分にB29を掩護して都合二度出現しただけであった。硫黄島から京浜・阪神・九州南端はほぼ六〇〇マイルの等距離にあるが、九州北半はやや遠く、さしも抜群の長大航続力を誇るP51も北部九州への護衛飛行は控えがちだったのか。加えて、このころは天候も不順なので、単座機の出動には不安があったのだろう。一方、戦隊は、これまで戦爆連合の敵機群と遭遇対戦したことはなく、目的をB29攻撃に集中でき、対戦闘機戦闘を予定しないですんだ。それに熟練者が少なくなった今、とくにB29攻撃技術を習得することが火急の課題だったので、対戦闘機戦技訓練はまだ不充分の域にあったのである。

米軍が沖縄戦支援の九州北半飛行場攻撃にあたり戦闘機の掩護を見合わせていたことは、戦隊にとってまことに幸いだったと言わねばならない。ムスタングは、仮にパイロットの技量が同等だったとしても、速力・操縦性ともに「飛燕」を上回り、戦中彼我抜群の優秀機であったのだ（P51が初めて豊後水道方面に姿を現わすのは、空襲記録に見ると、追って、B29に随伴来襲した五月七日のことになる）。

戦隊の展開後（四月三十日？）、第十二飛行師団司令部から作戦指導のため浜野参謀（陸士四五、偵操）と山本精次少佐（陸士五〇）が小月から単発連絡機で飛来、戦隊を視察し、古川少佐と打ち合わせをおこなった。戦隊は臨時に小月の十二飛師の指揮下にあり、出動の時機は有線により同師団司令部から電命されるのである。師団参謀は、司令部の敵状判断や作戦の意図・内容を戦隊に説明し、また師団長に意見具申することはあっても、戦隊を現地指揮することはない。幕僚には指揮権はなく、決断の責任は師団長もしくは縦の系列に連なる現場の指揮官たる戦隊長が負うのだ。また、もちろんこの場合、海軍は飛行場を提供しているだけで、陸軍の戦隊を直接指揮する権限はないのである。

戦隊は、佐伯海軍飛行場を借りて臨時の基地としているのであって、海軍佐伯空に配属されたのではない。戦隊に対する邀撃出動命令権は、かくて、あくまでも小月の十二飛行師団長・三好少将にある。だが、時と場合によっては古川少佐独自の判断で出動することもあろう。いわゆる独断である。こんにち独断というと、上の了解なく勝手に決めるという響きが強く聞こえるかもしれないけれど、軍隊ではそんな意味合いでなく、現場指揮官の戦闘場裡における基本姿勢として、「上官ノ意図ヲ明察シ　大局ヲ判断シ　状況ノ変化ニ応ジ」独断することは『作戦要務令』の認めるところであったのだ。いわく、「以テ機宜ヲ制セザルベカラズ」と。

このころB29爆撃隊は、専ら夜間マリアナを発し片道七～八時間を要して九州に到達していた。すなわち滑走路破壊を目的とした、早朝から昼間の来襲であった。伊丹では夜間迎撃をおこなった戦隊も、佐伯では昼間の出動だけを予定していた。戦隊の佐伯飛行場展開の作戦目的は、B29が本土に侵入する前、編隊を組み終えていない脆弱《ぜいじゃく》な態勢に乗じて、機を逸せず、これを捕捉攻撃することにあった。それゆえに、足摺岬から程よい位置にある佐伯が前進基地として選定されたのだ。けれど、基地が敵に近いということは、情報が遅れると邀撃発進前に敵機が飛行場上空に侵入してくる危険をも孕んでいた。事実、四月三十日の来襲は、曇天下B29の照準がはずれて事なきを得たが、一つ間違えば完全に奇襲となり、飛行場は集中爆撃を受けるところだった。この時期、水道をはさんで四国側は宿毛と足摺岬、九州側には鶴見崎と細島に設置されていた電波警戒機が的確に作動することが期待された（なお、鶴見崎は現在は「鶴御崎」と書く）。

足摺岬上空の邀撃は当然ながら洋上の空戦となる。海軍パイロットに言わせれば、「その辺りならまだ庭先だ」と、うそぶいたかもしれない。たしかに、洋上飛行は海軍操縦士の本領とするところだった。たとえばミッドウェー海戦で雷爆戦の三機種一〇機を撃墜して、海軍における一日当たり最多撃墜者の一人とされている藤田怡与蔵《いよぞう》少佐（兵六六）によると、「飛びはじめの頃は佐伯から出て高度一、五〇〇メートルくらいで二〇〇マイル（三七〇キロ）も沖に出ると、もう佐伯に帰れない。宇佐に着いたり鹿屋に行ったり、めちゃくちゃです。それでも一月間も毎日やると、ちゃんと帰れるようになる」（『座談会・元零戦隊長大いに語る』）というような訓練でかつては鍛えられていたようだ。

だが、戦争も末期、四面海の本土防空戦ともなると、今や海軍も陸軍も闘う土俵は同じであった。それに洋上への出撃は、済州島を基地とした初期の邀撃戦以来、戦隊としては経験済みであり決して珍しいことではなかった。すでに知るように、戦隊の初陣自体、五島列島西方・済州島南方一〇〇キロの洋上、高度四〇〇〇メートルでの戦闘であった。

戦隊のパイロットは、いつも落下傘を携帯していたけれども、佐伯に来ても陸軍パイロットのつねとして海軍搭乗員のように救命胴衣《ライフ・ジャケット》を付けることはなかった。古川戦隊長は、当該水域には潜水艦が配備され不時着搭乗員の救助にもあたっていると海軍側から聞いてはいたが、もともと陸軍パイロットは海上に墜ちて助かろうとは考えていなかったようだ。水没し易い機体で海に墜ちるくらいなら、何としてでも陸地にたどりつき不時着することを考えたであろう（さきに戦艦「大和」出撃時にも見たように、このころ飛行機搭乗員救助のため豊後水道出口に常時潜水艦を配備していたのは、むしろ米軍側であった）。

指揮官先頭

陸軍飛行戦隊の戦隊長は、出撃にあたり部下を直率して自らも空中で闘うことを義務づけられてはいない。空中戦闘の直接指揮は飛行隊長に任されている。だが、加藤「隼」戦闘隊の故事に知られるように、指揮官先頭は陸軍戦闘機隊の伝統でもあった。それは隊員の士気発揚の根元ともなったからである。まして、芦屋での戦闘このかた戦隊は練達の中堅幹部を欠いていた。

永末大尉が不在のいま、代わりを勤めうる中隊長クラスの士官パイロットがいなかった。またヴェテランの藤井曹長も伊丹に帰任していて、戦闘行動の一部を任せうる下士官のリーダーもいなかった。この欠員は、戦隊長にとっては片腕を捥《も》がれたように切実なのだった。指揮官先頭は言わずもがな、戦隊長は事実上飛行隊長も中隊長も兼ねていた。

このとき、連携動作に必須の機上無線電話が有効に機能すれば、戦隊長の部下各機に対する空中指揮は一層適切なものとなるはずであった。だが、古川少佐によると、無線機の性能は良くなく空地の連絡はある程度可能であったが、空中相互の指揮はまずできなかったという。無線機の性能は、その機種により、また整備上の対策で優劣の差を生じたが、大戦末期の段階での戦闘機運用の日米比較において、搭載機器の水準で日本の立ち遅れが最も顕著な部分だったのである。

戦隊の通信係将校兼無線整備小隊長・庄ノ昌士少尉（このとき在芦屋）によると、緒方大尉の体当たりで神戸元町北方の再度山《ふたたびやま》に落ちたB29の残骸のなかに無線機があり、小指大の真空管が多数組み立てられているのを見て、三式戦の九九式3号無線機のガラスコップ大のものとは段違いの精巧さを感じたのであった。通信不通では、悪天候のとき方探計測による機の誘導もできず、済州島では厚い雲のなかから着陸してくる機を確認していた戦隊長から「通信が通じなくて戦争ができるか！」と一喝されたこともあった。それでも戦隊は、日本無線会社出身の赤井健上等兵（のち伍長）の有能な働きもあり、無線のよく通じる部隊として評判をとっていたのである。

三式戦の液冷エンジンはよく火花を散らして雑音の元となり、送受信のさい「バリバリ」という音で聴きとりにくかった。済州島から帰還後、師団の無線整備講習を下士官数名が受け、さらにエンジンの全点火栓に〝アースボンディング〟（ハンダ付け）を施してから雑音が減り、明瞭度が上がった。それでも高高度になると、酸素マスクに電熱服のパイロットの声は蚊の鳴くようにしか聞こえず、ほとんど意味不明となった。電熱服を使うと電圧が低下するのだ。

昭和十八年から十九年、ニューギニア航空戦とレイテ戦を「飛燕」で闘った松本良男少尉の部隊では、空中戦闘における機相互間の連絡に機上無線が活用されていた。前出の松本少尉の戦記には、戦闘行動中に隊長が部下各機に無線で適時の指示や助言を与える場面が随所に活写されている。松本少尉の教示によると、同隊では既装備の飛3号受信機に加えて副受信機を増設、アンテナ線の張り方、材質、引込線の位置など独自の改良を施し、雑音は相当なものだったが機相互の連絡は殆どの場合可能となったという。だが、五十六戦隊では、なにしろ高高度邀撃に備えて重量軽減のため防楯から翼砲まで撤去したほどだから、たとえ分かっていても、受信機の増強などは考慮外だったろう。

古川少佐はその手記において自身の撃墜記録について語っていない。しかし、たとえば戦隊が佐伯に転進する前、四月十八日の大刀洗上空戦で記録したＢ29撃墜一は、戦隊長編隊の戦果だったといわれる。邀撃を終え、着陸してきた少佐機は、戦闘中の急激な操作のためか、パイプ連結部から漏れたらしい潤滑油の飛沫で風防ガラスが点々と黒く汚れていた。この日、不在の整備隊長と先任士官に代わって待機していた長谷川見習士官は、〝整備不充分〟と雷の落ちるのを覚悟していたところ、戦隊長の口もとがほころび、「やったぞ」という一言《ひとこと》を聞いて、思わず愁眉を開いたのだった。だが少佐は、止《とど》めを刺したのは続いて攻撃被弾した吉野機と判断したと見え、隊員のあいだでは、吉野軍曹は一機撃墜して戦死したと信じられている。

佐伯飛行場においても、古川少佐は戦隊の若手パイロットを直率発進し、Ｂ29の火ぶすまを冒して突撃するであろう。

隊員パイロット個々には、なお技量未熟の憾《うら》みがあったかもしれない。けれど、日々B29との生命を賭した闘争に直面していた各隊員は、当時満二八歳、短軀から鋭気ほとばしる指揮官、古川少佐の峻烈な指導のもと、いかに三式戦を有効に飛ばせてB29を撃墜するかに専念していた。

「戦隊長は本当にこわかった」と宮本軍曹は述懐している。

「いつか、私たち下士官の前で士官を殴ったことがあって驚いた。だが、部下各機がB29に殺《や》られないためには、あの厳しさもやむないことだったのだろう」

まことに、伊丹で〝学鷲〟たちは、千尋の谷に突き落とされた子獅子の気持ちもかくやと思うくらい戦隊長に活を入れられた。だが当時、そこには桁外れの性能と武装と機数で津波のように押し寄せてくるB29に対して、熟練者を相ついで失い、未だ訓練段階の戦力を抱えながら、戦果を求めて急な上層部の期待と圧力を背に負う現場指揮官の困惑と苦心があったと推察される。

軍隊の原則に従えば、士官には指導性と統率力が要求された。そして、空中に上がれば士官も下士官も一人となる戦闘機隊における統率力の根元は、まずもって操縦技量と戦技であり、空中での判断力と闘志であった。つまりは戦《いくさ》に強くなければならないのだ。たしかに軍隊のプロとして鍛え込まれた士官学校出身者と違い、特操はどこか学生風から脱しきれていなかったかもしれない。だが、特操パイロットも士官であるからには、右の厳格な要請に歯を食いしばって応えねばならない。事実、佐伯に機動してきた特操士官の面構えには、そう

昭和19年12月、伊丹における戦術指導の様子。手前右は古川少佐。奥左より大箸少尉、藤井軍曹、不明、永末中尉、緒方大尉(一番手前)、鈴木少尉、野崎少尉、秋葉少尉、上野少尉、中村少尉、岩口少尉、石井少尉、田畠少尉、川本伍長、羽田軍曹、日高伍長、石川伍長、吉川伍長、小合伍長(階級は当時)。後方胴体白帯の「飛燕」は古川戦隊長機

した気魄が滲んでいたに違いない。

彼らに半年遅れて二十年一月、五十六戦隊に着任した吉岡巌少尉は、前年夏以来戦隊で揉まれていた同期生の「どの顔もたくましく、頼もしい戦闘機乗りに見え、新参者として引け目を感じた」と、その手記に書いている。

戦隊は、もうこれ以上パイロットを失うわけにはいかぬ所に来ていた。だが、自らの命令のもと、B29の弾雨のなかに部下を送らねばならぬのが戦闘機隊指揮官の非情な立場であった。しかし、率先して突撃する戦隊長のもとにあるとき、部下は等しくしごきにも耐え、士気を奮い起こして戦うであろう。込山伍長は、「死んで来い」「飛行機をぶっつけてでも墜とせ」と、たとえ叱咤されても当然と受けとめられた当時の風潮のなかで、「死ぬな、生きて還れ」と、

出撃時戦隊長に声を掛けられたことを今も耳もとに聞くように覚えている。「死ね」と「死ぬな」では、いくら死を覚悟していても、パイロットの士気には天地の開きがあったのである。

中京地区の防空戦隊の一つである清州《きよす》の飛行第五戦隊〈「屠龍」のち五式戦〉のエース伊藤藤太郎大尉〈少候二二〉の手記によると、十九年十一月下旬、B29が単機で初めて関西から中京地区に高高度で侵入してきたとき出動したが、二式複戦「屠龍」は一万メートルぐらいでアップアップして上がらず、待望の敵機を頭上に見ながら一発も発射できずに着陸した。ところが、この〝不始末〟を知った十一飛師の北島師団長が飛行機で大阪から清州へおっとり刀で駆けつけてきて、開口一番、「馬鹿者、貴様ら一体なにをしとる。本日の迎撃は何たるザマか、それでも戦闘機操縦者といえるか。五戦隊の伝統はどこにある。射撃が下手くそなら体当りをしろ。一機のB29に五機も出動しながら、戦果なしとは何事ぞ、全員で反省しろ！」と、大音声で噛みつかれた――『東海の俊翼〝五式戦〟B29迎撃記』。当時の防空戦闘機隊幹部には、師団司令部からこうした無理難題とも思える発破がかかってもいたようだ。参考までに、十一飛師の戦闘戦隊には、五十六戦隊のほかに、二四六戦隊〈大正・「鍾馗」〉ならびに、第二十三飛行団の五戦隊〈小牧―清州〉と、前出の五十五戦隊があった。

蒙古襲来以来の国難に遭遇し、報国の念一途に「雲染む屍とならん」（中村純一少尉の近親者への手紙）と学窓から戦陣に参じ、技量の未熟を青年学徒の使命感で支えて戦列に出た特操士官も、また過去半年にわたり出撃をつづけ、今や戦隊戦力の中核としてB29攻撃のプロフェッショナルとなりつつあった下士官操縦者も、ともに佐伯飛行場を発して足摺岬に直進し、満身機関砲で固めたB29に肉薄するに違いない。

時限爆弾海中爆発

五月二日、佐伯展開の四日目、前日につづいて天候は雨、または曇りであった。だが、〝B29一機来襲〟の報に、戦隊は初の全力出動をおこなった。

戦隊の編隊単位は、一個分隊二機とし、一個小隊は二個分隊四機から構成されていた。陸軍では、海軍にはるかに先んじて昭和十七年後半から、二機・二機＝四機の「ロッテ」編隊戦闘法をドイツ空軍から導入採用し始めていた。（海軍では、ラバウルで零戦が苦戦に陥りかけた十八年半ば、二五一空、つづいて二〇四空や五八二空など現地部隊の判断で相手米軍に倣《なら》い四機編成を採ることにしたのが最初といわれるが、本格的に採用されたのは、昭和十九年にはいってからのことだった）。

発進は編隊の長機から順次おこなうのが原則である。戦隊長直率のさいは戦隊長機から、小隊単位では小隊長機から、分隊は分隊長機からとなり、それぞれ長機・僚機の順に離陸する。しかし、邀撃にあたっては、出動全機が空中集合のうえ指揮官機を先頭に進撃していくとは限らない。戦隊では、前年十二月の第二次名古屋上空戦以降、「先頭のＢ29の編隊と最後尾のＢ29の編隊との時間的な間隔が相当長いので、迎撃する方も、つねに一定機数の在空を確保するため、迎撃機は二機編隊ごとに発進させることになった。この状態は、Ｂ29にＰ51の掩護戦闘機が随伴するようになるまでつづいた」と、（佐伯でのことではないが）永末大尉が前出の手記に書いている。だが、きょうの目標は、偵察と思われる単機での飛来である。戦隊はまず警急姿勢の一個分隊を放ち、つづいて用意のできた機または分隊から急ぎ発進させねばなるまい。

各機が一定の間隔をおいて、「ハ40」ダイムラー・ベンツ倒立一二気筒液冷エンジンの咆哮も猛々しく、排気管から薄く黒煙の尾を曳きながら次々に滑走離陸上昇してゆくさまは、見る者の血湧く颯爽たる出撃シーンであったろう。離陸時に空冷より多く黒い排気煙を吐くのが液冷三式戦の特徴で、隊員によると、これがその発進を何とも勇壮なものにしたのだった。相ついで飛び立った「飛燕」は、たちまち上昇し、多くは上空を覆う雲を突き抜けてゆき、高木少尉機ら一部は雲の下面すれすれに飛行して哨戒行動に移っていた。

だが警報は遅かった。戦隊の追跡は間に合わず、Ｂ29は一万メートルの高空を南に飛び去ったのである。なにぶん、快速の「飛燕」でも高度一万メートルまで上がるには、Ⅰ型丁の場合で四五分はかかるのだ。（一万メートルとはどんな高さかというと、古川少佐や石川軍曹の体験によれば、昭和二十年正月三日、快晴下の第四次名古屋上空戦のとき、本州日本海側と太平洋側の二つの海岸が「飛燕」の両翼幅一二メートルのなかにすっぽり納まって見えたほどなのであった。とすると、天気さえ良ければ佐伯直上だと北九州も視界にはいることになろう）。

約二時間の飛行を終え、雨のなかを各機が順次着陸中、滑走路北端の海中で時限爆弾らしいものがつづけて爆発し、海上に何本も水柱が上がった。そのときちょうど、大入島東側を降下着陸姿勢にあった高木少尉は、眼前にスローモーションで立ち上がる水柱に下から突き上げられそうで、「尻がムズムズする」思いをしながら、高度をやや高くとって危く躱《かわ》した。進入が五秒早ければ、林立する水柱に直撃されるところだった。ふだんより高目の進入となったので、接地点が滑走路末端寄りとなり、強く急ブレーキを踏んだら引っ掛けられ、機が右に一回転して止まった。このとき、同機は主脚をいためてしまった。

海中の時限爆弾とおぼしいものの爆発は、高木少尉と同じく着陸降下中の副島・濱田両少尉および込山伍長も目撃し、佐伯飛行場への海の方向からする着陸時の強い印象として残っている。もっとも、濱田少尉は「飛行場周辺の慣熟と哨戒を兼ねて飛行帰投したときのこと」と語っている。過去二日、天候に恵まれなかったため、この日の出動にはそんな意図も込められていたかと思われる。

原田軍曹機が帰投してきたとき、飛行場一帯には雨が降り注いでいた。古川少佐は戦闘メモに書いている。同機は、「着陸ニ入リ　雨中ノタメ前方視界ヲ妨害セラレ　一旦飛行場北側地帯ノ爆弾痕（未標識・未修理）ニ脚ヲ払ハレ　機体・プロペラ中破セリ」。爆弾痕は、四月三十日の爆撃の跡だったが、付近には時限爆弾があったためか、まだ補修されていなかった。原田機の破損は致命的でなく、早速修理の手が加えられた。

一方、高木少尉の機は、佐伯では修理不能な降着装置の故障だったので、機体を芦屋の航空廠（分廠）に空輸することとなり、同機は離陸後も脚を出したまま単機芦屋に後退した。これで、戦隊の一七機は一機減って一六機となった。

この日戦隊が出動追跡した高高度の来襲機について米軍側はどう言っているか？

米第21爆撃兵団がワシントンにテレタイプで送信した出動報告によると、日本時間五月二日、九州方面へは宮崎と鹿児島を目標に偵察爆撃任務を負うB29各一機が出動している。宮崎への一機（出動NO. WSM426）の投弾は日本時間にして午前五時五分とあり、早朝の来襲だったことになるが、古川少佐は戦隊の出動はそんなに早い時間ではなかったという。鹿児島への一機（同NO. WSM427）は、発進・投弾・帰投時刻の記載がない。目標の位置からすれば、佐伯付近を経由する可能性は少ないが、これが何かの事情で通過南下したのでもあったろうか。ちなみに宮崎への進入高度は九〇〇〇、鹿児島へは八〇〇〇、いずれも雲量一〇のため投弾はレーダーによったという。

戦隊が帰投着陸中に海中で爆発した時限爆弾は、前日一日正午過ぎ、単機で来襲した出動NO. WSM424（投弾位置不詳）が落としたものであったのか。それより、飛行機の進入コース・滑走路手前という爆発の位置からすると、投弾後四八時間前後とはなるが、おそらく前記四月三十日、出動NO.132の爆撃隊が投下した多量の爆弾の一部だったと思われる。

　Ｂ29は、しきりに佐伯飛行場をうかがっているようであった。だが、米空軍の出動記録が示すとおり、あいにく佐伯上空は五月にはいっても降雨もしくは雲量一〇の曇天であった。この次は思い切って高度を下げて侵入してくるかもしれない……。

　かくＢ29は頻繁に来襲し、豊後水道上空は戦機すでに熟していた。戦隊のパイロットは、海軍将兵が固唾を呑んで見守るなか、五月二日の出動で期せずして士気は高まり、周辺空域に少しは慣れることもできた。いまはただ、空中集合未完の敵機を捕捉すべく時宜を得た情報を待つばかりであった。

　低く垂れこめた戦雲をよそに、晩春五月、航空隊周辺の山々は滴《したた》るばかりの新緑であった。飛行場南のはずれ掩体壕の土手の向こうは、満開の蓮華の花が田圃《たんぼ》を紅紫の毛氈《もうせん》で覆って見えた。だが、滑走路北端に寄せる佐伯湾の波は、さきに昇騰した水柱の余波を含んでしきりに岸を打ち、本格的な戦闘の間近いことを予告するかのようであった。

　やがて、Ｂ29の爆音が豊後水道を海鳴りのように渡るとき、発進する「飛燕」の液冷エンジンの轟音と三翅《し》のプロペラが巻き起こす風圧に、島々の木々はざわめき、海は再び震えるであろう。

　以下、主として古川少佐の前掲手記に基づき、防衛庁公刊戦史『本土防空作戦』（「飛行第五十六戦隊の豊後水道上空におけるＢ29邀撃戦闘」）を参照しつつ、同少佐ならびに副島・濱田両少尉、石川・宮本両軍曹、込山・吉川両伍長らパイロットの談話、書信、手元のメモをもって補強し、あわせて、石井中尉ほか戦隊本部員の回想や長谷川整備見習士官の実録に聞きながら、「飛燕」戦闘隊の佐伯海軍飛行場を基地とするB29邀撃戦闘の次第を再構成してみたい。

第七章　「飛燕」発進迎撃す

原田軍曹機失速、墜落炎上

昭和二十年五月三日、佐伯は夜来の雨が明け方まで降りつづいていた。「飛燕」隊機動邀撃戦闘の初日は、この雨が上がるとともに幕開《あ》きとなった。古川少佐は戦闘メモに書いている——。

「暑気募リ霖雨ノモト明ク（夜間Ｂ29単機　部隊外周ノ一ヶ所ニ投弾）五時ヨリ警急服務ニアリタル処　雲高次第ニ高マリ降雨止ム　時ニＢ29単機　突如東南方ヨリ飛行場直上ニ飛来西北進シ更ニ反転　指揮所直上ヲ通過　更ニ西北進セントスルガ如キ　悠々タル偵察行動ニ（H5000）直チニ一ヶ分隊ヲ出動セシモ　地上ノ望見心安カラズ　更ニ主力一〇機出動ノ急追ニ勉メタルモ……」（注、H5000は高度五〇〇〇メートル）。

いよいよ、B29の低高度での佐伯飛行場偵察侵入であった。このとき、直ちに発進した警急一個分隊二機の長機は上野少尉だったといわれる。それは、石川軍曹ならびに吉川伍長の記憶が一致するのである。二機は、離陸後飛行場上空の旋回ももどかしく敵機を求めて上昇していった。あとを追うように古川戦隊長の率いる主力が離陸を開始し、戦隊長機につづいて副島機、宮本機、吉川機などもすでに空中にあった。敵機を見て急遽発進するときは、事実上用意のできた機から随時離陸していくことになる。さもなければ敵を取り逃がすことになろう。このとき戦隊は、小月の十二飛師の出動命令を待つことなく、戦隊長独自の判断で発進していた。

離陸は山の方向であった。そのとき、引きつづいて上昇中の一機、原田軍曹機がエンジンに故障を生じ、高度が充分にとれないまま急旋回、着陸降下しようとして高度三〇メートル付近で失速、飛行場東南端場外に墜落、転覆炎上した。同機は、飛行場を海側から陸の方に向かって離陸したが、高度二〇〇ないし三〇〇メートルにおいてエンジン不調を示す異常音とともに排気管から黒煙を発しながら急旋回着陸姿勢にはいった。

地上で発進待機していてこれに気づいた石川軍曹の目には、同機は「フラ、フラッと戻ってきた」という感じに見えた。このとき、ちょうど海側からは海軍機「天山」が三機着陸中であった。原田機は思うように進入できないまま風向に構わず強行着陸を企図したらしく、飛行場東南隅すなわち掩体壕地帯側やや番匠川寄りの土手寸前に来たとき、折り悪しく今度は海軍の燃料車がその土手沿いに進入してきた。同機はこれを避ける動きを示したかと見えた瞬間、失速、土手に衝突した。

　地上において、同機の上昇から急旋回、着陸降下の動作を見ていた長谷川見習士官ら整備員と石川軍曹ほか機側や指揮所《ピスト》にいたパイロット数名が現場に駆けつけ、操縦席のそばまで達したとき火焔が一気に立ち昇った。搭載機関砲弾がつぎつぎに爆発、弾丸が飛散する状況となったため、駆け寄った隊員は五〇メートルほど避退した。海軍の消防車も急行してきたが危なくて近寄れず、一同ただ見守るほかなかった。

　墜落から炎上まで操縦者脱出の時間的余裕はあったのだが、軍曹は墜落時の衝撃で失神したもののごとく、操縦席に着座したまま燃えさかる炎のなかで焼死したのである。すぐそばまで行きながら手をくだすこともできなかったことは、同期の石川軍曹をはじめ同僚隊員にとって痛恨の極みであった。また、整備隊員には、悪天続きのうえ警報発令が頻繁だったので、テスト飛行もままならず、地上試運転だけで待機姿勢にはいらざるをえなかったことが心残りとなった。原田機は、前日帰投着陸時に爆弾痕に脚を引っ掛けたとき、機体に受けた衝撃がエンジン不調の遠因をなしたのであろうか。

　一方、地上にあった石川軍曹ら残りのパイロットは、炎上する原田機に後ろ髪を引かれながら、このあとすぐ離陸した。戦隊各機はB29を追ったが間に合わず、やがて敵機は南方に脱去したのである。ついで古川少佐は、

「哨戒ヲ終ヘ　飛行場ヲ見レバ　飛行場南側場外ニ黒煙上ガリ　紅蓮ノ妖火頻リニ燃ユ」と、不審に思いながら着陸し、初めて原田機が失速墜落大破炎上した経緯を知った。軍曹の遺体

は後刻荼毘《だび》に付され、その夜のうちに納骨のうえ通夜が営まれた。
「海軍側ヨリ特ニ敬弔ノ意ヲ表セラレ　参列者司令（清田少将）副長　米原参謀　浜野参謀　山本少佐等ナリ」（司令清田少将とあるのは呉防戦司令官、副長とあるのが副長を兼務していた佐伯空司令野村大佐であろう。浜野参謀、山本少佐は陸軍十二飛師司令部から連絡のため来隊中）。

　佐伯における戦隊最初の戦死者となった原田熊三軍曹は、大戦中陸海軍を通じて数多い戦没戦闘機操縦者のなかで、戦死地点を「佐伯」と戦史に記録されている唯一のパイロットである。群馬県群馬郡室田町出身、大正十年六月三日生、満二四歳に近かった。

　戦隊長古川少佐が丹念に書き記した戦隊の『戦死殉職者名簿』に見ると、
「父　原田綱五郎、昭和十六年徴集（下士操縦学生　昭和十八年六月〜十八年九月、筆者注）、第一一三教育飛行連隊　一八・九・二〇、十九年　任下、飛行第五十六戦隊　一九・六・四」との略歴が示され、あわせて、「体軀中等中肉　中耳炎症アリ　高空性要注意　姿勢態度厳正　抑揚アリ稍《ヤヤ》内気」と、同軍曹生前のプロフィールが摘記されている。

　どちらかといえば寡黙で、白皙の美少年タイプであったという原田軍曹生前の英姿は、前掲昭和十九年十二月二十二日、第三次名古屋上空邀撃戦のあと戦闘状況報告中の戦隊員一二名の写真、ならびに二十年四月佐伯機動前、芦屋飛行場で撮った戦友パイロット八名の写真に偲ぶことができる。

　さて、この三日朝、上野少尉ら警急二機につづいて発進した「飛燕」は一〇機であり、都合一二機が出動したのであった。だが、戦隊は敵機を捕捉できず帰投したため、原田機炎上のみがこの日午前の記録となった。同機の喪失で、佐伯基地における戦隊の保有機は一五機となった。

〝佐伯湾に水上艦艇一六隻見ゆ〟

五月三日朝、戦隊が警急出動する契機となった来襲B29一機は、佐伯飛行場を目標に単機で偵察爆撃任務を負う出動No. WSM 429であった。前記米空軍保存文書によると、在グアム第21爆撃兵団は同機の高度約五〇〇〇からする佐伯基地周辺の偵察結果を、別掲のようにワシントンの第20航空軍に報告していた。

このB29は、三日午前七時、佐伯湾上空に侵入したあと、さらに別府湾―関門海峡―伊予灘北方―安芸灘と、一時間にわたり内海西部を周回し所在艦船の偵察をおこない、漸次高度を上げて退去していた。同機は、目標上空の天候「雲量一〇」と伝えつつ、佐伯湾に「水上艦艇一六隻見ゆ、大型商船らしきもの三隻停泊中」と、細かく報告しているのに、飛行場の在地機のことには触れていない。そして、第一次目標（佐伯飛行場）に爆弾一二個を目視投下したが、〝効果不明〟であったという。この爆弾は、少なくとも飛行場や基地施設に落下した形跡はなく、古川少佐も記録しておらず、戦隊員も爆撃があったとは伝えていない。

この朝の敵機発見に伴う「飛燕」の出動時刻について戦隊の記録は残されていない。だが、米軍の報告からすると、それはB29が佐伯飛行場直上を往復する偵察行動をとった午前七時であった。このとき、警急一個分隊二機が出動した。しばらくして戦隊長以下の一〇機がつぎつぎに——といっても途中、原田機の墜落で一時中断して——飛び立ったのであるが、その間に敵機は別府湾を通過し、門司港付近上空（高度五二〇〇）に至った。ついで、柳井沖から岩国付近（午前八時、高度五八〇〇）で偵察を終え南下したのだが、戦隊はこれを捕捉できなかった。B29は、雲を巧みに利用して韜晦《とうかい》しつつ内海西部沿岸を周回のうえ、戦闘機並みのスピードを利して水道上空を脱去したのであろう。

ところで、古川少佐の記録にある、前夜飛来して「部隊外周の一ヶ所に投弾」したB29単機は何であったか？

米第21爆撃兵団の報告資料には、五月二日から三日の夜間にかけて佐伯を偵察爆撃したB29の記録はない。しかし、時間は不明であるが、同三日、出動No. 430の一機が済州島を、同番432の一機が広島を偵察したとある。そして広島への一機は、「往路洋上に不時着漂流中の米軍生存者を発見し、救難飛行艇が到着するまで上空を旋回して燃料不足となったため、途中で五〇〇ポンド爆弾六個を投棄した。目標については視認事項なし」と報告しているのである。この広島を目標とした一機が、雨の夜間、佐伯基地付近に投弾（実は投棄）したのだったかもしれない。

通常、B29は日本の沖合一三〇マイル＝二四〇キロまでは高度教百メートルの低空を飛来したというから、海上からの信号弾などで漂流者を発見することもできたのであろう。当時、B29の通過海域には不時着機乗員救助のため潜水艦が配備され、また慶良間《けらま》列島を基地とす

任務飛行報告　№FN-02-13

1945年5月2日（日本時間3日）　出動№WSM429
宛：第20航空軍司令部、ワシントン
発：第21爆撃兵団司令官、グアム
発信：5月3日　14:10z発信（日本時間23:10）

1. 出　動　№　：WSM429
2. 目　　　標　：佐伯飛行場
3. A. 搭載弾量　：500ポンド爆弾×12
   B. 処　　置　：第1次目標に全弾投下
4. 目標上空の天候　：雲量10
5. 高　　　度　：16000フィート（4900メートル）
6. 敵機の反撃　：なし
7. 対空砲火　：微弱、不正確
8. 視認事項　：（別項）※
9. 戦　　　果　：不明
10. 備　　　考　：爆撃は目視による

※　2200z（日本時間07:00）高度17000フィート（5200メートル）、北緯33度08分／東経131度47分（佐伯湾）、水上艦艇16隻見ゆ、大型商船らしきもの3隻停泊中
2210z（07:10）北緯33度17分／東経131度30分（別府湾）、戦艦らしき大型艦1隻停泊中、高度同上
2225z（07:25）北緯33度55分／東経130度55分（門司港）、船舶40隻在泊、4隻は大型商船、高度同上
2250z（07:50）北緯33度55分／東経132度10分（柳井沖）、巡洋艦らしき水上艦船4隻見ゆ、高度19000フィート（5800メートル）
2300z（08:00）北緯34度15分／東経132度15分（岩国付近）、潜水艦3隻停泊中、高度同上

（注）（　）は筆者

る哨戒飛行艇マーチンPBMマリナーや、コンソリデーテッドPB4Y-2が待機するなど、米軍の飛行機搭乗員救難措置は手厚かった。救難飛行艇は〝ダンボ〟(空飛ぶ小象)と愛称され、搭乗員に頼りにされた。

五月三日午後

戦隊敵機を捕捉

雨模様の天気は漸次回復に向かい、正午ごろには空を蔽う雲も高くなった。そのころ、「足摺岬南方北上中ノ敵B29数目標探知」の情報が入り、古川戦隊長は直ちに戦隊全力に出動を命じた。指揮所《ピスト》から濃茶の飛行服に身を包んだパイロットたちが、一斉に駐機位置の飛行機に向かって走った。

戦隊長編隊「飛燕」の列線からまずエンジン始動の爆発音が上がった。古川少佐ほか機上のパイロットの「車輪止めはずせ《チョーク》」の合図を機に整備員が両側に散ると、「飛燕」は次々に地上走行《タキシング》を開始し、誘導路を通って滑走路北端海側の発進位置に向かった。格納庫前に並ぶ後続各機のプロペラも、弾けるような始動音とともに回転を始めていた。

指揮所《ピスト》の吹き流しは、なお陸からの風を示していた。宮本軍曹は、前方を探るように心持ち背伸び気味にして機を走らせていた。流線型の「飛燕」は前方視界抜群で贅沢は言えなかったが、この飛行場にはまだ不慣れなだけに滑走して水平姿勢になるまでは不安だったのだ。

軍曹は「前輪付きの飛行機だといいのに」と普段にもまして思うのだった。

単機ごとに風向に正対した「飛燕」は、前方を見定めるように一旦停止したかと見えたが、すぐさま液冷エンジンの音階を高め、陸の方向に離陸滑走にはいった。操縦席計器盤の指針が時速八〇キロを示したころには、実際の速度は一〇〇キロを越えている。すでに尾輪は浮いて機は水平となり、前方の視界をさえぎるものはない。指針が一二〇キロを指したころ、パイロットが軽く操縦桿を引くと、機体が地面を離れ浮揚するのだ。フックをはずして脚上げ操作をすると、青燈が消えて赤燈がつく。油圧装置が作動し、主脚が両翼に格納されたのである。

スピードが増し機が安定すると、フラップを上げて上昇に移る。つぎつぎに離陸した「飛燕」は、二機あるいは四機の小編隊を組むことはあっても、全機の空中集合を待たず、一路足摺岬をめざすのである。戦隊長機が上空を旋回しつつ僚機を傍らに引き寄せて東南東に進路をとると、編隊は忽ちのうちに鶴見崎の根もと上空を通過し、屈曲の著しい米水津《よのうづ》の海岸線を翼下に見ながら豊後水道の海上に出ていた。

そのとき、戦隊長編隊の一機から機関砲の発射音が鋭く響き、胴体と両翼各二門の砲口が火を噴いた——試射である。日高機か、石川機か。つづいて他の僚機の、また後続する編隊各機の火器が吼え、赤い火箭が戦隊の行く手に幾条もの放物線を描いて走った。短く空気を裂く発射の連続音と空中に交錯する赤い曳痕《えいこん》は、快く伝わる機体の震動とともに戦場に急行する「飛燕」の戦士の武者震いにも似ていた。古川少佐自身には試射の考えはなく、部下各自の気持ちに任せていたが、ほとんどのパイロットがこれをおこなっていたのである。

石川軍曹は、以前、射距離にはいったのに弾が出なかったことがあり、以来、交戦前の試射を習慣にしていた。副島少尉は、二〇ミリ胴体砲（とすれば機体はI型丁）がときどき故障したと言い、込山伍長は、阪神上空の交戦時に片翼二〇ミリ砲（であればI型丙）の不調を経験したと言う。試射は、むろん海上でおこなうのだ。試射は読んで字のとおり試し射ちではあるが、パイロットは発射の快音を聴き、きらめく射光と前方に伸びる曳光を見て気が整い、自ら闘志をかき立て、生死を賭けた戦場に勇んで臨むことができるのであった。

戦隊が右手後方に九州東岸の山々、左手に四国の山並みを見ながら上昇を続けるうちに、上空の雲が切れて太陽の光線が燦々と降り注ぐ青空となった。「飛燕」の一群は、水道を斜めに横切って進撃した。高度三〇〇〇メートルを航速約三〇〇キロで前進すること一七〜八分、前方の断雲の陰に、群青の海に緑を背にして伸びる足摺岬の突端がうっすらと懸かる靄《もや》を透して見えてきた。機上からは、下層の断崖に打ち寄せる波も、ただ岬を白く縁どる細い線となって静止していた。編隊はなお前進し、岬を左やや後方に見るあたりにくると、緩旋回で哨戒行動に移ろうとしていた。そのとき——果然、南の方向に、何機かのB29が点々と銀白の軽合金の機体をきらめかせながら、単機ごとに飛来、集合しつつあるのが認められた。古川少佐は、「同高度だった」と言っている。石川軍曹は、B29がコバルトブルーの空を背景に陽光を受け、キラキラと目映ゆく光るのを見て「きれいだ！」と思った。と同時に、脳天から足の爪先にかけて血管が一時に凍結するような戦慄が走った。おのが命を奪うかもしれない敵機を見ると、いつもこうなのだ。戦隊のパイロットは、B29が単機で飛来して旋回し、後続機を待っては順次編隊を組むのを、このとき初めて空中で確認した。

胴体に幅広く白帯を描いた戦隊長機が動意を示すと、部下の各機は敏感に反応して互いの翼間を開いた。古川少佐が翼を振って合図を送り接敵運動を始めると、列機も連動するように翼を翻し、それぞれに攻撃に占位するため散開した。できるだけ、単機で旋回中のB29を捉え、思い思いの角度から攻撃を集中するのだ。戦隊は、作戦どおり、足摺岬南の上空に集結中のB29の一群を捕捉したのである。

「飛燕」の群れは、弾頭のような尖った機首をB29に向けて殺倒していた。そのなかに、無塗装の銀色の機体をきらめかせ、スロットル・レバーを全開して突撃に上昇するのは宮本軍曹機だった。軍曹の乗機は、その機番号4518からI型丁であったことが確実で、胴体二〇ミリ、両翼一二・七ミリ各二門の武装を保持していた。この番号は、戦後の長い歳月を経てなお宮本軍曹の頭から消えていない。その機体は、まだら模様の迷彩に憧れていた本人の望みに反して、ジュラルミンの地色そのままに無塗装であった。無塗装機は少ないので、急上昇する宮本機は傍目《はため》にも容易に識別できる。いま一転、鏡のように太陽の光を反射して、標的にした敵機の側前上方から急降下していた。

軍曹は、前年十二月十八日の第二次名古屋上空戦で鷲見曹長の僚機として真下・日高機とともに四機一列縦隊となり初めてB29を攻撃して以来、毎次の邀撃に参加していたが、自ら得心のゆく敵機捕捉を果たしたことがなく、弾を当てたと確信したこともなかった。反面、これだけ当てるのが難しいのだから敵弾も自分に当たるわけがない――《俺には弾は当たらない》という信念に近いものを抱いて突進していた。またそう信じなければ、自分に向けて直進してくるように見える曳光の弾幕のなかに飛び込んでいけたものでなかった。

一口に前方攻撃といっても、各機彼我の位置関係によって攻撃角度は臨機応変さまざまに変化する。前方水平、側（斜め）前方、前上方、側（斜め）前上方、前下方、直上などである。そして、効果はこの体当たり覚悟の攻撃法にのみ期待しえたが、濱田少尉の言うには、これらいずれの角度から攻撃するにしても、敵機との相対位置においてまずその態勢をとるのが仲々難しいのだった。

旋回するB29の頭を抑えるように突撃していた白帯の戦隊長機が、目標を斜め同高度で射程に捉えたと見るや、槍を差し出したように一直線に突入していった――側前方攻撃だ。部下の各機も、それぞれに目標を定め相ついで攻撃をかける。B29の防御砲火のオレンジの火箭が、操縦席のパイロットの目をかすめて流れた。無気味な敵弾の曳光も、相手至近に近づくと見えなくなるという。B29は旋回中で速力が低下しているとはいえ、相対速度では時速七〇〇～八〇〇キロで接近するのだから、これもいわば瞬時のことだ。

敵機の前方水平面を直進連射しながら、その背の上を擦れ違っていったあと、大きく切り返して次の目標の側前方から急降下する暗緑の塗装機は石川軍曹のものだった。戦隊の三式戦は多くが同様の塗装であった。濃い海色ともいうべきこの色は、太陽の光に反射しにくく、電探にも反応しにくいと言われていた。濱田機も、込山機も吉川機も同じ暗緑だった。これらが前上方から突っ込んでいくとき、相手Ｂ29乗員の青い目には突然襲いかかる黒い飛鳥のようにも映ったろうか。前方にチカッと光った点のようなものが火器の射光を閃かせながら忽ち近づき、激突するかと思う瞬間、至近をよぎっていくのだ。

込山機は、一機のＢ29に側前上方から撃ち込んでいた。同機のマウザー二〇ミリ翼砲は、戦隊長機同様、このとき一二・七ミリ機関砲に換装されていたのだったか。伍長は、離脱しながら目は後続するＢ29の位置を確かめようとしていた。「同一機（または梯団）を続けて狙うと、二度目にはやられる」という戦訓もしくはジンクスがあったのだ。同機は、姿勢を改めると、次のＢ29の機首に照準を定めながら下から突き上げていった。

いったん上昇した副島機は目標を決めると、一転、前上方攻撃を意図して急降下していた。この日、副島少尉は、吉川・三村の両伍長と組んで出ていた。迷彩塗装に白帯の戦隊長の予備機に搭乗していた少尉は、古川少佐と同じ佐賀県出身のよしみもあり、戦国武将のひそみにならって、ひとり自らを戦隊長〝影機〟と呼び、戦闘では影武者のように行動したいと心に期していただけに、黙って死ぬのはここぞと観念して突入していた。つづく吉川機は、側前上方攻撃のかたちになって、胴体二〇ミリの射弾を送りながら秒速二〇〇メートルで同じＢ29の尾翼端を駆け抜けた。

込山友義伍長

「この加速を利用して上昇すると、次の攻撃がしやすい」と伍長は言うのである。

パイロットは、一撃して振り返るごとに、《いつ見てもB29は大きい》と思った。全幅四三・一メートル、全長三〇・一メートルのB29はライト・サイクロン二二〇〇馬力エンジン四基が駆動する四翅直径五メートルの巨大なプロペラが回転することにより飛行していた。高さ五メートルほどの垂直尾翼の、四角形の黒地に白く描いた大きなアルファベットの一文字Oは、B29の所属飛行団と戦隊を表わしていた。だが、「飛燕」が敵機と同航のかたちとならない限り、このしるしも胴体の星のマークも反航する操縦者の目にとまらない。

石井少尉は、すでに編隊にまとまりかけたB29を攻撃中、ガンと弾の当たった音を聞いたとたん、座席内に黒い油が噴き上げ一瞬に霧となって充満し、目つぶしを喰らったように視界をさえぎられた。高圧油系統に被弾したのである。――実は、このときの石井機の状況は今本人に確かめることはできない。油圧系統に被弾したあるパイロットの手記からするとこうなることともあるのだ。ともあれ、石井機は戦場を離れたあと、佐伯基地上空に無事到達している。

戦隊の果敢な攻撃に、撃破され動揺を示しつつも、B29は致命傷を受けたものはなかったかのように、喰い下がる「飛燕」の群れの追撃を振り切り、九機の梯団となって高度を上げながら水道を北西進していった。

この間、上野少尉の分隊は、こうして北西進したB29の主力の梯団から離れた別の一～二機を攻撃し戦果を得ていたようである。というのは、戦隊の主力は九機の集団を捕捉攻撃したが撃墜はなく、一方、上野少尉がこの日機体に教発の敵弾を受けながら一機撃墜したと、帰投後古川戦隊長に報告しているからである。だが、上野機の戦闘経過は今つまびらかでない。

副島慶造少尉（左）と上野八郎少尉

Ｂ29の梯団が北上すると、「飛燕」各機はあるいは上昇し、あるいは旋回しながら、それぞれに僚機を求めつつ、後続来襲するかもしれない新手の敵機との交戦の機会をしばらく窺った。そして、残りの燃料と弾薬を確認しては、各パイロット独自の判断で基地に向かうのである。三式戦の標準航続力は落下タンクなしで三時間四〇分というが、戦闘行動では燃料を大きく費消するうえ、戦隊では洋上出撃のときは残りの燃料に余裕をもたせて帰投することにしていた。佐伯から足摺岬付近まで進出交戦し、帰投するのにおよそ一時間半が目安であった。なお、

〝帰投〟はもともと海軍用語（帰港投錨）であるが、新聞の影響だろうか、このころでは陸軍でも第一線の兵士のあいだでは航空機について使われるようになっていた。

逐次戦場を離れた「飛燕」は、それぞれに鶴見崎を日標に沿岸寄りに飛び、海側から降下しつつ場周しては飛行場に着陸していた。

機の尾部をピンと持ち上げたままの、陸軍に典型的な切線着陸姿勢で進入接地するのは古川少佐機である。いつも、部下操縦者や地上員は、こうして勢いよく、ほとんどスピードを殺さずに、しかも定規で測ったように真っすぐ、奇麗に着陸したかと思うと、滑走距離も短くブレーキを利かせて急停止する戦隊長機を見ては、みな感に耐えたように顔を見合わせるのだった。副島少尉は「ぼくなんか、右にぶれ、左にぶれしながら降りていくんだから」と、影武者に似つかわしくなく言うのである。

宮本軍曹は、先行する機の着陸方向と指揮所の吹き流しを見て、風が離陸時と同じだと分かり、「これで山の上を降下しないですむ」と、ほっとした。脚出し操作をすると、ガクンという手応えとともに赤燈が青燈に変わるのを確認し、しっかりと脚フックを掛けた。実は、軍曹は調布の二四四戦隊にいたとき大失敗をしたことがあった。脚が畳んだ状態では、「滑走不可」を示す赤燈がついており、青燈で「滑走可」となるのに、錯覚し、赤燈を見てすでに脚が出ているものと思い込み、そのまま滑走路に降りてしまったのだ。会心の三点着陸が、〝ガリガリッ〟と思わぬ胴体着陸になって飛行機を壊し、大変恥ずかしい思いをした。「殴られたのなんの、いやと言うほど殴られました」とのことである。だが今は、間違いなく脚を降ろし、本来は民間航空操縦士らしく、飛行場北端の海面を這い、理想の着地点に接近していた。

そのうち、主脚が出ず上空を旋回していた一機が本物の胴体着陸で飛行場草地にすべり込んだ。油圧装置に被弾していた石井機である。負けん気の強い石井少尉は、《海軍の見ている前でヘタな胴着を見せてはならぬ》と考えたであろう。三点姿勢で進入した機は、プロペラが草を薙ぎ土を噛みながら接地すると、胴体を引き摺るようにして突っ走り、機体を上下に震動させて停止した。このとき少尉は計器盤で顔面を打って負傷した。この日の味方被弾機は、石井・上野の二機であった。石井機の胴体着陸で可動「飛燕」は一四機となった。しかし、戦隊はこの出撃において、上野機が一機撃墜を報告したほか数機撃破の戦果をあげ、ひとまず所期の目的を達したと、古川少佐は書いている。足摺岬上空に空中集合未完の敵機を捕捉攻撃する作戦は有効であった。

“Aghast《アガースト》 #4——出動一一機、九機投弾喪失なし”

カーチス・ルメイ少将を司令官とする第21爆撃兵団《ボマー・コマンド》は、ワシントンの第20航空軍《エア・フォース》（総司令官ヘンリー・アーノルド大将）の麾下《きか》にあり、このとき隷下に在グアム、テニアン、サイパンの三つの爆撃飛行団《ボマー・ウイング》があった。（Bomber Command には「爆撃機集団」、Bomber Wing には「爆撃航空団」の訳語が当てられることもある。爆撃飛行団は爆撃連隊《ボマー・グループ》から成る。グループは戦隊あるいは群と訳す例もある）。

同兵団戦史によると、九州基地攻撃にあたっては、B29九ないし一一機をもって一個飛行隊《スコッドロン》(Squadron)とした。そして通常、一目標に対して一ないし二飛行隊が当てられ、兵団

第21爆撃兵団（司令部グアム）

第314爆撃飛行団　グアム（北）
第313爆撃飛行団　テニアン（北）
第73爆撃飛行団　サイパン（イスレイ）

〔備考〕追って第58（5月、テニアン西）、第315（6月、グアム北西）の2爆撃飛行団が配備される。

共通の延べ出撃回数を示す任務飛行《ミッション》（＝出動）No.のほかに、攻撃目標ごとに出撃符号と同一目標への出撃回数を示すナンバー（#）が付されていた。たとえば既述したように、これまで佐伯飛行場を目標とした爆撃隊は、出動No. 99 Cockcrow《コックロー》 #1（四月二十六日）と、出動No. 132 Cockcrow #2（四月三十日）であった。なおCockcrow は「鶏鳴＝夜明け」の意であり、目標を佐伯とする出撃符号である。

五月三日午後、九州に来襲したB29は、同兵団の出動報告によると六群・六六機であった。すなわち、グアム島の第314爆撃飛行団の出動No. 133から138までの六つの飛行隊各一一機が、大刀洗ほかの六飛行場を目標として出動した（同飛行団には四個戦隊があったが、戦隊別の編成は不詳）。しかし、これら六隊のうち五隊は九州南部の基地群を指向していたので足摺岬を経由したとは思えない。当時、九州南部の基地をめざすB29は、通例、宮崎県南端の都井岬付近上空に集合侵入していた。けれど、福岡県大刀洗を目標とした出動No. 133 Aghast《アガースト》 #4（第四回大刀洗空爆隊）の一隊だけは必ず足摺岬付近上空を経由したと見られるので、戦隊の「飛燕」は、まず間違いなくこの一団と交戦したものと推定できる。グアムを一一機で出動したこの一隊は、二機が目標に投弾できなかったが、喪失はゼロであったという。二機は、日本本土到達の途中脱落し

1945.5.3　第314爆撃飛行団出動報告要約

出動No.	133	134	135	136	137	138
出撃符号	Aghast#4	Neckcloth#6	Dripper#5	Checkbook#11	Famish#7	Barranca#9
目標飛行場	大刀洗	宮崎	都城	鹿屋	鹿屋東	国分
出動機数	11	11	11	11	11	11
目標に投弾した機数	9	11	11	8	11	9
喪失機数	0	0	0	0	1	0
戦果	効果あり	効果大	効果不良	効果甚大	効果甚大	効果甚大

たのでなければ、日本の邀撃機に進入を阻まれたか、それとも、被弾ほかの支障が出て目標に投弾できなかったかのいずれかであろう。

古川少佐は、この日の戦闘メモに書いている。「敵ハ九機編隊トナリ　国東半島ヨリ西北進シ　日的地（?）上空ニ進撃シアルヲ目撃　帰還着陸セリ　4FR（注、飛行第四戦隊）大分附近ニ於テ交戦セルモノノ如シ」。少佐が視認したB29の梯団は九機であった。この機数と侵入経路は、大刀洗に投弾したもの九機という米爆撃隊の報告と一致する。つまり、B29出動一一機のうち九機は戦隊の反撃に耐えて九州に侵入、目標上空に到達投弾したが、二機は同行していないのである。

なお、この日、小月の飛行第四戦隊の二式複戦「屠龍」隊が、古川少佐以下の「飛燕」隊のあとを受けて、国東半島から侵入するB29の梯団を攻撃したが一機を失っている（航士五五板倉潔大尉、幹候石岡武正少尉戦死）。

B29墜落せず

目標の大刀洗に投弾しなかったB29二機は豊後水道を北上した形跡がないことは、上野少尉の一機撃墜報告と関係がありそうに思われる。この日の上野機の戦闘経過はどのようなものだったろうか。それを最もよく知りうる立場にあったパイロットは誰だったのか。午前、原田機が墜落炎上して保有機は一五機となっていたので、午後の出動は全力でも一五機、少なくとも一一機（原田機を除く午前の出動全機）内外であった。

上野少尉僚機の操縦者名は、この日の出動編組が残されていないので正確には分からない。生存パイロットに当たって最も可能性が強いのは、もともと同じ永末中隊に属してコンビを組むのに慣れていたと思われる伊藤軍曹であるが、こんにち本人の所在不明で確認がとれない。こうして今では上野機の行動の有力な証言者を欠くのであるが、敢えて想像を試みると次のようになろうか。

この日午後、警急出動して無為に終わった上野少尉は、引きつづいて警急配置にあったかはともかく、午後、出動命令が下されると直ぐに発進し、僚機（伊藤軍曹？）ともども主力に先駆けて戦場に到達していた。そして、おりから足摺岬南方上空を旋回しつつ後続機を待つ先着一ないし二機のB29を攻撃した。敵一機が、上野機の攻撃で、機首を落とした状態で視界から消えた（雲下？）ので、少尉は墜落の公算大と考え、〝撃墜〟と報じた。だが、B29は持ち直し、硫黄島かマリアナに辿り着いていたようだ。防弾消火装置の行き届いていたB29のことゆえ、一時は危急に陥りながら難を逃れえたのか。むろん、パイロットが「撃墜」と報じるには、敵機が海面や地上に墜落したことが視認されなければならなかった。でなければ、撃墜未確認もしくは不確実ということになる。この場合、少尉が「撃墜した」と信じるに足る状況がたとえ誤認にせよあったのだろうが、今は委細不明である。

米軍は、大刀洗をめざしたAghast《アガースト》 #4は喪失なしとしている一方、この日鹿屋東（笠ノ原）を攻撃した一隊Famish《ファミッシュ》 #7のみが一機を失ったと記録している。この一機は、空爆目標の位置からして足摺岬を経由したとは考えにくく、他の防空部隊が邀撃したものと判断しうる。そして、同日と推測される都井岬上空の戦闘で、鹿屋に来援していた海軍の「雷電」〝竜巻〟部隊が「撃墜一、撃破五」を記録している（市崎重徳『雷電戦闘機隊の怒れる精鋭たち』）。この戦果は、鹿屋・国分方面へのB29爆撃隊三群のこうむった被害、喪失一、および目標に投弾しなかったもの計五機と数えられる前掲米軍の記録とも符合する。

飛行場ノ警戒ハ至厳ナラシムルノ要アリ

米軍偵察機は、「飛燕」の佐伯飛行場展開以来、五月一日正午、二日（時間不詳）、同二日から三日にかけての夜間、三日午前と、さかんに付近上空に侵入しているが、いずれも残された米軍記録の上からは在地単発邀撃機の配備を察知した形跡は見られない。けれどこの日、三日午前の偵察は入念であったし、また午後、足摺岬上空に突如、戦闘機の一群がB29爆撃隊の前に姿を現わしたことにより、第21爆撃兵団は、俄然、佐伯飛行場に疑いの目を向けることになっただろうか。加えて、滑走路は無疵であり、格納庫に破損はあったが基地はなお健全に機能していた。

米軍は、四月二十六日、同三十日と爆撃に失敗していたので、戦闘機配備の有無にかかわらず、佐伯基地攻撃を執拗に画策しているであろうことは、偵察機の挙動からも疑いえなかった。古川少佐は戦闘メモに書いている――。

「本日ノ偵察ニ鑑ミ　佐伯飛行場ノ警戒ハ　益々至厳ナラシムルノ要アリ」

（実は、米軍は後記するように、戦隊の展開前四月二十日の偵察で、佐伯に「在地機六六機」を認めており、その動静を監視しつつ依然爆撃の機を窺っていたのである）。

三日の夜は、思わぬ事故で、墜落死した原田軍曹の通夜とともに更けていった。戦闘機隊のさだめとはいえ、〝朝《あした》には紅顔、夕《ゆうべ》には白骨〟の無常の思いを改めて強くしながら、戦隊のパイロットは早々に寝についた。明日もまた早い出動となろう。

そのころ庁舎で中村少尉は、この日の戦闘の興奮を鎮めるように、芦屋で詠んだ自作の短歌を口ずさみながら深い眠りに落ちたであろうか。

あこがれは　強く気高く美しき　三草の里に綾なす小菊

かねて少尉は、内地の飛行学校から比島の教育飛行隊時代の同期生の縁で、そのころ伊丹の北方、西能勢の山村に母子で疎開していた一家と交際があった。綾とは、女学校を出たばかりの娘の名の一字であった。

山里に　つましく匂ふ山吹きの　雄々しき空の勇士なぐさめ

これは、少尉を〝御兄様〟と慕っていた少女が四月二十七日の日記に記した返歌であるが、五月三日佐伯にいた少尉にはまだ届いていなかった。彼女は、その手記によると、少尉が九州増援に行ったことを知って落胆し、母子ともに「一筋の光明を失ったように淋しくて、暗澹と暮らして」いた。そして戦隊が芦屋からさらに「大分県に転進した」と、伊丹の同期生留守隊員（田中耕三郎少尉）に初めて聞かされたのは、このあと五月十二日のことだった。

天候晴れ、足摺岬に靄深し

番匠川の二つの支流の一つ、西の中川（一名、長島川）の河口近くにかかる海軍橋を渡り、佐伯航空隊の営門を入って左手海側、防備隊から水上機基地区域内にある高さ約六〇メートルの小山を濃霞山《のうかやま》という。古来、霞《かすみ》あるいは靄《もや》の深い地帯だったのであろう。

五月四日、朝がた空は晴れていたが佐伯飛行場付近には靄があった。Ｂ29は、前夜深更多数来襲し、関門海峡と瀬戸内海に多量の機雷を投下した。その名も〝Starvation《スターヴエイション》〟（飢餓）と称する機雷敷設作戦であった。米軍は海上封鎖という手段を用いて、いよいよ日本の喉首を締めにかかってきたのだった。

明けて、この日も推定午前七時ごろから、Ｂ29は足摺岬付近上空に集合しつつあったが、

「同岬一帯にも深く靄が懸かっていたため発見が遅れた」と、古川少佐は語っている。
B29は、先着の一群がすでに編隊を形成して北進中であった。濱田少尉は、朝早くからの出動で朝食をとる余裕もなかったと記憶し、込山伍長は未明の出撃と覚えている。実は、前日のB29の挙動から一段と警戒を強めていた戦隊は、この日も午前五時には警急姿勢に入り、パイロットは未明に起床し発進下令に備えていたのである。一方、空襲史に見ると、四日、B29の大村・大分への来襲は午前八時以降とあり、古川少佐によると戦隊主力の出動は同八時過ぎだったというので、師団の出動命令はかなり遅れ、B29の先頭の一群が九州上空に侵入し始めてから発せられたものかと推量される。

濱田少尉や込山伍長が早朝発進と記憶しているのは、両機をふくむ一隊が警急出動の第一陣として、戦隊長直率の編隊より幾分早く出たからではなかろうか。発進は同時一斉とは限らなかった。

T三村伍長

T込山伍長　T石川軍曹　T中村少尉

T上野少尉　T鈴木少尉　T戦隊長

T伊藤軍曹　T濱田軍曹　T副島少尉

T宮本軍曹　T日高軍曹　T安達少尉

T吉川伍長

この日の戦闘詳報も残されていないので、いまここに編隊図を正確に再現することは難しい。だが、筆者の勝手な想像が許されるならば、右のような組み合わせ（出動順）がありえたかもしれない。

パイロットにとって戦隊長僚機を勤めることは名誉であった。この日の出動に限らなければ、「あのとき私は戦隊長僚機だった」、あるいはこれこれのとき「戦隊長編隊にいた」と、生存する操縦者の多くが往時の感奮を面持ちに表わして語るのである。古川少佐もこのあたりの機微を察して編組には細かく配慮したのだと思われる。きょうの場合、さきの三月末芦屋進出時の編隊を参考にしつつ、石川・日高両軍曹の位置を入れ換え、士官は戦隊長の影武者たらんと欲した副島機を配した。他意はない。後記する経過からも、この編成は当たらずといえども遠くないのだ。

上野少尉は、この日「分隊長トシテ出撃」と少佐の記録にあり、また後述の戦闘経緯から、小隊四機のなかにいたのでなく、単独一個分隊の長機だったと想定した。鈴木少尉は、「特操同期ではズバ抜けて操縦がうまかった」（濱田少尉）一人で、すでに見たように、三月末、芦屋進出のころから小隊長の位置についており、少飛出の込山伍長などウルサ型の下士官にも一目置かれていたのである。一方、安達・中村の両少尉には実戦場裡での小隊長はまだ荷が重く、このさいは分隊にわかれて飛んでもらおう。濱田少尉によると、通常、士官の僚機には下士官がついたとのことなので、吉川機と三村機をこれに配した。

先陣を承って離陸したのは、のちに遺族が「早朝発進した」と聞いている上野少尉の分隊と、同じく早朝発進と記憶している濱田・込山機の属する鈴木小隊だったろうか。「上野機は昨三日の戦闘で一機を撃墜し、士気ますます旺盛」と古川少佐は『飛燕機動防空作戦』に書いており、僚機とともに真っ先に飛び立っていったと思いたい。前日、数発被弾していた上野機は、応急補修された機体をもって出撃したのである。

死と背中合わせの邀撃出動ではあったが、パイロットの心中はさほど深刻なものではなかった。濱田少尉は、「このころはまだB29に掩護戦闘機がついていないことが分かっていたので、比較的気軽に、いわばスポーツ心のような気持ちで発進した」と語っている。「さあ、行くぞ！　いっちょうやったるで」、という感じだったのであろう。

先発六機の離陸を見とどけたあと、戦隊長直率の編隊が発進した。離陸は、きょうも山の方向であった。翼下の番匠の川面《かわも》を、晴れかけた靄が海の方に流れていた。石川軍曹によると、「単機ごとに相ついで離陸し、途中で分隊または小隊に編隊を組んだ」という。

戦隊「沖ノ島」付近上空で交戦

豊後水道上空高度三〇〇〇メートルを東南東に直進した先発の編隊は、行程の半ばを過ぎたころ、やや右手、足摺岬の手前約四〇キロ、「沖ノ島」南方の空に、B29が単機で後続機を待ちながら旋回しているのを発見した。「飛燕」とほぼ同高度に、「まだ米粒ぐらいに見える」（込山伍長）敵機が一機ずつ北上してくるのであった。日本の電探を避けるため洋上数

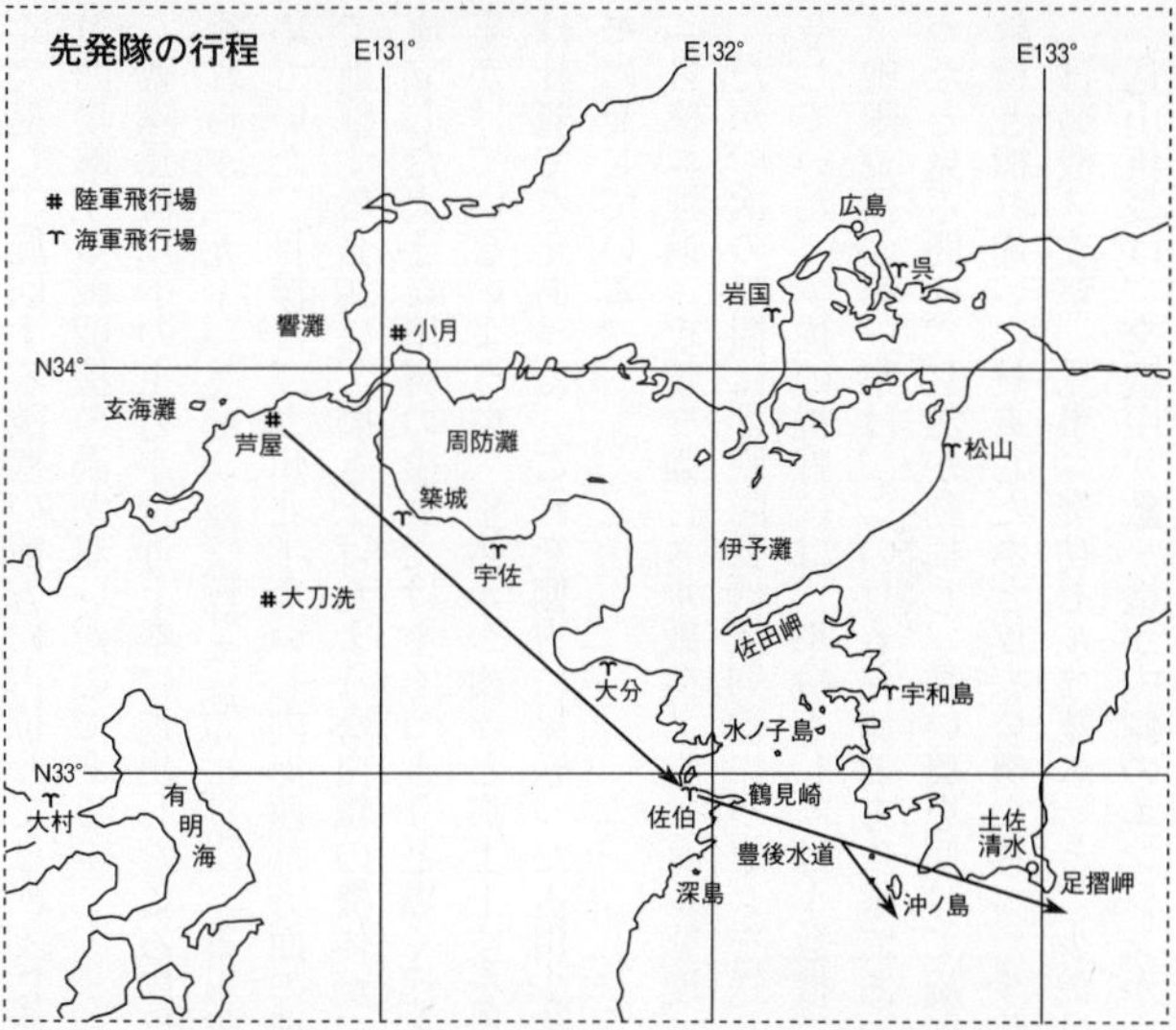

百メートルの低空を飛来したB29は、本土に近づくにしたがい高度を上げ、足摺岬付近では三〇〇〇メートルあたりで集合し、編隊をつくると、通例、爆撃高度五〇〇〇に向かって上昇しつつ豊後水道を北進、目標に指向するのである。

沖ノ島は、佐伯—足摺岬の中間点より一〇キロほど岬寄り、大分県南端の島である深島から海峡を隔ててほぼ真東方向に位置している。きょうの敵機の集合地点は、大胆にも前日の足摺岬南方より一段と九州本土側に深く北西に寄っている。先行した「飛燕」の一隊は、きのうに続いて、まだ防御力弱く機動性の鈍い単機旋回中のB29を捕捉したのである。散開した三式戦は、獲物を見た鷹のように躊躇することなく突進し、旋回する敵機の前方に占位しては次々に突っ込んでいった。巨人機のまわりに、包囲攻撃する戦闘機の渦が巻いたのである。

戦隊長機以下の主力が付近上空に進出したころには、すでにB29は続々と飛来しており、それらが「九〜一二機ノ編隊群ニ逐次集結」（古川少佐戦闘メモ）しては、水道を北上し始めていた。目標は、九州北半ないし内海西部方面の飛行場と推測された。快晴の空域を編隊で進撃するB29は、磨き上げたような白銀の機体が、澄み渡る朝の大気に溶け込むかに見え、直立した大きな尾翼の塗装だけをくっきりと黒く浮き出して、小作りの日本戦闘機など気にもかけていないように、整然かつ粛々と海上上空を滑るように飛行していた。その進撃ぶりは壮麗でさえあった。これを側方に見送った古川少佐は、賛嘆にも似た感慨をもって戦闘メモに記している。

「目標ニ推進　攻撃ヲ強行スル敵機ノ堂々タル態度ニハ感心ス」

だが、次の瞬間には戦隊長機は列機にバンクを送り、まだ集結中のB29に対する攻撃を下令していた。少佐の視野には、単機もしくは小数機で旋回中の別の一群も入っていた。

戦隊長機の第一撃は、この日も左側前方攻撃であった。つづいて僚機が次々に突入していったと見る間に、B29が動揺し、長い翼を傾けて旋回運動から避退の動きに変わるさまが、敵機と擦れ違いに航過したあと反転姿勢に移った少佐の日に映じていた。

「日高機ノ攻撃　見事ニ奏功セルヲ認ム」と、少佐は続けて同じメモに書いている。

込山伍長は、交戦中、敵一機が内側のエンジンから白煙を噴き上げているのを視認していた。それが込山機自身の攻撃によるものか、他の「飛燕」が撃破したものであったのかは正確には分からなかった。この戦闘で、同機は順次飛来してくるB29に、多くは前側上方から、ときには前上方から、合わせて数回攻撃をかけたのだった。その間に、同機は機体を幾つか敵弾に撃ち抜かれていたのだが、伍長自身は全く気づいていなかった。パイロットの意識は、目標の捕捉と機の操作、そして照準と射撃に集中していた。敵弾の曳光が機の上下両脇を飛び散っていくなかを突進するとき、思わず目をつぶるのではないか？　との問いに、伍長は「いや、カッと見開いたままだ」と言うのである。

進撃するB29爆撃機

そのころ、沖ノ島の海軍信号見張所の兵士たちは、三〇〇〇メートルの上空を旋回する巨鯨のようなB29に、小さな味方戦闘機が敵機の前方さまざまな角度から飛燕の素早さで接近し、相ついで攻撃をかけるのを見たであろう。まさしく、同島上空南の一角は、待機旋回するB29の重い呻吟にも似た爆音をさえぎって、「飛燕」の全開の液冷エンジンの金属音が〝キューン〟と甲高く空を貫き、彼我機関砲の連射音が交錯して響き渡る空戦

軍機は広大な空域ではまばらに見えたろう。

場になっていた、と想像される。だが、踵《きびす》を接して飛来するB29の数に比べて、迎撃する友

「飛燕」機上の操縦者には、乗機のエンジンの轟音と、自ら放つ機関砲の射音のほかには戦場の喧噪は聞こえてこず、B29が長く尾を曳く被弾の煙、敵機の傍らを突き抜けていく味方の機影、自機の運動に応じてあるいは傾き、また旧に復する遠方の山並みや外洋の海面、と変転する機外の光景が次々に目に映るだけだった。B29の地鳴りするような四発のエンジン音と激しく唸る火器の響きは、機が至近をかすめても、全力運転の機関室の中にいるのと同然の、しかも全速で航過するパイロットの耳には入ってこない。

「敵機の音は何にも聞こえません」と、石川軍曹は言うのである。

軍曹は、直前方水平面からB29の機首を目がけてまっしぐらに突撃するとき、「曳光弾が各所から飛んできたようでした」と、さりげなく印象を語るのは、対B29戦闘歴戦の落ち着きもさりながら、敵機と真っ向から正対すると、敵弾の曳光が自分の射弾の光と交差して実際より少なく見えたのかもしれないし、また、正面攻撃は敵の意表を衝き、かつ相手からは見えにくく、却って応射が少ないことにもよるのであったろうか。むろん、曳光は背景が曇っていれば見えやすいし、晴れていれば見えにくい。それは、交戦時の気象と各機の位置関係で違ってくる。

副島少尉は、側前方からB29に射弾を送りながら雨注する敵曳光弾の真っ只中を飛び抜けたあと、ホッとしながら五体無事であったことを心のなかで確かめていた。ふと気がつくと、

視界は一望千里の太平洋だ。《戦隊長機はどこだ?》と少尉は不安げに機をめぐらせ、白帯の「飛燕」を目で追い求めた。〝影機〟も、こういうとき本物の白帯が頼りだった。

　この日、古川少佐について出動したと自らも言う少尉は敵機の応射の余りの激しさに、《戦隊長は、編隊の誘導をまちがえたのではないか》と思った。当時、パイロットのあいだで、B29編隊のなかには爆弾の搭載量を減らし、身軽に応戦できる掩護専門の機がいるという観察があった。《戦隊長は、この掩護機に向かって突撃したのではないか》と、少尉は機上で訝《いぶか》ったのである。それはともかく、B29は前日三日の経験から、集合点での反撃を予期し応戦に満を持していたのではあるまいか。

　それでも、一〇余機の「飛燕」は、集合旋回するB29を求めては、鯨を襲う鯱《しゃち》の群れのように攻撃していた。戦隊の果敢な反撃に敵機群は攪乱され、思うように編隊を組みかねているさまが明らかに見てとれた、と古川少佐は語っている。敵被弾機のなかには、狼狽して爆弾を海中に投棄し、南に離脱遁走していくものもあったのである。

　B29は、何群かに分かれて飛来していたので、一群を捕捉攻撃しえても他の一群は編隊を組んで北上していく。来襲機は、邀撃機の手に余る数であった。「飛燕」のなかには、旋回するB29がいなくなったと見ると、すでに機首を北西に揃えて推進し始めている敵編隊を追撃してゆくものもあり、戦闘の空域は次第に拡散し、高度は三〇〇〇から五〇〇〇にわたっていた。

　敵機の集団が一部は算を乱して反転脱去し、一部は北上して来襲機が途切れたころ、空中指揮をとっていた古川少佐は、ここでいったん戦隊各機に燃料弾薬を補給し、あらためて、後続してくるかもしれない敵機群に備えることに決した。基地では、すでに出撃機の帰投時間を見計らい、燃弾補給の準備を整えているであろう。戦隊長機は大きく翼を振って合図を送り、機首を基地の方向に向けた。空域のあちこちで旋回していた部下の各機も、まだ薄く靄にかすむ鶴見崎をめざして帰投進路を取り始めていた。

各機ごとに豊後水道上空を引き揚げてきた「飛燕」は、佐伯湾上を左に旋回して飛行場に進入着陸した。先陣の濱田機や込山機は他の機より早目に帰着していたであろうか。出動後、在空平均約一時間半、帰投は午前九時半過ぎには大方終わっていたと推定される。

「飛燕」が着陸してくるごとに、各機三名の機付整備員が駆け寄っていく。込山伍長は、自分の機の翼と胴体に計四発の被弾があったことを、着陸後、整備員に指摘されて初めて知った。

このとき、各個に帰投してきたなかに上野少尉機だけが欠けていた。実は、戦闘中、基地では上野機から「一機撃墜」の無線電話を受信し、ついで、

「被弾シタ、洋上ニ不時着スル」

という連絡を受けていた。だが、そのとき空戦場で同機の行動を確認していたパイロットはいなかった。僚機でも、いったん攻撃行動をとったあとは離れ離れになることが多いのである。上野少尉の無線連絡は、通信担当の佐藤与一郎少尉から、帰投して指揮所《ピスト》にはいった古川少佐に報告された。

着陸したパイロットは、戦隊長に戦闘状況を報告するため指揮所《ピスト》に集合した。格納庫群の前面東側、四本の誘導路の中二本（一説には海側二本）の中間点、滑走路の手前の草地に鉄筋コンクリート造り長径一五メートルほどの堅固な壕があり、海軍の対空通信室となっていた。上野機からの機上無線もここで受信されたのである。一トン爆弾にも耐えうるといわれていたこの壕は、高さ三〜四メートルほどに土盛りされ、表面が草に覆われていた。この壕の上の木造の建屋が戦隊のピストであった。（ピストもまたフランス語に由来し、陸軍が用いた）。隊員は、壕の斜面に設けられた石階段を昇り、ここに集まってきたのである。

濱田芳雄少尉

濱田少尉は、帰投後、上野機から〝被弾、不時着〟の緊急連絡があったことを、すでにこの情報を得ていた特操同期生から知らされた。だがそれが誰だったか、こんにち少尉の記憶に残ってはいない。もしかすると、前日三日の戦闘で胴体着陸して不可動となり、この日は地上にいた石井少尉だったかもしれない。濱田少尉は、「上野機が……」と暗然となり、同室の親友の安否を気遣った。無事着水できたとしても、事実上外洋同然で波の高い沖ノ島—足摺の海だ。むろん、救命胴衣はつけていない……。この時点では、上野機に関するその後の情報はまだどこからも寄せられていなかった。過去の邀撃戦闘においても不時着の先例は幾つもあったし、当面、戦隊は第二次出動に備えて早急に態勢を整える必要があった。

上空警戒の三機発進

戦隊は、帰投してきた一三機の三式戦を、場内南西部格納庫前の広場に、全機機首を東側番匠川方向に向けて中央の滑走路と平行に一線に並べ、海軍地上員の協力を得て大急ぎで再出動準備を進めた。あたりは、エンジン調整・試運転のすさまじい爆音で整備員には話も聞こえない状態であった。

B29はなお来襲することが予想されていたので、古川戦隊長は着陸後ただちに、濱田少尉を長機とする三機に、燃弾補給完了しだい上空警戒のため出動することを命じていた。濱田少尉は、未帰投の上野少尉の身の上を案じながら再出動に備えた。そして機の補給がすみ、濱田発進の用意にはいったところ、あいにくエンジンが不調だった。少尉は僚機二機を先に離陸させたものの、すぐには代替機がなかった。

上空警戒濱田機の僚機について、少尉自身は、二機ともに下士官であったはずだが、四〇年以上を経た今それが誰と誰だったか思い出せないと言い、古川少佐は戦後まもなく作成した覚え書きに、「濱田・中村・石川？」と記している。石川軍曹は後述の動きからこの三機に加わっていなかったことは確実で、下士官らしい一機のパイロット名が不詳である。吉川伍長は、「それは同僚の三村ではなかったか」と言うのだが、三村伍長も戦後連絡がつかず確認できない。ここで長谷川見習士官は、この二機がすぐ離陸できたことから、「二機は、朝はエンジンや無線の調整のため、出動せず地上にいたのだったかもしれない」と言う。しかし濱田少尉は、「朝は全機の出動だった」と言うのである。また少尉は、防衛庁公刊戦史が上野少尉を第二次出動三機のうちの一機としていることに疑義を呈する。すなわち「上野機は朝出動したまま帰投しなかったのだ」と。このように、戦闘の細部にわたる実相は、このあとに起こる混乱と、戦後の長い歳月に紛れて必ずしも判然としない。

指揮所では、パイロットの報告がおこなわれていた。古川少佐は、交戦時の視認状況と上野機からの入電を勘案し、さらに部下の報告を聴取しながら、確認はできなかったが二機撃墜、数機撃破した可能性があると考えていた。戦果の過大評価は日ごろ少佐の自戒するところであり、部下にも注意を促していたが、きょうの攻撃には手応えがあった。（公刊戦史に見ると、この日の戦果は、「撃墜二、撃破一」とされている——『本土防空作戦』付録「本土来襲状況並びに邀撃・戦果及び損害一覧表」）。

込山伍長が、白煙を噴いて飛行するB29を視認したこと、機体に四発の被弾があったことなどを含めて戦隊長に報告終了し、次に順番は副島少尉にめぐっていた。

そのころ、基地では警戒警報に引きつづいて空襲警報が発せられていた。しかし、大わらわで作業中の整備員は試運転の爆音で拡声器による放送に気づかなかった。警報を聞いた石川軍曹はピストの外に出て壕の上に立ち、敵機が現われはせぬかと上空をうかがった。B29が、また偵察に飛来したのであろうか？　このとき軍曹には、同郷三羽烏の一人、上野機未帰還についての不安はまだ念頭に意識されていなかった。パイロットは各個に帰投着陸し逐次集合してきたので、この時点では上野機の動静についてまだ何も聞かされていない者もいたのである。帰投してきたばかりの操縦者には、先刻までの空中の戦場の興奮が支配し、当面する次の戦闘が関心事であった。

上空警戒のため出動を急いでいた濱田少尉は、ほかに補給完了した機がないので、やむなく、すでに準備のできていた戦隊長機を借りることにした。緊急時だから許されるであろう。少尉の操縦する白帯の「飛燕」は海側の発進位置に達すると、一転方向を変え急を告げるような液冷エンジン音を発して疾走し、たちまち滑走路を蹴って山の方向へ離陸していった。先行僚機二機の発進に遅れること数分であった。

ピストでは、敵弾の曳光がまだ眼底に消えずにいる副島少尉の意気込んで報告を始める声と、裂帛の気合いでこれに応ずる古川戦隊長の声とが響き、背後の駐機位置に配列された補給中の三式戦のまわりでは、陸海の地上員が慌ただしく立ち働いていた。整備派遣隊長瀧中尉は自転車で各機の補給状況を見回り、部下の作業を指揮督励していた。邀撃戦闘の前進基地佐伯飛行場は文字どおり戦場の忙しさであった。

このころには、雲が上空一面に広がり、晴れ間はところどころにしかなかった。三日前に合流した戦隊副官の石井中尉は、たまっていた用務の処理が一段落し、この日初めて飛行場に出て壕の傍らで飛行隊の動きを見守っていた。そこからはピストの辺りにパイロットの姿も見えた。戦隊本部兵器担当の望月軍曹は、岩口少尉の遺骨収容から戻り、主力に遅れて芦屋から佐伯に到着し、このとき飛行場の対岸、川沿いの裏山の横穴壕にいて燃弾補給連絡に従事していた。

今しがた離陸したばかりの濱田機は上昇し、場外南の掩体壕地帯の上を番匠川方向に左に第一旋回にはいろうとしていた。三式戦の列線では、試運転のエンジン音が轟くなかで補給作業が続いていた。——そのとき、

「B29六機！　飛行場上空」

と、海軍対空監視員が野外のマイクで報じた。つづいて、「全員退避！」の号令がかかった。

だが、石川軍曹はすぐに退避しようとはせず、壕の上に立ったまま小手をかざして上空に敵機を求めた。吉川伍長は、東側の雲の切れ間から爆撃体形で進入してくるB29の編隊をちらりと認めると、《邀撃だ！》と、ピストを飛び出し、壕を駆け降り、列線で補給中の飛行機に向かって走った。

B29佐伯飛行場を急襲

いきなり、上空の雲を通して轟々と爆音が響いたかと思うと、落雷とともに大粒の夕立が一斉に降ってきたような音響が飛行場を圧したと、補給中の「飛燕」の列の最北端付近にいた長谷川見習士官は書いている。頭上に雨のように降る多数の爆弾の落下音であった。「空襲‼」と叫びながら海軍整備員が駆け出すのを見て、同見習士官は反射的に空を見上げ、雲の切れ間にB29を認めると夢中で地上に伏せた。地面が上下に大きく揺れ、黄色い閃光が稲妻のように鋭く走った。耳を聾する爆発音が連続して地軸が揺らぎ、立ちこめる土煙で天地晦冥するなかを飛散する弾片がピュン、ピュンと空気を切って頭上をかすめた。

石川軍曹は、雷のような音を聞いたと思ったとたん、強烈な爆風に飛ばされてピストの下に転落した。起き上がりざま、壕のなかに転がり込んだ。飛行機に乗ろうとしていた吉川伍長は、爆発がつづくなかを駆けまろぶように取って返し壕に隠れた。

ピストにいた他の隊員たちも、「ゴー」という音とともに、「敵襲！　敵襲！」の叫び声を耳にして、ピストを飛び出し、壕の上から駆け降り、あるいは地面に跳び降りるうちに百雷が一時に落ちたような爆発音が轟き、あっという間に爆風に払われたようだった。古川少佐は、雲間に初め六機、つづいて数機の機影を認めたとき落下音が唸り、とっさにその場に伏せた。直後、至近弾が炸裂して、瞬間身体が「硬直した」という。このとき少佐の右隣りに伏せていた通信幹部の佐藤少尉は身に弾片を受けていた。

すでに戦果報告を終えていた込山伍長は、一瞬早くピストを飛び出て地上に跳び、壕のなかに這い摺り込むと同時に爆烈の音を聞いた。落下音から爆発音まで二〜三秒のことだった。副島少尉は、驚いて報告を中断し、ピストから駆け降りようとして爆風に吹き飛ばされたらしく、壕の入り口近くに転落し、しばらく意識不明となった。気がついたときには誰かが壕のなかに引き摺り込んでくれていた。両足首を強く打ち、痛くて起き上がれずにいたのである。壕の入り口では、片足を血《よし》で真っ赤に染めた海軍士官が何やら盛んに叫んでいるのが、両足を抱えるようにして身を捩る少尉の目にはいっていた。

武装担当の山下見習士官は、一機の「飛燕」の操縦席に乗り込んで機関砲弾を装填《そうてん》中、爆発の衝撃で機外に吹き飛ばされていた。だが、このときはさしたる怪我はなかった。

地上、ピストの階段の傍らにいて落下音を聞いた石井中尉は、一瞬、みなと一蓮托生になるのはかなわぬという思念が走ったか、なぜかそばの壕には飛び込まず、そのまま地面に平《ひら》蜘蛛《ぐも》のように伏せて運命を待った。轟然と炸裂した至近弾の爆発孔の円周直近の一点からわずか一〇メートルの位置だった。たまたま、壕の石階段側面の壁に隠れたかたちとなって助かったのである。対岸の横穴壕で補給連絡中の望月軍曹は、突然の爆風で岩窟の壁面に叩きつけられていた。

直前に離陸した濱田少尉が、掩体壕地帯の上空、左方向への第一旋回点で後方を確認すると、飛行場全域に炸裂の閃光とともに火柱が立ち、爆煙が昇騰して凄まじい光景が現出されているではないか。少尉は、離陸が数十秒遅かったらと思い、機上で冷や汗をかいた。

格納庫近くの兵器調整場にいた海軍九三一空の射爆兵器員・山村上飛は、突然の爆撃に逃げる余裕もなくその場に伏せていた。やおら顔を上げると、試運転中に被弾した「飛燕」が暴走して滑走路に跳び出し、火を噴き爆発してエンジンが三〇～四〇メートルも吹っ飛び、搭載機関砲弾が誘発して所嫌わず「ピューン、パンパン」と飛び散る惨状が目に入り息を呑んだ。

頭上に響いた多数の爆弾の落下音は、込山伍長の言では、到底この世のものとは思えない無気味な音で、終生耳について離れぬことになった。また、伍長の感覚では、同機が帰投着陸して被爆するまでの時間は、およそ一〇分ほどだった。(さきに、朝の出動では込山機を先陣の一機と想定したが、帰投はそれほど早い方ではなかったようだ。各機はバラバラに帰ってきたので、着陸後被爆までの時間はパイロットによりズレがあった)。

列線にいた整備員の耳には、〝上空に敵機〟の報も、〝全員退避〟の号令も、三式戦試運転の爆音にかき消されてとどかなかった。

防衛庁公刊戦史は書いている。

「B29六機の二個梯団が約五〇〇〇米の高度で飛行場上空に侵入し、二五〇瓩《キロ》爆弾を含む多数の爆弾を投下した」と。

B29は、前回同様に東方海側から、南北に走る滑走路を横切るかたちで進入しつつ投弾した。爆撃火網は、おりから燃弾補給中の「飛燕」を蔽い、古川少佐によれば、「佐伯飛行場は一瞬にして阿鼻叫喚の巷と化した」――ときに推定午前九時五十分ごろのことであった。

長谷川見習士官の話はつづく。

「爆音がとぎれ、不図立ち上がりあたりを見ると、飛行機はあちらこちらで黒煙をあげ燃えているもの、左右に大きく傾き翼や胴体に大きな穴があいているもの、また地上に倒れたまま助けを呼ぶ整備員の姿が目に入りました。私の傍では整備員の天野上等兵が左脚を吹き飛ばされ下半身鮮血にまみれて倒れ、無線係の原田軍曹が右手の掌から吹きでる血を片手で押え、ぼう然として立っていました。私も、付近の無傷な者と一緒に飛行場の西側にある横穴式の防空壕に向かって走りかけましたが、負傷者の助けを呼ぶ声に気をとりなおし、衛生隊に駆けこみ軍医に数名の衛生兵を乗せたトラックの出動を要請し、飛行場にとってかえしました」

その間、パイロットも壕から飛び出し、死傷者を物陰やピストの下の壕に移した。壕のなかは暗く、運び込まれた負傷者の唸り声に満ち、たちまち床は一面血の海となった。吉川伍長は、眼前に整備員の倒れるのが入り口から見え、壕を駆け出したとたん、転がっていた爆弾の破片で右足関節部に負傷した。石川軍曹が整備隊長の瀧中尉を誰かと二人で抱き上げようとしたところ、中尉の片肺がなく、生温《なま》い内臓のなかに手がじかにぬめり込んだ。中尉は、自転車もろとも吹き飛ばされていたのだ。空襲が終わっても、副島少尉は体を動かすことができず、誰かに担がれて基地の診療所に運び込まれた。病院は、飛行場から川を隔てた基地内海側水上機隊の近くにあった。

負傷者の救護がひとまず落ち着くと、隊員は列線で炎上する飛行機のあいだから無事な機を引き出し移動を始めた。ところが、地面のあちこちに時限爆弾の尾部がのぞいており、そのうちそれらが爆発を始めてパニックとなった。隊員は再び壕に逃げ込み、片隅に身を寄せて縮こまり連続する爆発の震動におののいた。

操縦席から吹き飛ばされたまま地上に伏せていた山下見習士官は、起き上がって何をしようとしたかよく覚えていない。二回目の爆発のとき飛んできた弾片で左腕がぶらぶらになり、残る片手で支えるようにして飛行場内から格納庫裏の川沿いを走り、橋を渡って診療所に駆け込んだ。

——そのころ、飛行場直上一万メートルの高空を別のB29一機が航過旋回していたことを、叫喚の巷と化した地上の人たちは気づく由もなかった。

爆撃は十数分の間隔をおいて二度あったと覚えている隊員もいるが、二度目は遅発弾の爆発であった。古川少佐によると、爆撃自体は一度だけ、高度二〇〇〇〜三〇〇〇メートルからの二梯団の同時投下であった。B29の編隊は、通常より低高度で突如佐伯飛行場上空に侵入し、滑走路と「飛燕」の列線に攻撃を加えたのである。このとき雲が多かったというから、レーダー照準によったのであろうか。それとも地上からわずかの雲の切れ間に敵機が見えたことからすると、雲間を利用した目視爆撃だったのか。いずれにせよ弾着は正確であった。

時限爆弾は、その後も時間の経過とともに爆発をつづけ、海や川に落ちたものが思わぬところで水柱を噴き上げた。

補給・整備作業の指揮をとっていた隊長瀧恒郎中尉をはじめ、貞島操見習士官、河合大伍長、河村金吾伍長、佐藤一兵長、伊藤三郎上等兵、天野安男上等兵の七名が爆死、片腕を失った山下信一見習士官ほか重傷五名、軽傷数名、応援の海軍地上員にも死者約一〇名をふくみ死傷十数名が出て、その「惨状は言語に絶した」と古川少佐は書いている。被害を目撃した海軍の地上員たち、山村上飛や小原二整曹らは、被爆暴走した「飛燕」に搭乗していたパイロットに戦死者が出たものと思った。だが、爆撃時に操縦席についていたパイロットはおらず、副島少尉や吉川伍長のように地上での軽傷者はあったが、重傷・戦死は一人もなかった。搭乗員と見えたのは、発進に備えて計器や火器を点検もしくは弾丸装塡中の整備隊員であった。

犠牲者の一人、貞島見習士官は学徒出身の幹候一一期生で同期の長谷川、家近良男（このとき在伊丹）両見習士官とともに十九年末、鈴鹿の教育航空隊を終えて、二十年一月、五十六戦隊整備隊付として着任、配属後わずか四ヵ月を経たばかりであった。爆撃の破片で片脚を飛ばされた天野上等兵は、出血多量で「寒い寒い」とつぶやき、付き添っていた長谷川見習士官に「見習士官殿、お世話になりました」と言いながら、病院の廊下で担架に乗せられたまま息を引き取った。

三式戦は五機が炎上、五機が大破もしくは損傷するという大被害を生じ、この時点での戦隊の全可動機は、さきに辛くも離陸した三機だけとなってしまった。被弾機の状況は、たとえば吉川機の場合、座席内に三ヵ所、胴体部分に四ヵ所、大は三〇センチから五〇センチの灼熱した刃物のような弾片が、ジュラルミンの機体を貫通していたり、エンジン部の金属に突き刺さっていた。

爆弾は矩形の飛行場を横切りながら投下されたので、相当数が海に落ちた。そして飛行場に降り注いだのは四〇〜五〇発か、といわれるが正確には分からない。古川少佐が最初に雲間に見たB29は六機、後続編隊は三ないし五機かと思われたが、突然の爆撃で読みきれず、公刊戦史は六機の二個梯団（すなわち一二機）としているが、後記するように米軍は九機で爆撃したという。であれば、六機・三機（もしくは三機・三機・三機）の構成だったのである。その搭載弾量が前回四月三十日の空爆時と同様だったとすれば、一機一二個×九＝一〇八個となる。また、前回と同じ割合で遅発弾が混じっていたとすると、瞬発弾は五五パーセント一〇八発、全弾が飛行場に落下したのではないが、そして、なかに五〇〇ポンド以下の小型爆弾が混じっていたとしても、また仮りに弾量がたとえこの半分だったにしても、もって爆撃の凄さも何ほどか想像できよう。

吉川伍長の印象では、飛行場に落下した爆弾の二分の一ないし三分の一が時限爆弾であった。その多くは、のちに海軍作業班が処理したが、一部はその後も断続して爆発し、海軍兵士に負傷者が出るなど危険な状態にあったため、飛行場は一時立ち入り禁止となった。一方、士官室で食事中を不意打ちされた水偵の沖中尉によると、庁舎ほか隊内施設の被害は軽微だったのである。

復讐〝囮《おとり》〟攻撃

佐伯飛行場を集中爆撃したB29の編隊は、この日豊後水道を北上来襲した数十機のなかの最後尾の梯団だった。先行した集団とは一戦を見《まみ》えながら、不運にも燃弾補給・再出動の間隙を衝かれた「飛燕」戦闘機隊の惨害であった。古川少佐は戦闘メモに書いている――。

「カクシテ敵ハ数日来　我ガ攻撃ニ妨害セラレアルコトヲ判断シ　後続梯団ヲ以テ　我ガ着陸補給時ヲ狙ヒ　佐伯飛行場ニ攻撃ヲ指向シ　痛烈ナル打撃ヲ我ニ与フルニ到レリ」

戦隊では、この日の戦闘をその経過から米軍側の〝囮《おとり》〟作戦であり、前日撃墜破された敵の復讐攻撃であったと解釈した。すなわち、B29爆撃隊は五月三日午後、集合点「足摺岬」付近上空で思いがけず日本軍邀撃戦闘機《インターセプター》「飛燕《トニー》」の反撃を受け、九州上空進入前に予期しない被害をこうむり、佐伯飛行場《サエキ・エアフィールド》に迎撃態勢が整えられたことを知った。そこでこれを破砕するために、翌四日の攻撃では、まず囮の一隊を一段と本土に近く水道入り口の「沖ノ島」空域に飛ばし、後続機群ははるか南方の洋上を旋回して囮の編隊に向かう日本戦闘機の燃料切れを待った。もしくは一部が陽動して戦隊の攻撃を誘い南に逃げたと見せかけ、再度反転の機会をうかがっていた。そして、戦隊が基地に引き返したと見るや、爆撃隊主力が梯団をなしてこれを追撃し、列線に並ぶ「飛燕」めがけて爆弾の雨を降らせたというのであった。

上空警戒三機の足跡

爆撃直前、最後に発進した濱田少尉は先行した二機とは空中で会合せぬまま、爆撃直後の佐伯飛行場に着陸するのは無理なため、基地の異変を気にしながら取りあえず大分海軍飛行場に降りた。見たところ、大分飛行場はまだ爆撃された形跡がなく、別府湾を海の方から降下した少尉には、この飛行場が一面の草地で滑走路のないのが印象的であった。少尉は大分から電話で戦隊の指示を受け、そのまま北九州芦屋飛行場に帰投した。

宮本軍曹が、出動から帰ってきて佐伯飛行場に降りようとしたところ、どういうわけか「着陸不可」の信号があり、仕方なく大分飛行場に降りたことを覚えているのは、この日B29爆撃直前のことであったろうか。宮本機が降りようとしたのが爆撃前のことであれば、同機は朝の第一次出動から少し遅れて帰ってきたところ、飛行場では空襲警報発令中のため着陸不可の信号が出されていたことになるようだ。ただしこの場合、上空警戒に発進したのは濱田機をふくめて二機だけとしなければ機数の計算が合わなくなる。すなわち朝の保有機一四として逆算すると、未帰還一（上野機）、損傷・炎上一〇、佐伯着陸不可一（宮本機）となるので、残りは二。もしまた、降りようとしたのが爆撃後のことだったなら、宮本機は第二次出動上空警戒三機のうちの一機であった可能性が考えられる。すなわち他の一機とともに濱田機発進の数分前に離陸して上昇中であったため、雲上を飛来中のB29に気づかず、飛行場爆撃のことも知らなかった。しかしこの場合、一点気がかりなのは、そのあと同軍曹が佐伯飛行場に降りようとしたとき、大爆撃後の基地の異常さを感じなかったらしいことである。いずれにしても、地上で遭遇していたら忘れるはずのないあの大爆撃のことが、こんにち軍曹の記憶に全くないのだ。とすれば、そのときどこか空中にいたか、他基地に降りていて、被爆の現場にいなかったとしか考えにくい。

こんなわけで、同機は、空襲直前に離陸して被爆をまぬがれた三機のなかの一機だった可能性はあるのだが、このあたり軍曹自身の記憶は漠として再出動したかどうかはっきりしない。こうして、上空警戒三機のなかの下士官機は、宮本機と吉川伍長証言の三村機に搾られたまま、どちらとも決しかねるわけである（宮本機が着陸不可の合図を見て大分に降りたのは、別の日のことだったとも考えうる。たとえば、五月二日、時限爆弾海中爆発の直後など。その場合でも、この日四日、宮本機は、同軍曹に飛行場大爆撃のことが記憶にない以上、上空警戒の一機だった可能性は残されている）。

副島少尉は、この日戦隊の一機が宇和島海軍飛行場に降りたという話を後日聞いている。同飛行場は、「三式戦の発着には短か過ぎた」というのだ（宇和島は予科練用に造られたばかりの小飛行場だった）。宮本軍曹をふくむ他の生存パイロットは宇和島のことは知らないので、これが上空警戒三機のうちの一機と古川少佐の記憶に残る中村少尉であったのか？　また三村機だったのかもしれないが、いずれも今本人に確かめることができない。

ともあれ、上空警戒三機のうち、濱田少尉以外の二機も濱田機同様いったん大分海軍飛行場に降りたようである。当時大分航空廠に動員されていた大分中学四年生、澤井慶次生徒（大分市）が『感激日誌』と題してこんにちまで保存している日記の二十年五月四日の項に

B29の爆弾が大分飛行場をはずれて市街地に落ちた空襲のあと、「飛燕三機着陸、いかにも頼もしき次第なり」と明記しているからだ。同日誌によると、「飛燕」が着陸してくる前、上空で機銃音が聞こえたという。佐伯飛行場被爆直前に離陸した上空警戒三機のいずれかが、佐伯基地の異変を知って大分基地に急を告げ、緊急着陸許可を求めて機関銃を発射したのであったか。

また、別の日、澤井生徒の記憶ではこれより前、同じ液冷式の艦爆「彗星」とは「ホンの少し違う軽い爆音」の「飛燕」が一機大分に降りるのを見たという。それは某日帰投時、佐伯飛行場着陸不可の信号を見て大分に降りたという宮本軍曹機であった可能性が強い。とすれば、宮本機の大分不時着は五月四日以前のことになるのかもしれない。

上野少尉機帰還せず

さて、この朝出撃したまま補給に帰投しなかった上野少尉機が遂に未帰還となった。基地ではB29の猛爆による大被害、多数の死傷者発生という非常事態で混乱していたさなかに、上野少尉戦死の悲報がもたらされたのである。

当時、沖ノ島の少年が見たという松の木に接触して再び空に飛んだ飛行機は、B29を攻撃中に被弾、やむなく不時着を試み懸命の操縦をしていた上野機であったと推測される。

上野機は、直下の蒼い海に断崖を白い波に刻まれて浮かぶ沖ノ島をめざしてよろめくように降下し、島上に不時着の適地を求めていた。洋上不時着水の決意をいったん基地に伝えながら、同機は何とか島の上空に到達していたのだ。上野機はエンジンに被弾していた。同機が戦場を離れ高度を落としていったのは、朝の第一次出動において戦隊各機が燃弾補給のため帰投し始める以前、戦隊が旋回集合中のB29と交戦中のことであったと思われる。

上野機は、沖ノ島の南西部に降下した。島は、中央部にそびえる標高四〇〇メートル余の妹背山を頂点とする山地で、平地らしい平地がない。島の南西部に湾があり、湾の奥に「弘瀬」という集落がある。同機は、この弘瀬地区に南側から降下したが、思うように着地の降下角がとれないかのごとく松林のこずえを薙ぎ、さらに数百メートル直進して妹背山の山腹——とはいえ、そこは海岸断崖の中腹——にできた棚の上、海側すれすれの位置に突入停止した。

当時、B29の通路となっていた沖ノ島では、一般の婦女子は本土に疎開していて、在島するのは主として海軍と民間の警防団員だけであった。同島には佐伯防備隊の仮設信号見張所があったのである（水道海域には同様の見張所が水ノ子島、深島、高島〈宮崎県〉にもあった）。これらの人々が駆けつけた時点では、パイロットにはまだ息があった。瀕死の状態にあった少尉は弘瀬の診療所に運ばれた。のちにもたらされた報告によって古川少佐の記すところでは、

「余脈未ダ混沌　生死ノ境地明カナラザリシモ　応急ノ看護モ空シク絶命セリ　女医師ノ犠牲的奉公ハ　陰ノ美談トシテ生キテ行カン」

在島海軍部隊によって収容された不時着機のパイロットは陸軍の上野少尉と確認された。《「飛燕」一機沖ノ島に不時着、操縦者上野少尉戦死》の報に、戦隊では海軍から提供された便船により整備隊の谷沢広保准尉に兵二名を付け、二泊三日の予定で現地に派遣した。谷沢准尉によると、任務は機体調査で、遺体遺骨の引き取りではなかったというから、准尉らの出発時には遺体はすでに海軍により送還の手はずとなっていたのであろう。船は、中尉の艇長以下乗員八名の小艇であった。（同行した整備隊員・森川四郎伍長〈少飛一三〉の記憶では、実際には同伍長のみ同行、便船は掃海艇、一泊二日だったという）。佐伯港（防備隊）発の正確な日時は不詳だが、推測するに翌々五月六日、直行およそ三時間半、調査隊が沖ノ島に到着したときには、少尉の遺体はすでに海軍の手で佐伯に送り出されたあとだったらしく、谷沢准尉らは現地で遺体と対面することはなかった。

同准尉らが検分した上野機は、機体・発動機を大破しており、「エンジンに一発、機体に四発、計五発」の弾痕も確認された。上野機は、途中の樹木で衝撃を緩和されながら、断崖中腹の狭隘な場所に激突した模様であった。そして、少尉自身は交戦時に被弾負傷していたのではなく、乗機がほとんど墜落状態で突入したときの強烈な衝撃で致命的な打撲傷を負ったと考えられた。調査隊は機体をそのままにし、なかに残されていた飛行時計を遺品に、推定七日、民船を利用して帰途についた。途中、「北上中を艦載機に襲撃され、船尾に数発被弾」し、谷沢准尉は「ど肝を抜かれた」（注、五月七日九州東部に来襲したB29はP51を随伴していたとの記録がある。この日艦載機の来襲はなかった）。さらに、「途中風波強ク難渋セシモノノ如シ」とは、古川少佐が聴いた調査隊復命時の余話である。

基地に送還された少尉の遺体は、佐伯市の火葬場で荼毘に付されたはず、と古川少佐は語っている。というのは、戦隊長は小月の十二飛師の命により、急遽、報告のため爆撃の翌五月五日出張し、六日朝まで不在であった。遺体が還ったのはこの間のことと思われ、少佐は検分に立ち会っていない。遺体の受け取りと火葬に立ち会った隊員が誰だったのか、石井副官ほか生存隊員にも今は不確かなのである。当時、基地は爆死者の処置と負傷者の入院手配もあり混乱していたうえ、その後戦死した人もいれば戦後すでに病没した人、連絡の絶えた人もいて、この点の確認は難しい。だが、送還時、少尉の遺体は顔面から体中包帯で巻かれ、識別も困難なほどだったと、石川軍曹があとで聞いている。

佐伯展開中、二度の戦闘でB29各一機撃墜を報告した上野八郎少尉の最後であった。陸軍「飛燕」戦闘機隊の上野少尉は、佐伯海軍飛行場を発進して直接敵機を邀撃、交戦戦死した唯一の、海軍にもいない異例の戦闘機パイロットとなった。

〔上野少尉（進級中尉）略歴〕　大正十年十月十五日生、父　上野保一、本籍地　山梨県中巨摩郡鏡中條村（現若草町）、同村尋常高等小学校、東京市立本所商業学校、明治大学専門部商科卒　熊谷陸軍飛行学校　昭一八・一〇・一、第二十二教育飛行隊（台湾潮州）一九・三・一七、飛行第五十六戦隊一九・七・三一、任官少尉一九・一〇・一。

昭和二十年五月四日戦死時満二三歳、飛行学校入校から数えて一年七ヵ月、実戦部隊配属後九ヵ月であった。

「躰軀矮小　中肉　眼球太シ　稍《ヤヤ》前蹲（屈）　運動神経発達　明朗軽快性ニ富ム」

戦隊長古川少佐は、少尉生前のプロフィールを『戦死殉職者名簿』にこう書きとめ、既述の沖ノ島付近における戦闘経過と上野機不時着時の模様を伝えたあと次のように記している。

「遺骨ハ　五月四日ノ戦死者ト共ニ　佐伯市ノ某寺ニ一時安置　佐伯引キ揚ゲト共ニ　地上部隊主力コレヲ芦屋ニ奉遷安置セリ　芦屋引キ揚ゲノトキ　空輸ニヨリ伊丹ニ集結セシメタリ　噫《アア》　戦ヒ無情常ナリ」と。（佐伯市内の寺は、古川少佐によると、火葬場に近いところであったはずというから、山際《やまぎわ》の禅宗妙心寺派の古刹、養賢寺だったかと思われる。けれど、同寺過去帳には該当の記録はなく、またこの寺は昔から住職転勤制のためであろうか、言い伝えも残されていない）。

〝佐伯飛行場より煙立つ〟

〝Camlet《キャムレット》 #4――出動二二、投弾一一、喪失一〟

グアム島の米第21爆撃兵団は、五月五日、ワシントンの第20航空軍司令部に前日四日の九州方面基地攻撃状況、ならびに、爆撃直後の写真偵察結果を報告していた。それによると、グアム北飛行場の第314爆撃飛行団は、四群六二機のB29をもって大分・大村・佐伯・松山の各海軍飛行場攻撃に出動させた。佐伯飛行場を目標としたのは、出動No. 142出撃符号Cockcrow《コックロー》 #3すなわち〝第三回佐伯飛行場空爆隊〟の九機であり、全機が目標に投弾した

1945.5.4　第314爆撃飛行団出動報告要約

出動No.	140	141	142	143
出撃符号	Camlet＃4	Vamoose＃4	Cockcrow＃3	Mopish＃2
目　標	大分飛行場	大村飛行場	佐伯飛行場	松山飛行場
出動機数	22	10	9	21
目標に投弾した機数	11	10	9	17
喪失機数	1	0	0	0
戦　果	効果なし	効果不良	相当の効果あり	相当の効果あり
写真判読などの所見	目標東南東6マイルの空き地に弾着	弾着、飛行場北の掩体壕地帯、2機破壊	単発5機破壊炎上、双発1機破損、格納庫2棟破損	兵舎らしき建物の間に弾着

（搭載・投下弾量については記載がない）。来襲したのは、日本側公刊戦史では、「六機の二個梯団」すなわち一二機とされていたが、事実は六機と三機合計九機であった。爆撃時は雲が上空一面に広がり、晴れ間はところどころにしかなかった。しかも、あっという間に猛爆されたので、地上から来襲機数を正確に読むゆとりはなかった。

前日、五月三日の来襲と異なり、四日の日標、大分・大村・佐伯・松山の四飛行場の位置からして、B29四群計六二機はすべて足摺岬付近を経由侵入したと考えてよい。既述のように、大村・大分への来襲が午前八時以降とすれば、B29の先頭集団は七時過ぎには岬付近で集合を終え、朝靄にかすむ豊後水道を北上していたのであろう。ここで注目すべきは、大村への一〇機は全機目標に投弾している一方、大分を指向した二二機のうち、目標に投弾したのはその二分の一すなわち一一飛行隊相当の一一機に過ぎず、かつ喪失一機を出していること、また松山への一七機のうち目標に投弾できなかったものが四機あったということだ。この事実から、戦隊が攻撃したのは大分への一群であったことはまず確実で、さらに松山への一部とも交戦したのかもしれない。この日、豊後水道から来襲した敵機を途上で邀撃した陸海の戦闘機隊は、飛行第五十六戦隊のほかにはなかった。小月の陸軍飛行第四戦隊は、当時の戦隊長小林少佐に訊《き》くと、「五月四日は出動していない」とのことであり、すでに主力が大村にあった海軍三四三空は、同日菊水五号作戦に呼応し、「紫電改」三五機をもって特攻隊の進撃路啓開のため奄美大島西方喜界島付近の制空に従事している。なお、松山飛行場では、この朝、大村に移動する最後の「紫電改」一二機が飛び立ったあとB29に爆撃された模様で、三四三空の隊員が、地上員が九名爆死、一〇名重軽傷と、佐伯同様の人員被害を出していた（高木晃治／ヘンリー境田『源田の剣』改訂増補版第九章）。

そこで、とくに大分をめざしたB29爆撃隊に所期の目標に投弾できなかったものがこのように多く出ていたこと、とりわけ一機喪失しているという事実は、「飛燕」隊の反撃の効果が少なくなかったことを示唆している。戦隊が視認した、爆弾を海中に棄てて遁走したB29の一機は、その後どこか太平洋の波間に没していたに違いない。前日、五月三日の上野少尉の撃墜戦果は証明できなかったけれど、この日四日、戦隊は確実に一機を屠《ほふ》っていた。

このB29を墜落に至らしめた殊勲のパイロットは、「一機撃墜」を無線電話で報告した上野少尉であったろう。あるいは、古川少佐が「攻撃見事に奏功」と認めた日高機の有効打を受け、蹌踉《そうろう》として進路の定まらぬ一機に上野機が決定打を浴びせ、南下する敵機を追って墜落するのを見たのかもしれない。この戦闘では他の機の攻撃も効果的で撃墜二機と判断されていたので、撃墜者を明確に特定するには難もある。だが、こんにち、この一機撃墜の功をひとり上野機に帰したとしても、もはや異論を唱える隊員はいまい。石川軍曹も、上野少尉は、一機撃墜して戦死したと、戦後も永く信じてきたのだ。

戦隊は、この日、二機撃墜とみなしたが、米軍側の報告では「喪失一」にとどまっていた。しかし、大分への兵力の半数もの目標への投弾を阻んでいたとは、思わぬ戦果の過小評価をしていたことになるようだ。「飛燕」隊は、大分への二二機の半数一一機を首尾よく撃退していたといえよう。しかも、残り一一機の爆撃は、目標を六マイル（一一キロ）もはずれて〝効果なし〟だったという。照準がこのように大きく狂ったのは、雲に邪魔されたか、それとも爆撃嚮導機《きょうどうき》が被弾により支障をきたしていたためか。ともあれ、大分攻撃を企図したCamlet #4二二機の出動は、すべて無為に終わっていたのだ。（さきに佐伯飛行場被爆の寸前奇跡の離陸をおこなった濱田少尉が、いったん大分に降りたとき、草地の飛行場には爆撃の跡がなかった。大分飛行場は、時間的には佐伯より前に攻撃されていたが被害がなく、濱田機は爆弾の穴のない草地に着陸できたのだった）。

Cockcrow《コックロー》 #3の〝報復〟

米空軍の記録は、爆撃行の結果を簡単に伝えるのみで戦闘経過には触れていない。したがって、B29は、戦隊が〝復讐攻撃〟と解釈したような戦術をとって佐伯飛行場を急襲したのかどうかは明らかでない。米軍の記録から推察すると、経過は次のようであったと思われる。

　まず、Vamoose《ヴァムース》 #4の一〇機が大村をめざして北上した。戦隊の主力が出動したころには、すでにこの梯団は大村に近づいていたのではなかろうか。したがって、下令が遅れて出動した戦隊が交戦したのは、大分を目標としたCamlet《キャムレット》 #4の一二機の集団、さらに松山をめざしたMopish《モーピッシュ》 #2の一一機の集団であった。古川少佐が、「九機から一二機の編隊群に集結」と敵機数を捉えていたのは正確だった。そのころ、これら二つの集団が各二編隊、計四編隊に分かれて逐次集合北進しつつあったとすれば、戦隊はそのなかの大分への一編隊と松山への一編隊に攻撃をかけた可能性が強い。しかし集中的に打撃を与えたのは、〝一機喪失〟し、かつ目標に投弾できなかったもの一一機を数えた大分への一隊であった。

　このとき、佐伯を目標とするCockcrow《コックロー》 #3九機は、最後にグアムを発進したのか未着であった。もしかしたら、足摺岬空域に近づきつつあったけれど、先行していた大分や松山への爆撃隊が日本機の反撃で被害を生じていることを無線で知り、一時洋上に待機し、進撃の頃合いを見計らっていたかもしれない。そのうち、戦隊が燃弾補給に去ったあと最後に集合点に到着し、ついで目標の佐伯飛行場上空に達したとき、おりから、「飛燕」は着陸して補給のため列線に並んでいた。かくて、米軍の意図はどうであったにせよ、戦隊は大分を目標とする一群を痛撃した見返りに、佐伯攻撃の九機の梯団に手痛い報復を受ける結果となった。

"単発五機破壊炎上中"

米第21爆撃兵団は、佐伯飛行場爆撃の戦果を司令官ルメイの名でワシントンにテレタイプで通報した。

「空爆攻撃速報　五月四日　出動No. 142　目標　佐伯飛行場

第314爆撃飛行団の報告によると、弾着は目標を交差、散布界は地点132092から、およそ075108まで幅約八〇〇フィート（二四〇メートル）に及ぶも、初期撮影せる写真では爆煙のため精査難。飛行機一機破壊せる模様。太平洋方面総司令部作成〈佐伯飛行場〉航空写真地図参照」（報告No. FN-05-4）。

米軍は事前に目標飛行場の精密な航空写真地図を作成し、参照に便なるように地点符号を施し、写しをワシントンに送っていた。

さらに、米軍は戦果確認のため、B29改造型写真偵察機「F13」一機を爆撃隊とほぼ同時に飛ばせて、約一万メートルの高高度から空爆直後の佐伯基地の偵察をおこなっていた。

「写真偵察報告　五月四日　出動No. 3PR5M185　撮影中間時刻午前九時五十九分、写真明度良

日標　1306佐伯飛行場、北緯三二度五八分／東経一三一度五六分　視認しうる飛行機五六機（去る四月二十日は六六）、単発四九、双発七。単発五機破壊炎上中、破損双発一機を

視認。五月四日出動No. 142攻撃により格納庫さらに二棟破損。損傷なき格納庫一棟のみ残るも煙のため不鮮明にして判読難。四月三十日の出動No. 132の爆撃による飛行場北西部の爆弾痕《クレーター》（複数）未だ視認さる。飛行場なお使用可能のごとし。

目標2537佐伯水上機基地、北緯三二度五八分三〇秒／東経一三一度五五分　視認しうる飛行機なし、写真は佐伯飛行場からの煙で不鮮明。

艦船停泊状況　北緯三三度／東経一三二度（注、佐伯湾中央部）、海軍艦艇一〇隻、駆逐艦らしきもの二、全長二四六フィート一隻、二一八フィート一隻、水雷艇とおぼしきもの八隻、一一五ないし一九五フィート。

佐伯近傍大河原泊地　北緯三二度五七分／東経一三一度五七分　初回偵察では艦種不明の海軍艦艇一隻、二六〇フィート、二回目の偵察では駆逐艦らしきもの同一泊地に三隻、二三二フィート」（報告No. FN-04-23より関係部分のみ引用）。

追って、米第21爆撃兵団の写真情報部は、前記出動No. 3PR5M185の偵察写真をさらに入念に判読し、五月八日付でワシントンに写真三枚を付して最終調査報告No. 15を送っている。飛行場の在地機については同内容、水上機基地については、「視認飛行機　双発水上機八機、うち五機は大入島（Onyu Island）の複数湾内に分散疎開しあり」とある。

米軍は、佐伯飛行場における単発五機の破壊炎上を正確に把えていた。しかし、それが戦闘機か艦攻か、あるいは空冷・液冷の別など、機種の細目については特に言及していない。写真偵察機F13の装備する航空カメラの優れた解像力をもってしても、一万メートルの高空

B29集中爆撃直後の佐伯飛行場(20年5月4日)。第21爆撃兵団戦果確認偵察機撮影、高度九八五〇メートル。爆煙もしくは飛行機炎上の煙で主滑走路南端付近が不鮮明。海側滑走路北半が細く見えるのも爆煙のためか(飛行場北端海岸の爆弾孔は4月30日の爆撃の跡)

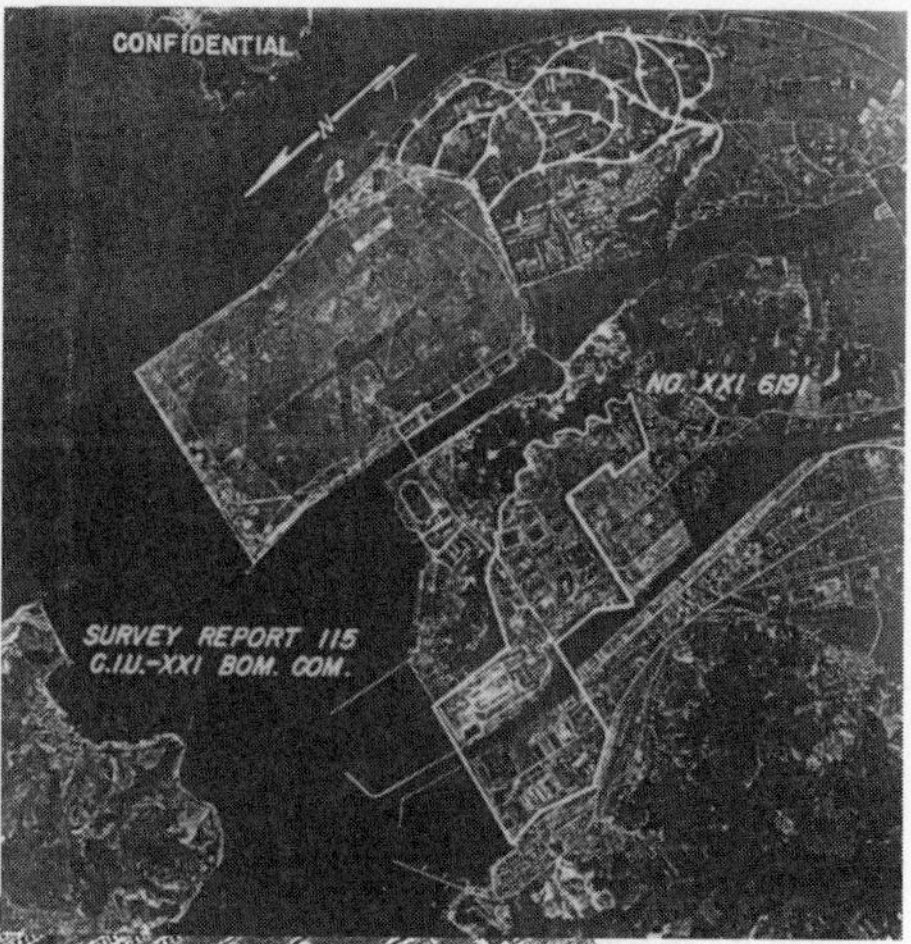

INCOMING MESSAGE

第21爆撃兵団司令官ルメイより第20航空軍司令官あて、
1945年5月4日出動No. 3PR5M185の佐伯基地ほか偵察報告

からでは在地機の正確な機種までは識別できなかったようだ。写真判読の結果は、視認しうる在地機五六機、うち単発四九機の多きを数えている。炎上した五機をふくめ、在地単発機「飛燕」はこのとき一〇機（胴体着陸石井機を加えても一一）であったから、残り三八～三九機が海軍機ということになる。

既述のとおり、海軍九三一空は、四月二十二日現在で「天山」・九七式を合わせて七七機を保有しており、ちょうどこの時期、四月末から五月初めにかけては逐次佐伯に復帰し「天山」に機種改変、訓練しては再進出している最中だった。米軍偵察機が把えた佐伯飛行場の（多くは場外の掩体壕にあった）単発機の大部分は、「天山」や九七式の艦上攻撃機群であった。在地機の双発七、うち同破損一機は海軍対潜哨戒機「東海」であったろうか。だが、隊員山田勇夫中尉によると同機種に格別の被害はなかったという。

佐伯空の水上機については、いったんは「視認しうる飛行機なし」としながら、再度綿密な判読を試みて、水偵隊員がせっかく島陰に分散させていたのを突き止めたようだ。「双発」とあるのは、単発水上機の二つのフロートが両翼から突き出ているのを発動機と誤認したのに違いない。沖大尉によると、当時、佐伯空には単発双フロートの零式水偵以外の水上機はなかったのである（二式大艇・九八式水偵と二機あった飛行艇も早く指宿に進出していた）。それにしても、米軍の偵察能力は見上げたものというべきであった。

出動No. 3PR5M185・戦果確認機F13は、引きつづき高高度からの偵察の模様を次のように報告している。

「目標上空の天候　雲量八、高度三三〇〇フィート（九八五〇メートル）。敵機の反撃　八機視認、攻撃なし。対空砲火　八幡にて六発炸裂、不正確。視認事項　四日十時十五分、北緯三三度／東経一三二度（佐伯湾）大型軍艦一隻北上中、大刀洗の北二マイルに滑走路一、佐伯飛行場より煙立つ。十時十七分、佐伯港に小型船舶二隻、大型三隻……」（報告No. FN-05-21）

視認された日本機八機のなかには、あの上空警戒の「飛燕」三機も数えられていたであろうか。飛行場爆撃直後、空中にあった戦隊の「飛燕」は濱田機ら三機のほかにはなかった。むろん、在空機は邀撃機とは限らず、警報下に飛んだ他基地のものをふくむ空中避退機であったかもしれない。

翌五月五日、佐伯基地では空襲警報の合間、陸海軍合同の葬儀が取り急いでいとなまれた。この日もB29は、午前十時四十分以降、大分・大刀洗の各飛行場ならびに広海軍工廠を目標に多数来襲していた。豊後水道を帰航通過するB29の群れの爆音が不気味な和音を構成し、「ウォン、ウォン」と一定の韻律をもって聞こえるなか、海軍兵士の吹き鳴らす葬送の喇叭《ラッパ》の調べが佐伯航空隊の隊内に悲しく響いた。

第八章　戦隊根拠地に復帰す

もはや邀撃機なし

五月五日、古川少佐は命を受けて小月の十二飛師司令部に浜野参謀と同行出頭した。汽車で別府に向かい、大分海軍飛行場から師団差し向けの単発高練機で飛んだのである。三好少将以下の司令部幹部に委細報告、指示を受けて一夜を明かし、六日早朝、同飛師藤林伝吾少佐（航士五二）を伴い、再び高練で佐伯に戻って事後処理にあたった。

B29の爆撃で被弾損壊した機のなかに、エンジン換装などで修理可能なものが数機あり、該当機体は時限爆弾のため一時立ち入り禁止となっていた飛行場内から、時間を計って場外の掩体壕に移され、被害の軽いものから修理作業が進められていた。大修理を要するものは戦隊整備員の手によらず、何日かあと航空廠から派遣された専門の移動整備隊約一〇名によっておこなわれた。急報により、伊丹の整備隊本部が手配したのである。

そして七日、三機の修理が完了し、古川少佐は早速陣容立て直しのため、その一機を操縦して芦屋に復帰した。他の二機は、爆弾の破片を七箇所に受けていた吉川機と、交戦中の被弾損傷もあった込山機であった。佐伯で壊滅的打撃を受けた飛行第五十六戦隊は、師団命令のもと早急に戦力の回復を図るため、目的半ばにして芦屋に後退を余儀なくされた。

爆撃時、足を傷めて松葉杖を使っていた副島少尉はパイロットのなかで一人残留し、傷の治癒後、いま一機の修理完了を待ってこれを芦屋に空輸することとされた。少尉は、さきに戦闘報告を爆撃で中断されたため、戦隊長に交戦時の疑問を確認できないままに終わっていた。乗機を失った他のパイロットは、芦屋への帰途はやむなく汽車を利用した。そのとき、航空隊から一すじ道の行く手にある佐伯駅への道ばたには、B29猛爆時に炸裂飛散した爆弾の破片が刃物のような鋭い断面をあらわにして処々に転がっていた。石川軍曹には、その殺伐とした路上の光景がただ一つ残るこの町の印象となった。

さきにB29爆撃直前に発進した濱田少尉ら三機は、一足さきに芦屋に帰っていた。こうして失意のうちに佐伯を去った「飛燕」は、この幸運な三機と、最後の副島少尉操縦機をふくむ被弾修理機四機を加えた七機であった。

高木少尉機の主脚故障後退後、三日以降の戦闘参加一六機のうち、失速墜落炎上一（原田機）、胴体着陸使用不能一（石井機）、未帰還一（上野機）、被爆炎上五、同大破（五－修理四＝）一、喪失計九機。飛行機の損耗率は修理後で五割強に及んだ。

戦隊の佐伯海軍飛行場展開は、移動の日をふくめて九日間にとどまった。その間、実質戦力をもったのは一週間に満たなかった。

風説、陸軍機の体当たり

「飛燕」の来援に少なからず期待していた海軍の沖中尉は衝撃を受けていた。「飛燕」隊の壊滅に、陸軍の戦闘能力というよりは日本そのものの戦力がすでに米軍に敵しえないところに来ていることを痛感し、残念ながら敗戦の近いことを自覚させられたのである。

戦時下、防諜のため、町では航空隊の様子をむやみに話題にすることは憚られた。けれど、勤労奉仕で掩体壕地帯に出入りしていた中学生には基地の動静が窺えたし、海軍兵士外出時の休憩先や下宿から隊内の出来事が伝わることも間々あったのである。やがて、《「飛燕」がやられた》といううわさが、ひそやかに、しかし強い衝撃波となって中学生のあいだに伝わった。「飛燕」は《艦載機に焼かれた》とも、《発進寸前、B29に爆破された》ともいうのだ。聞く者は、無念の気持ち以上に心中の深い失望を隠せなかった。

「飛燕」被爆の翌日、基地へ奉仕に出向いた県立佐伯中学二年生小野史郎生徒は、「滑走路のあちこちで、そして私達が精魂込めて作ってあったあの壕のなかで、無残にもわが軍の精鋭が全て破壊されているのを見たときは、何とも唯悲しかった」、そして、「舞い上がる用意をしていたとは思えない状態のままの残骸を見て、本土決戦の不吉な予感を覚えた」と、前出の戦時下の思い出に書いている。

掩体壕のなかの損傷機は、実は修理のため飛行場内から移されたものだった。「飛燕」は地上で何らなすところなく壊滅したのではなかった。戦隊は、被爆の直前まで沖ノ島南の空域に出動してB29の集団を邀撃し、上野少尉が一機撃墜を報じながら未帰還となっていた。だが、この戦闘の経緯を航空隊情報に詳しい中学生も知るすべはなかった。

そのうち、「飛燕」隊の奮戦は〝陸軍機の体当たり〟という風説となって町の一部に流れた。海軍九三一空雷撃隊員・宮本道治上飛曹は当時を振り返り、「佐伯基地に配備された陸軍戦闘機の一機がB29に体当たりしたことで市民の賞讃を受けた」、と言うのである。宮本上飛曹自身は、上野機未帰還の五月四日には、前進基地串良を夜半出撃の途次海上に不時着して泳いだあと、一時佐伯に戻っていたので、こんな町のうわさを聞いたのであろう。上野少尉戦死の三日後五月七日には、佐伯西方の山地上空で、地上の人々が見守るなか、B29一機が友軍機（実は海軍機）の集中攻撃で墜落する出来事が起きていた（後述）。「飛燕」隊は佐伯付近の陸地上空で交戦したことはなく、体当たりもしなかった。また、四日の被爆で戦力を失い、七日時点では邀撃不能の状態にあった。だが、この町の上で敵機に刃向かうのは陸軍機とばかり思い込み、その戦果を願望していた市民のことゆえ、右の撃墜劇と結びつけた誤伝がおこなわれても無理のないことだった。

長谷川見習士官以下の戦隊整備員約二〇名は、大破炎上した飛行機の跡かたづけと飛行場の復旧作業支援のため、戦隊長の指示により臨時に海軍の指揮下に入り、五月末まで佐伯に残った。

「時々、時限爆弾が不定期に爆発する飛行場で肝を冷やしながら復旧作業に従事し、その合間には、敵P51の地上攻撃に逃げまわるやら命からがらの毎日でした。楽しみの食事も爆撃で水道がとまるなどして、炊き出しの握り飯か非常糧食にかわってきて、ホテルのような宿舎も夜の警報の度に退避するわずらわしさをさけ、横穴式の退避壕にもぐり込み寝るようになりました」

はや迎え撃つ戦闘機もなく、敵機の跳梁にゆだねるばかりとなった佐伯基地の模様を長谷川見習士官はこう伝えている。

副島少尉は足の治療に専念するかたわら、海軍艦上攻撃機の予備学生出身士官搭乗員数名と一人宿舎を同じくすることになり、早速彼らと交流した。長髪の海軍士官にご馳走になったり、一緒にトランプをして遊んだのである。陸軍は士官でも丸坊主、遊びは専ら花札で、西洋流のトランプなどすることはなかったから、《なるほど、海軍は洒落ている》と思った。席上、零戦、「天山」「飛燕」など、陸海軍の飛行機が話題となり、海軍の雷撃機乗りたちは、「飛燕」の着陸速度の速いのに驚くのであった。

少尉は、このとき束《つか》の間の交流を楽しんだ相手海軍士官のその後の運命について聞いていない。佐伯空沖大尉の記録に見ると、九三一空の予備学生（一一、一三期）搭乗員戦死殉職者のうち、二十年五月以降に七名（一三期五名）が散っている。

零式水上偵察機B29に撃墜さる

陸海の地上戦死者の合同葬が執り行なわれた五月五日、海軍佐伯空では対潜哨戒攻撃に出た水偵の一機が未帰還となっていた。搭乗員は、機長・小島正美大尉、操縦・宮脇隆男中尉(兵七三)、偵察・高見悦朗少尉(予学一三)であった。

この日午前、零式水偵隊は、延岡沖一〇海浬に確度の高い敵潜情報を得て、C装置による発見攻撃を企図し、小島大尉の率いるペアの二機が出撃した。二番機が長波を放射し、一番機がC装置上に現われる波形によって敵潜を探知するのである。佐伯北方五海浬の避退基地日代《ひじろ》の海を離水した編隊が、佐伯航空隊沖の標的潜水艦の上空を試験通過すると、一番機最後部の小島大尉席に備えつけていたC装置の感度は上々であった。

足摺岬を左に見て進路を予定のコースに乗せてしばらく経ったころ、大尉は装置のメーターが振れているのを認めた。同時に前席の偵察員が左を指すので、見ると、潜水艦が一隻浮上している。直ちに攻撃を命じたが、敵潜は急速潜航したため、直上に到達したときには白波がかすかに残っているだけだった。機は、この白波に向かって急降下していった。ところが、偵察員から「爆弾が落ちません」との報告。どうしたことだ、折角いい態勢ではいったのに、と思っていると、突然、目の前をB29の機影が横切った。B29は、上空から潜水艦の見張りをしていて駆けつけたのだ(この日既述のように、米軍は広の工廠と大分・大刀洗に計一九八機ものB29を送っており——来襲一〇四〇以降——、海上不時着に備えて一機が潜水艦と連携をとっていたらしい)。

操縦員は反射的に機を引き起こして回避した。二番機もつづいて上空から爆撃態勢にはいっていたが、B29の急襲を見て機首を上げ、基地の方向に引き返した。本来、両機とも磁探機で雑音を除去するため操縦索も非磁性鋼を使うなど極力鉄分を除き、機銃も降ろしていたので反撃のしようもなく逃げるほかないのだ。

B29は、水平に戻った機の後方に回り込んできた。速力一二〇ノットの零式水偵と、二九〇ノットは出るB29との差は大きく、敵機は「小雀を追う大鷲さながら」ぐんぐん迫り、曳光弾が集中してきた。右に急旋回する機の真上をつんのめるようにB29が過ぎていく。前席の偵察員が敵の第一撃でがっくりと計器盤に覆いかぶさった。小島大尉も右足に衝撃を受けた。つづく二撃目も右急旋回で避けたが、燃料タンクに被弾したらしく、左の窓から火焰がはいってきた。ガクンと、機が海面に接触したらしいショックがあり、そこで大尉の記憶はぷっつりと途絶えた。

B29対零水偵——太平洋航空戦でも珍しい豊後水道出口上空の交戦の経緯は、戦後四五年を経て初めて公表された同大尉の手記『生還の記』に詳しい（巻末参照）。

戦後、中日新聞社のパイロットとなっていた沖大尉が海上自衛隊徳島基地に飛んだとき、海自の将校に声を掛けられて驚愕した。未帰還戦死となって佐伯空では葬儀も出していた三名の一人、小島大尉だったからだ。海上に墜落後の模様を大尉は右の手記のなかで続けて語っている——。

他の搭乗員二名とともに未帰還とされた大尉は、実は水偵の墜落を潜望鏡《ペリスコープ》で見て浮上した米潜水艦アトゥール（Atule）に救い上げられていた。同艦は、この海域で不時着米軍機乗員の救難任務についていたのである。

アトゥールが、向かってくる水上機二機を発見したのは午前十時であった（とすると、ちょうどそのころ足摺岬付近から水道上空にかけては、多数のB29が続々と進撃途上にあったと思われる）。小島大尉の水偵から離れなかった爆弾は、機が海面に衝突したとき爆発した。同乗の二名はすでに絶命していた。足に弾片を受け、顔面に火傷を負い、墜落時の衝撃で失神していた大尉は、蘇生の見込みなしということで艦長マウラー少佐は捨てるよう命令し、すんでに海に放り込まれようとしたところを軍医が抑えて艦内に収容され、輸血などの手当てを受けて命を拾ったのである。

魚雷発射管室の仮設ベッドに括りつけられ、手錠をはめられて捕虜となった大尉は、かたくなに姓名を名乗らなかったため〝ボンゴー〟と呼ばれた。豊後（Bungo）水道で拾われたからだ。その後、アトゥールは同海域を離れ、ミッドウェー島に入港したとき大尉を降ろした。

大尉はそこからハワイへ送られ、ハワイからシアトルに渡る船中で広島の原爆投下を知った。さらにサンフランシスコほか各地の収容所を転々とするうち本国送還となり、昭和二十一年一月久里浜に上陸したのである。

のち海上自衛隊に入った小島元大尉は、アメリカに留学派遣された機会に、命の恩人のドクターと再会した。また、後年、佐世保地方総監部幕僚長を最後に退官して十数年後の一九九〇年九月、フロリダ州オーランドで開かれた米潜水艦退役軍人の全国大会のさい、潜水艦アトゥール乗組員の戦友会に招かれ、マウラー退役少将以下と四五年振りの再会を果たした。あのとき、もし爆弾が機から離れていたら、潜望鏡深度にしか潜航していなかったアトゥールは被弾して大事に至ったかもしれず、そうなれば大尉が救助されることはありえなかったのである。

爆弾が落ちなかったことから、数奇な運命をたどることになった佐伯空水偵隊の小島大尉は、かつてこの特異な体験を公けに語ることがなかった。同氏が、これを戦後人生の原点と思い直して手記を公表するまでに半世紀近い歳月を閲《けみ》した。

小島大尉虜囚譚余話

佐伯空零式水偵隊の矢尾正衛中尉が、二十年四月十四日、豊後水道で敵潜収容を拒み戦死したことは既に書いた（四一ページ）。このとき、同乗の操縦員と偵察員（ともに下士官）は敵潜水艦に収容されていたようである。捕虜となった小島大尉がハワイへ送られたとき、収容所でこの二人を見かけたというのである。そのとき大尉はちょうど移動中で言葉を交わす間もなく、それきりとなった。

ピストル自殺したともいわれる矢尾中尉戦死時の模様は、戦後帰国した部下搭乗員によって遺族もしくは関係者に伝えられたものかと思われる。佐伯空零式水偵搭乗員と米潜水艦をめぐる豊後水道上のドラマは、四月十四日の矢尾機と、五月五日の小島機と、少なくとも二件あったことになる。

陸海戦闘機隊なお奮戦す

佐伯飛行場の「飛燕」が鳴りをひそめて以降も、B29は五月五日、七日、八日、十一日と、九州および内海西部の各飛行場に来襲しつづけた。この間十日には、徳山海軍燃料廠ほか周辺製油所・貯油施設が猛爆を受けた。その日、豊後水道を北上するB29の梯団は三百余機に及び、芦屋から出動した古川少佐は「正に大観閲飛行の様相を呈していた」と、もはや彼我の衆寡懸絶していることの実感をその手記に記している（米軍の記録に見ると、この日出動したB29は四群計三四三機）。

この間にも、陸海の防空戦闘機隊は激しく戦力を消耗しながら邀撃をつづけていた。

陸軍では、前年六月以来北九州防空に奮戦していた小月の飛行第四戦隊が、二〇ミリ、一二・七ミリ上向砲、もしくは三七ミリ戦車砲搭載の双発二式複座戦闘機「屠龍」により、同戦隊で編成した対B29特攻「回天制空隊」とともに中九州上空まで進出邀撃した。同特攻の村田勉曹長（下士八七）機が大分県下毛郡三光村上空で一機に体当たり撃墜散華したのは五月七日のことであったと、戦隊長小林少佐は前出の手記で伝えている。また、五月十日、豊後水道上空で小林戦隊長の僚機、小川博清中尉（航士五六）が乗機（少飛一三佐々木一伍長同乗）被弾して落下傘降下、未帰還となった。「白い落下傘が淋しく海面に降りていく情景が、いまだ脳裡に残り生涯忘れえない」と、これを機上から見送った少佐は語るのである。

海軍では〝竜巻〟部隊の「雷電」が南九州鹿屋において救世主のように活躍し、前上方背面降下攻撃法により撃墜八、撃破四六の戦果をあげたが、当初三六機の「雷電」も、獅子奮迅二週間の戦闘で使用に耐えるものわずか二機となっていた（三〇二空・伊藤進大尉『〝雷電〟で描いたわが青春の墓碑名』）。そして、大村の「紫電改」戦闘機隊は、反航ロケット弾攻撃と、前上方背面降下攻撃法を併用しながら、五月五日、七日、八日、十一日と、九州北半飛行場への来襲機を迎撃した。海鷲もなお尾羽を打ち振るい飛び散らせながら闘っていたのである。

二式複座戦闘機「屠龍」。中九州上空でB29を邀撃した

海軍機「紫電改」佐伯上空の撃墜劇

三四三空がB29攻撃に用いた前上方背面降下もしくは直上垂直攻撃法は、同空の三飛行隊の指揮官のなかでも最も若い菅野《かんの》直《なおし》大尉（戦闘三〇一、兵七〇、公認撃墜二五機）が、前年七月ヤップ島において零戦による数次のB24邀撃戦を通じて編み出したものという。敵機の主翼付け根を狙って編隊のなかを垂直に突き抜けるという、度胸と腕を要する〝究極の大型機攻撃法〟であった。飛行第五十六戦隊の操縦者が直上から降下して機首を狙いパイロット射殺を

意図した攻撃法と一脈通じるものと思われ、射撃の修整の難しさをふくめて誰にもできるというものでなかった。菅野大尉自身の戦法は神業に近く、被弾の可能性を最小にするため、敵機首と主翼のあいだを擦り抜けたというから伝説的と称すべきか。

二十年五月七日、この主翼付け根を狙う垂直攻撃法を絵に描いたような、見事なB29撃墜劇が佐伯西方の上空に望見された。

同日午前、きょうはもう空襲はないと人々が平常の活動にかえったころ、市の西方山地上空を必死に逃げるB29一機に友軍戦闘機が虻《あぶ》のようにたかりながら姿を見せたのである。「あれを見よ、あれを」の声に、思いがけず上空に展開された戦闘の一部始終を町の内外から実見した人は少なくない。小さな日本機の群れがB29に追いすがり、上から代わるがわる食いつくように襲いかかっている。待ちに待った空中戦だ。このとき市内の下宿の屋根に上がって観戦した佐伯中学四年生伊達次郎生徒によると、B29は友軍戦闘機の直上方からの攻撃で片翼が捥《も》げ、「一気にではなく、ヒラヒラと、ゆっくり」落ちていき、目撃した人みな歓喜の拍手を送ったのだった。空中戦も重戦闘機の時代にはいると、見る目にはあっけない一撃離脱戦法が主流となり、大向こうを唸らせる戦闘機同士の格闘戦は見られなくなったといわれるが、この日、高度六〇〇〇メートルにおける「紫電改」の集中攻撃によるB29撃墜劇は佐伯側からも大分側からも見えて観戦者が多く、文字どおり大向こうを唸らせ、長く語り草となったのである。

墜落地点は大分県南海部郡明治村（現弥生町）宇《う》藤木《とうぎ》の山中であった。『大分県警察史』

には、「紫電改一機がB29に突入体当り」とあるが、これは誤りで、明らかに銃撃による撃墜であった。「紫電改」のパイロット自身による大分県上空でのB29邀撃に触れた戦記には二篇がある（巻末参照）が、共に日付不確かで、この日のことと明記したものは他にも見当たらない。しかし、右の二戦記と、さらには、前出大分中学の澤井慶次生徒が日誌に書きとめた目撃記録からこの日五月七日のことと推定できる戦闘で、菅野大尉以下の「紫電改」がB29一一機の集団の後尾四機編隊を捕捉し、その四番機に直上方攻撃を集中して確実に一機を墜としている。止めを刺したのは、ラバウル以来歴戦の堀光雄飛曹長（乙飛一〇、通算撃墜一一機、戦後三上姓、全日空機長、昭和六十二年没）で、敵機は右翼全面から火を噴き大爆発したという。遠目にも明らかな直上攻撃で片翼を捥いだ鮮やかな撃墜ぶりから、海軍最後の撃墜王菅野大尉の神技が偲ばれる闘いであった。

佐伯上空でもB29を迎え撃った「紫電改」(同型機)

　この戦闘で仲睦愛二飛曹機がB29の後方をかわって引き起こしたとき「紫電改」の胴体が二つに折れ、同飛曹は旋転する前部胴体から脱出落下傘降下し、大分空に収容されている。このとき菅野隊長は空中分解に遭った部下を気づかい、攻撃後いったん大分基地に降りた模様である。この空中分解が〝体当たり撃墜〟の誤伝の元になったと推測される。

前記澤井生徒によると、そのときB29の梯団は佐賀関半島から大分・別府を経るコースを侵入していた。後尾編隊の上に見事な爆発が見えたのは、空雷の三号爆弾だったろうか。「紫電改」が入れ替わり立ち替わり飛びかかり、体当たりかと思われること再三、横から、「屠龍」も一機突っ込んでいた。真上に来たときには、B29一〇機中八機は白煙を曳いていた。頭上を少し過ぎたとき、直上攻撃をかけた「紫電改」一機が急降下したあと、下方で引き起こしにはいったとたん、空中分解を起こして尾部が吹っ飛び、主翼をつけたままの前部胴体が全速で回転するプロペラの勢いでクルクルと水平にスピンに入りながら落ちていくではないか。ハッとして見ていると、落下傘は開いたがパイロットはぐったりしている。地上近くになり、ようやく手足を動かすのが見えて安心した、と。

このあと、同生徒らは右記明治村に、墜ちていくB29を大分側から見ていた。「ふと南を見ると、B29らしいのが火の塊となりて墜落しつつあり、全員手を叩いて喜ぶ。大いに痛快なり。（中略）今日にて今までの欝憤《うっぷん》を一ぺんに晴らした感なり」（『感激日誌』五月七日の項）。

なお、同日米軍は大分への一〇機のうち二機、宇佐への一一機のうち一機、計三機のB29を失っている。うち一機は前記陸軍「屠龍」村田機の体当たり撃墜が確実であり、同じ飛行第四戦隊の西尾半之進准尉機（久保努伍長同乗）も国東半島上空で一機撃墜したと伝えられる（渡辺洋二『双発戦闘機「屠龍」』）。この日、同戦隊では金子良一軍曹（少飛一〇）機と青木實軍曹（同）機も体当たりをおこなって還らず、今井不二雄大尉（航士五四）機が自爆するという死闘を演じている。

「飛燕」去って複葉〝中練〟特攻隊展開す

五月十一日、テニアンの米第313爆撃飛行団は、大分・佐伯・宮崎・都城・新田原《にゅうたばる》を襲い、九州基地攻撃の総仕上げをおこなった。四回目の佐伯飛行場爆撃に来襲したのは、出動No.168 Cockcrow《コックロー》 #4の一一機、うち目標に投弾したもの七機であった。その結果を「効果大、喪失なし」と米軍報告書は記録している。

この日、佐伯空の沖中尉は庁舎の二階個室にいて警報を聞き、階段を駆け降り裏庭に出たところで空を見上げると、爆弾が多数落下中で、裏山の壕に入るやいなや弾着爆発し、弾片が壕内にも飛び込んできた。一弾は庁舎に命中し、屋上から先刻中尉が通った階段を貫いて階下に達していたが、幸い不発だった。このような被弾もあったが、不発弾が多く基地施設には米軍が言うほどの大被害はなかったという。

米第21爆撃兵団は、五月十一日をもって四月十七日から継続したB29による九州基地攻撃を打ち切り、再び都市を目標とする戦略爆撃に復帰した。この九州航空基地封殺作戦の期間中、米軍が失ったB29は二三機（十七日以前の来襲時の喪失をふくめると二五機）、被弾二三三機であった。延べ二〇〇〇機に余る出動機数からすれば損害は軽微といえたが、爆撃効果については、大局的にはルメイの予見どおり、「B29は戦術爆撃には不適」というのがワシントンの第20航空軍の評価だったといわれる。（同期間における日本側の戦果報告は、撃墜確実一三四機、同不確実八五機であった――辻秀雄『本土防空作戦』。日本側は撃墜を過大に見ているが、撃墜確実・不確実の総数二一九は、米軍の喪失・被弾合計二五六に対しては下算していた）。

B29の攻撃が終止した五月中旬のある日、佐伯飛行場の一角から修復成った三式戦一機が滑走路に引き出された。その「飛燕」は海の方向に離陸すると、佐伯湾上空を旋回上昇して北西に向かった。離陸方向が海上であったため、市民でこの「飛燕」を見た人は少なかった。佐伯を去った最後の陸軍機「飛燕」の操縦者は、ようやく負傷の癒えた副島慶造少尉（日大出身）であった。

翌六月、佐伯飛行場に時ならぬ複葉羽布張りの九三式中間練習機の一隊二十余機が展開した。築城《ついき》海軍航空隊で編成された菊水特攻松本部隊三隊の一つであり、すでにその一部先遣隊が春以来佐伯を訓練基地としていたのである。

通称〝赤トンボ〟の中練を改造して二十五番（二五〇キロ爆弾）を搭載し、暗夜すべての機燈を消し、排気筒の青白い焰だけをたよりに緊密な四機編隊を組み、夜陰に乗じて忍者のように敵艦に近づいて同時突入をおこない、合わせて一トン爆弾の効果を狙うのだ。木製羽布張りだからレーダーにはかからない。松本少佐の指揮下、横山敏弘中尉の率いる第一期海軍飛行専修予備生徒（旧制高校、大学予科在学生）出身の予備少尉一二名、第一三期甲種予科練出身の二等飛行兵曹一五名をふくむこの一隊は、本来戦闘機専修であったが、日向海岸もしくは土佐湾と予想された米軍の本土上陸作戦に備え、このような練習機改造の特攻隊に変身していた。昼間は基地裏山の横穴壕に機体を隠蔽しては夜間訓練に励み、出撃の日を待つのである。

空技廠九三式中間練習機　全幅一一メートル、全長八・〇五メートル、離昇出力三四〇馬力、最高時速二一四キロ、上昇時間　高度五〇〇〇メートルまで三三分一三秒……。

けれど、いま佐伯飛行場に進出してきたのは、隊員仲野敬次郎少尉（津久見市、没）によると、練習機ではなく、二十五番を積んで特攻出撃する実用機なのであった。佐伯空も、中練特攻隊を支援し、その夜間離陸を容易にするため沖中尉機が出動して、照明弾の投下実験をおこなった。中練隊は、月明のない暗夜の離陸は大入島が障害となるので、新月の時期は築城に戻って訓練していたのである。

かくて、「飛燕」以降、佐伯に生粋の戦闘機隊が飛来することはついになかった。

戦隊伊丹に帰還

福岡県芦屋に帰着した戦隊は、同時に伊丹から永末大尉以下、秋葉・中里・野崎各少尉および藤井曹長の計五機を「飛燕」Ⅱ型により追及させ、かねて渇望していたこの高馬力・高性能機へ機種改変して再建に努めるうち、航空総軍の命により、五月下旬、根拠地伊丹に復帰となった。だが、戦隊はこのとき機数が不足していたため、一部のパイロットは鉄道によらざるをえなかった。副島少尉は、佐伯から空輸した修理機を降りて持ち主に返し、伊丹へは汽車で帰った。

三式戦Ⅱ型　武装　胴体二〇ミリ×二、翼内一二・七ミリ×二、実用上昇限度一万一〇〇〇メートル、最大時速六一〇キロ、高度五〇〇〇メートルまで六分、航続距離一六〇〇キロ。

吉川機出火、機体空中爆発　宮本機、グラマン四機に捕捉さる

戦隊移動のこのころ、吉川伍長は小月の陸軍病院に入院していた。佐伯を引き揚げてのち、推定五月十日、徳山燃料廠爆撃のとき芦屋から出動していた吉川機は、接敵直前、不意にエンジンから出火した。急降下により消火を試みたが消えず、伍長はやむなく機外に脱出し落下傘降下した。周防灘の上空、脱出直後に飛行機は空中で爆発した。小月沖に着水したとき全身を打ち、足を傷めていたけれど、運よく漁船に救助された。船は、飛行機爆発の光と音で気づき、降下するパラシュートに向かって急行してくれたのである（吉川伍長は小月の陸軍病院で二〇日以上療養し、六月伊丹に復帰した）。「五月二十日　伊丹ニ引キ揚ゲ　時ニ率キルモノ一〇機　石川軍曹ト共ニ小月ニ立寄ル」（古川少佐『戦隊日誌』）

北九州芦屋から伊丹へと東進する「飛燕」機上のパイロットは、九州展開の過去二ヵ月をかえりみて、それぞれに遭遇した死の淵を覗く思いの危機をまぬがれ、今なお生あることを心に噛みしめながら、再び苛烈な闘いの待つ根拠地へのコースをとっていた。

操縦席《コクピット》の宮本軍曹は、芦屋上空において四機のグラマン戦闘機に捕捉追尾され、執拗な攻撃を受けながら海上を逃げ、ようやくこれを振り切り九死に一生を得たことを心のなかで反《はん》芻《すう》していた。それは、戦隊が佐伯から芦屋に戻ってのち、九州各基地に再び米軍艦上機が大挙来襲した五月十四日のことであった。米第58機動部隊は二群の空母部隊をもって十三、十四の二日間にわたり九州各基地、飛行場を蹂躙《じゅうりん》した。日本側の推算では、来襲延べ一六四五機、芦屋飛行場は「十四日グラマン十数機」に襲われている（前出『芦屋飛行場物語』）。

芦屋を離陸上昇して編隊を組もうとしていた宮本機は、脚がはいらないため離脱し、着陸しようとしたところをF６Fヘルキャット（一二・七ミリ六梃装備）の編隊に狙われたのだ。軍曹は、とっさに下関方向に海上低空をまっしぐらに逃げた。下関には北九州工業地帯を取り巻く高射砲陣地の一つがあり、対空砲火の掩護を期待したのである。その間、交互に撃ちかけてくる敵機の射弾を、機を繰り返し横すべりさせては回避した。その度に、敵曳光弾の赤い縞が無気味に機の側方を流れた。軍曹は後尾に迫るグラマンを見ては、「もう駄目か！」と半ば観念しつつ、なおも回避動作を繰り返すうち、とうとう敵編隊はあきらめて反転した。宮本機は、急激な横すべり操作のためか滑油が吹き出したので、海上右手に見えてきた築城海軍飛行場に急ぎ不時着陸した。《あのとき死んだかもしれなかった……》と、いま機上で軍曹は考えていた。

その日、古川少佐ほか七～八機は、基地に群がる敵戦闘機を避けて南鮮大邱に飛んでいた。B29邀撃を主任務とし、かつ戦力回復中の戦隊はグラマンとの交戦を避けて温存を図ったのである。築城に降りた宮本軍曹は、飛行機を置いて汽車で芦屋に帰り、整備隊に出張修理を依頼した。

この十四日朝、九州東方洋上では海軍の特攻機が空母エンタープライズに命中大破させ、座乗する敵将、宿縁の機動部隊指揮官ミッチャー中将に一矢を報いていた。同艦は午前六時ごろ爆装零戦二六機に襲われ、上空警戒機と対空砲火により二五機を撃墜したが、残るただ一機が防御火網をかいくぐり前部昇降機《エレベーター》付近に突入し、爆弾は飛行甲板を貫いて炸裂、昇降機が一〇〇メートルの高さにまで吹き飛び、格納庫大火災となって作戦行動不能に陥り、中将は将旗を空母ランドルフに移した。当日、鹿屋を出撃した神風特攻は四隊二八機、各隊指揮官はすべて予備学生一三期ほか学徒出身の中少尉であった。

永末大尉が率いる残りの一隊の移動は五月末となった。この日、芦屋は雲高低く、大尉は天気図を見ながら正午過ぎ、ようやく出発を決断した。高木少尉は、それまで日高軍曹が使っていた機を操縦し、鈴木少尉の僚機として飛んだ。高木少尉にとっては、芦屋もまた自身の命拾いの思い出の基地となっていた。佐伯転進前のある日、邀撃出動の帰途、燃料が欠乏してエンジンがプスプスと息をつき始めたのだ。一瞬、肝が凍った。機体を前に傾けて失速を防ぎ、用心しながら今度は横に傾けると、翼内タンクにわずかに残っていたガソリンが流れ、エンジンはふたたび勢いを取り戻した。一刻も早く着陸するため、おりから着陸態勢にある他の機のあいだに割り込むようにして降下し、衝突を避けて滑走路に入らず、燃料の流れを絶やさないよう草地に切線着陸したとたん、最後の一滴が切れてエンジンが停止したのだった。

この日は中村少尉と組んで芦屋を離陸したが、厚い雲のなかを計器飛行で上昇中たがいにはぐれ、単機でさらに高度を上げ索敵していたところ、眼下の雲が切れて佐田岬と大分と別府のあたりが地図そのままに美しく望まれた。高空からはるか大分飛行場付近に白煙が立ち昇るのが見えていた。やがて、戦隊の三式戦数機と会合し、ともに帰途についたとき起こった椿事だった。四月二十一日、B29は大分、宇佐、大刀洗に来襲し、少尉が煙を見たという大分の地上では、勤労動員の中学生多数が爆死していた。

高木少尉の記憶では、伊丹帰還の翌々日大阪は大空襲を受けた。B29四五八機による同市北部焼夷攻撃は六月一日であった。機体整備の都合で出発が遅れ、この日単機で移動した濱田少尉は、「猛爆による黒煙の柱を回って伊丹に降りた」という。特攻戦の血の臭い漂う九州を引き揚げて、ようやく帰った懐しの根拠地も決して安住の地ではなく、防空戦隊の復帰を待つ惨たる都市無差別爆撃の修羅場であった。

船越大尉単機発進戦死

戦隊主力が二ヵ月ぶりに復帰した根拠地伊丹では、留守中に着任して訓練に努めていた二代目の飛行隊長船越大尉が、早くも五月十一日、B29神戸爆撃のとき邀撃戦死していた（後任・永末大尉、五月十二日付)。

同日の空襲は、B29約一〇〇機が川西航空機甲南工場(海軍双発夜戦「極光」製作)を主目標としたものだった。戦隊主力の九州展開中、病後のため伊丹に残留し留守隊の先任士官を勤めていた田畠満少尉(特操一)によると、船越大尉は戦隊着任後およそ三週間、初めての邀撃出動で散ったのだという。

大尉は、五十六戦隊に来て初めて「飛燕」に乗った。「飛燕」の着陸は、飛行場上空を一航過して第一旋回点で左折し、さらに第二、第三と大きく長方形を描きながら高度を下げ、第四旋回点から真っすぐ滑走路に向かって降下進入する。ところが、大尉の場周飛行はこれよりずっと小回りのうえ、第三旋回点から機を捻りながら直接進入したので、地上で見ていた田畠少尉は、《戦隊長がおられたら一喝されるところだ》と、ちょっと驚いた。そして初めての邀撃出動にさいし、大尉は「邀撃」を発令すると、出動編組を指示することなく曲がらぬ片脚を痛々しく引いて搭乗し、そのまま単機発進していった。田畠少尉は残留パイロットで二機単位の編成を急ぎ、つづいて離陸した。少尉の僚機には平松司軍曹(下士九三期、事故負傷復帰)がつき、もう一つの分隊は、吉岡少尉と南園軍曹であった。だが、後を追った部下の四機は空中で隊長機を発見できなかった。

この日のB29は、紀伊水道上空に集結後、〇九三〇ごろより徳島東方を北進、大阪湾を縦断して一挙に神戸東部地区に侵入爆撃、一部は兵庫県芦屋にも投弾し、京都西南方から奈良・三重両県端を経て、一〇三〇前後に紀伊半島東南部より洋上に脱去している(原田良次

『日本大空襲（下）』）。

米軍の記録に見ると、同日、マリアナの三島からB29計一〇二機が出動、投弾九二機、喪失一機とある。この喪失一機は、対空砲火によるものでなければ、本土防空戦初出動の船越大尉捨て身の一撃によるものであったろうか。公刊戦史では、この日の邀撃機数・戦果ともに空白である。ということは、少なくとも組織的邀撃をおこなった戦闘機隊が他にもなかったことを示唆している。大尉は投弾後のB29と交戦したもののごとく、吉岡少尉によると、隊長機の墜落地点は京都付近であった。軽戦単機戦闘時代の面影を残し、武士道とは死ぬことと見つけた葉隠れ武士のように、独りB29の群れのなかに突撃した船越明大尉は、佐賀県立武雄中学出身、古川少佐郷里の後輩であった。少佐との対面は、去る四月二十日、連絡のため大尉が芦屋に飛来して久闊を叙したのが最後だった。なお、伊丹残置隊の邀撃はこのときをふくめて都合三回、各四機で編成しておこなわれたと、吉岡少尉は覚えている。

歌謡ヲ好ミ肉聲マタ良シ

伊丹に集結した戦隊は、飛行場に近い豊中の超光寺において、主力が九州展開の期間に犠牲となった隊員の合同葬をいとなんだ。大阪大空襲の翌日、雨の夜だったというので六月二日のことであったろう。式は、佐伯で爆死した瀧中尉（進級大尉、名古屋高商）の遺族が名古屋から伴ってきた僧侶四、五人と地元の僧とが合体して盛儀となったと、石井副官は伝えている。瀧家は中京の名門だったのだ。名家の御曹子に似ず、中尉は庶民的な人柄で誰からも親しまれ、伊丹での整備小隊長としての勤務振りは日ごろ谷本整備隊長の賞賛するところであった。

高木少尉は北九州芦屋で酸欠墜落死した岩口少尉と、自分が主脚故障で後退した翌日、佐伯で失速墜落死したという原田軍曹の面影を偲んでいた。岩口少尉は、墜落の前夜、芦屋の酒楼で飲みさんざめく僚友たちから一人離れ縁側に出て、「五木の子守唄」を上手に、淋しく歌っていたのだ。少尉の美声については古川少佐も書いている。「岩口一夫　体軀小　瘦身軽快　歌謡ヲ好ミ　肉聲亦《マタ》良シ」と。

明けて、同機が墜落したとき、原田熊三軍曹が、「今度は俺の番だな」とつぶやくのを高木少尉は耳にして、そんなことは言わない方がよいのにと思ったのだったが、四日後には悲運に遭ってしまった。岩口の歌と、原田のつぶやきは、偶然のこととはいえ、ともに自らの死を予感していたのではないかと思えてならなかった。「姿勢態度厳正」のパイロット原田軍曹は、当時としては珍しく、徴兵前にはゴルフ教師をしていたと、いつか本人から少尉は確かに聞いたことがあった。同僚の石川軍曹は、「それは知らなかった」と言うのであるが、生地は軽井沢にも近い榛名山麓だから、多分ありえたことだ。握るクラブを操縦桿に替えて戦闘機乗りとなった軍曹は、機側で待機しているとき、広い飛行場の草地を眺めながら、再び白球を追える日のあることを想像しただろうか。戦後、同家は絶えたのか、戦隊関係者との音信は不通である。

芦屋での整備隊長・小福田少尉は、戦隊の佐伯転戦中も要修理・整備機があったので芦屋に残っていたのだが、五月下旬九州撤収処理のため急ぎ佐伯・別府日赤病院・大刀洗ほかを回ったあと伊丹に向かい、この日ちょうど告別式のとき帰着した。少尉は、非命に斃れた多数の戦友を思い「冷涙滂沱」たるなかで、小柄・温顔・色黒の上野少尉が芦屋飛行場のピストの前の背椅子にもたれて、「くにに帰りたいな……、おふくろに一度会いたいな……」と言っていた姿を思い浮かべていた。四月下旬、佐伯機動直前の芦屋では、度重なる出動でパイロット・地上員ともに相当疲れていて、とりわけ上野少尉の顔色が冴えないのが日頃快活なだけに印象に残った。そのころ、〝戦隊全力出動〟が一日に二回、三回とつづいていたのである。「飛燕」が着陸してくるごとに、

「五十六戦隊燃弾搭載直ちに全力出動！」

と、追いかけるように指令がスピーカーで伝えられた。こんにち、いまだ耳朶に甦る拡声器音とともに、西に向かって走る白い滑走路と、それを吸い込むような低い松林、その背後に蒼く玄界灘が広がる芦屋飛行場の風景が、少尉の瞼に浮かぶのだという。

上野少尉の遺骨は、遠路空襲の合間を縫って来隊した遺族に血染めの日の丸の旗ほかの遺品とともに手渡された。「合同告別式　遺族参列　父ト姉来隊　滞リナシ」と古川少佐は『戦死殉職者名簿』に記している。

第九章　雲染めて声なし

ふたたび戦隊は、以前にも増し大兵力を擁して都市攻撃に来襲する〝地獄の使者〟B29に対して、古川少佐以下あいつぐ防空戦闘に奔命した。佐伯を前進基地に足摺岬上空戦を戦い、芦屋を経て無事伊丹に帰還したパイロットも、六月三日大阪上空の邀撃を皮切りに引きつづき出動し、他の戦友ともども熾烈な火網のなかの突撃を繰り返すことになった。

この時期の戦隊の編隊基本構成は、こんにち残されている「56FR作戦指揮対空通信網要図」（推定昭和二十年五月末ないし六月初め現在）により窺うことができる。前年、三中隊編成でスタートした戦隊も、基幹要員の多くを消耗して二中隊編成となっており、すでに九州転進のとき見たように、第一中隊長を古川戦隊長が、第二中隊長は永末飛行隊長が兼ねていた。

小隊長の一機に野崎少尉が加えられていたが、三月来低下した戦隊の戦力は未だ回復できていなかった。このころでは「迎撃に出動した三式戦で敵機を捕捉交戦して帰投するものは

56FR 作戦指揮対空通信網要図

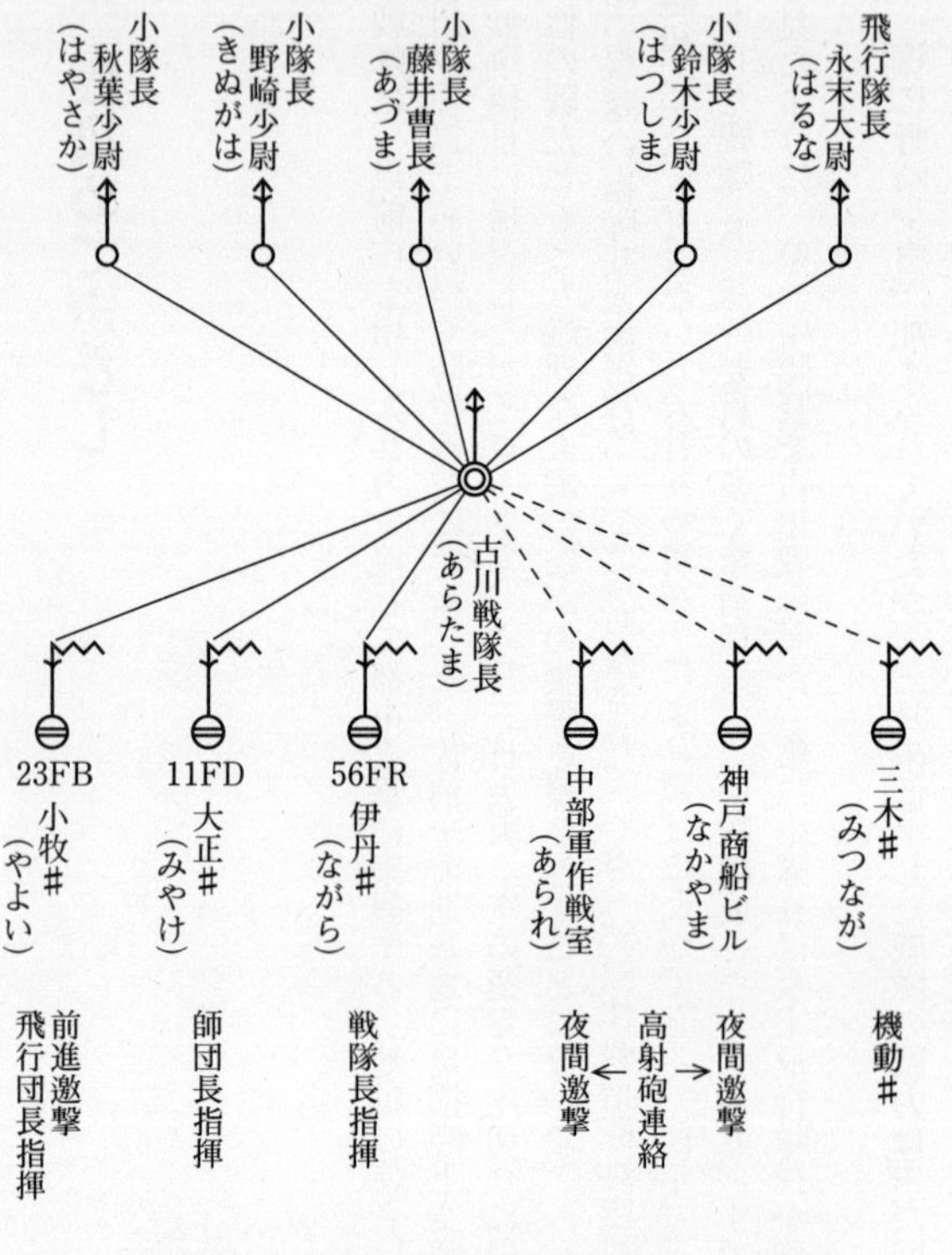

（注） FR 飛行戦隊、FB 飛行団、FD 飛行師団、＃飛行場、（　）は呼出符号。
中部軍作戦室の所在大阪城本丸、三木は待機飛行場、神戸商船ビルには中部軍通信隊の分遣隊があり、対空無線の戦闘情報傍受

五分の一程度」（前出永末手記）となっていたと言い、逆にB29の攻撃は嵩《かさ》にかかって急であった。

第四旋回点――星ヶ岡茶寮

伊丹飛行場には南北と東西（斜め）に二つの滑走路があった。東西方向の滑走路に着陸するとき、場周飛行コースの第四旋回点の直下に――戦隊のパイロットには今も目に浮かぶように懐かしい――美しい大きな池と庭園のある星ヶ岡茶寮《さりよう》が見えた。高木少尉によると、それは「飛燕」の着陸進入になくてはならない好目標だった。第二旋回点から東に進み右手下方に園田競馬場を見ながら飛行すると、やがて阪急宝塚線となる。その手前を第三旋回点として北行すると、前方直下に茶寮があるのだ。そこで第四旋回、高度二〇〇、ボンヤリしていてもこの位置につけば滑走路《ランウエイ》は眼前である。あとは、スロットル、脚、フラップ、速度の点検をして、超光寺の大きな屋根の上を高度五〇メートルで通過すれば必ず安全に着陸できたのだった。

阪急沿線曽根の割烹星ヶ岡茶寮は、空中勤務者にはオアシスのような休息地だった。パイロットは任務の解けたあと、ときにこの茶寮に旋回繰り込んで、当時〝地方〟では普通口にすることも難しかった酒肴に酔い、腹つづみを打つこともあったのである。それは、戦隊長肝煎りの場合も、また「兵隊さん、空中戦ご苦労さま」と、篤志家の接待を受けることもあったようだ。

茶寮には、〝おそでさん〟と呼ばれた一美人もいて、永末大尉が現われると、そばに付いて離れないというエピソードも生まれた。当時、戦闘機乗りといえばちまたの畏敬の的であり、あまつさえ憎いB29に立ち向かう空中戦士、しかも飛行隊長と聞けば、お酌役を買ってでも擦り寄る女性が出てきても不思議ではなかった。これは、部下パイロットにとっては日ごろ手厳しい上官であり、いつも端正な着陸を見せて隙のない大尉を、遠慮なく冷やかすことのできる材料ともなった。

込山伍長には、茶寮は年上の宝塚歌劇の乙女との初の出会いの場所であった。たまたまここで人に紹介されたのである。おりしも宝塚歌劇場は前年海軍に接収されて予科練の隊舎となり、団員は移動慰問隊に出たり、女子挺身隊に動員されていたような時勢だった。(余談だが、海軍の沖大尉によると、佐伯航空隊にもこの年三月ごろ宝塚少女歌劇団が慰問に来隊し、水上機格納庫での時ならぬラインダンスに兵隊が大喜びしたという)。

一度彼女の方から部隊を訪ねてきたのに始まり、伍長も、支給の航空糧食などを手土産に宝塚の家まで出掛けたりして往来を重ねていた。B29の弾雨を怖れぬ戦闘機乗りも、紅顔二十歳《はたち》であってみれば、歌劇の踊り子は眩しくも花やいで見え、彼女があくまでも好意的であるほど、「もう誰かに譲ってもいい」と持て余し気味になるのだった。前線と銃後とが渾然となった時節にしてありえた、思いがけない歌劇の踊り子との交流を、その人の《K……》の名とともに、伍長は今も懐かしく胸にとどめている。

けれど、多くの操縦者たちにとっては、茶寮はやはり料理であった。材料は、箕面《みのお》にあった戦隊専用の農園から持ち込まれた。高木少尉は「おいしいスキヤキの味が忘れられない」と言い、パイロットだから食べられるという、申し訳ない気持ちを抱いたほどだった。だが、戦隊が戦うかぎり、あすの命をも知れない空中勤務者の一夜の歓に誰か非を鳴らす者があったろうか。げに戦隊は戦っていた。以下にわれわれは、佐伯機動に参加したパイロットを中心に戦跡をたどり、「飛燕」の戦士の運命の行く末を見るであろう。

いつかは散らむ

ちはやぶる日の神照らす大空に　いつかは散らむ益良雄われら

中村純一少尉、昭和二十年六月の歌である。「飛行機乗りは、いずれは靖国神社、これが当時の心境だった」と、伊丹で同室の前記田畠少尉も語っている。さきに、戦隊主力留守中の五月、師団から二回目の特攻募集があったとき、少尉は「散る桜　残る桜も散る桜」の句を紙片に記して提出していた。学徒出身の一海軍特攻隊員が詠んだという川柳の一句は、特攻要員ならずとも、当時等しくパイロットの共感を呼んでいたのだ。それでも濱田少尉は、この宇宙に、子孫を残すという本能を戦争の名のもとに絶たれ、また理性によって絶たなければならなかったことは、死の恐怖とは別に本当に淋しく心残りのことであったと、その手記に書いている。だが、一方では、「自分だけは弾が当たらない、死ぬまい」と心に言い聞かせるのだった。

落下傘開かず――安達少尉戦死

六月五日午前、B29四七三機が神戸・西宮・芦屋を無差別爆撃したとき、安達秀雄少尉が未帰還となった。少尉は未開傘のパラシュートを曳いて、淀川下流、大阪市此花区住友系工場敷地内の一角に墜死したのである。

この日、伊丹を離陸した戦隊は神戸北部摩耶山の背後を回りながら高度をとった。高木少尉は古川少佐について上がっていた。ちょうど神戸港の上空五〇〇〇～六〇〇〇メートルで、少佐はB29の群れを左に見るように編隊を誘導した。そこで戦隊長機は左バンクして部下に突撃を知らせると、敵機に向かって突っ込んでいった。つづいて高木少尉も突進したが、B29の応射が激しく、「夕立のように」曳光弾が飛んでくる。思わず臆して敵前一五〇メートルで離脱し、火の雨に追われる気持ちで一気に高度二〇〇〇まで避退した。引き起こして再び敵編隊をめざして上昇していると、目の前に手負いであろうかB29が一機、少し白煙を吐きながらフラフラと飛んでいる。早速、後上方から二〇ミリと一三ミリ弾を束ねるようにして撃ち込んだ。

全弾撃ち尽くしたころ、敵機は大きくぐらつき始め、パラパラッと乗員が五名、機外に飛び出した。と、見る間にB29は火を噴きながら空中分解を起こし、機体が三つに分かれて墜ちていった。少尉は、神戸港に降下してゆく落下傘のまわりを一旋回して全員の着水を見届けると、機首を返して単機基地に向かった。少尉は墜としたのが、いずれは墜落したかもしれない手負い機だったので、帰投後も「一機撃墜」を敢えて報告はしなかった。けれど、あとで戦隊長から「アノ後方カラノ攻撃ハ非常ニ危険デアル」と注意された。古川少佐は見ていたのだ。その通りだったが、幸い、敵はすでに反撃するどころでない状況にあったようだ。戦隊長は、「ヨタヨタしとるのは放っといて、もっと生きのいいのに飛びかかれ」と言いたかったのかもしれないが、ともかく、一機に止《とど》めを刺したのである。

高木少尉は「わたしは、落下傘で降りる無力の敵兵を撃ったりはしなかった」と、かねて筆者に語っていたのだが、このとき海中に降りた米兵は救助され捕虜となっていた模様である。平成四年に至り発見された『神戸新港第五突堤信号所見張日誌』に、この日の空襲経過が克明に記録されていて、同日「B29一機が撃墜され、落下傘で海中に降下した搭乗員を、陸軍兵らが一時信号所の地下室に閉じ込めて監視した」とあると、産経新聞が報じている〈平成四・八・一二付夕刊〉。

戦闘空域は神戸上空から東に流れ、阪神間大阪寄り上空で「飛燕」各機が交戦中、安達少尉の落下傘事故が起こった。

石川軍曹は、高度およそ五〇〇〇メートルにおいて、長機に追従しながらこの異変を視認し息を呑んだ。「早く開け、開いてくれ！」と叫ぶように念じながら、尾を曳いて落下していくパイロットを目で追ったが、戦闘中のこととて最後まで見きわめることができなかった。落ちていったあたりに淀川の河口が見えた。

去る三月末、戦隊の芦屋転進に参加し、北九州防空戦闘についで佐伯に転戦した安達少尉は、足摺岬上空戦の一ヵ月後、無惨にもパラシュート不開傘の悲運に遭遇したのである。戦後何年か経ち、濱田少尉は仕事上のことで住友の一関係者と会うことがあった。談たまたま戦時中の話題に及んだとき、相手は安達少尉墜死の現場に居合わせた人で、思いがけず戦友の非命の最期の模様をつぶさに聞くこととなった。不思議な因縁の糸に導かれた邂逅であった。落下傘は半開きのままだったという。

古川少佐は、『戦死殉職者名簿』に、「一式Ⅱ型ニテ場周飛行中不時着セシコトアリ」と、特操少尉訓練時の一挿話を記している。濱田少尉の手記によると、十九年夏戦隊配属当初、特操見習士官は一式戦「隼」で訓練を始めたものの、離着陸の段階でたちまちのうちに全機の主脚を折り、プロペラの先を曲げてしまい、訓練は一時頓座する始末となった。安達少尉の不時着もそのころのことであったろう。その後は教育飛行隊時代に使った九九高練と九七戦に逆戻り、永末教官にみっちりしごかれたうえで「飛燕」に進んだのだった。

こんにち、少尉の機外脱出に至る経緯も、佐伯での戦跡も詳《つまび》らかでない。死者は黙して語らないからだ。伊丹配属以来の僚友、濱田少尉が伝える少尉生前の風貌と人となりを、いまに残る「飛燕」機上の写真とともに偲ぶのみ——。

「短軀、身長約一六〇センチ、やゝ肥満撫で肩、肩を落として歩く癖あり。ニキビを残す丸顔。童顔、物静かだが、内に強い闘志を秘め、学徒出陣とともに死を覚悟していたようだった。最後まで心身ともに純情無垢の好青年であった」

同日の戦闘において、隊内ヴェテランの羽田文男、小野傳（少飛一〇）両軍曹もまた未帰還となり、前年九月済州島展開以来の基幹下士官パイロットの数は今や寥々たるものとなった。なかでも羽田軍曹は、戦隊初陣の日、片足を負傷しながら隻脚をもって済州基地に着陸するという離れ業を演じたほか、十二月の第二次名古屋上空邀撃戦では、被弾して小牧飛行場に不時着転覆大破しながら軽傷で危地を脱するなど不死身の逸話を多々生みつつ勇戦していたが、ついにＢ29の大群のなかで空中戦士としての命脈が尽きた。もと騎兵科出身、天性の戦闘機乗りとして古川少佐の印象強く、

安達秀雄少尉

「三月十七日　神戸上空ノ夜戦ノ思ヒ出亦深シ　芦屋飛行場場外転覆　其ノ他傑作数々　本人ノ面目躍如タルモノアリ」と、右『名簿』に書いている。

「ブンブン上昇して神戸上空で高度三千をとった時です。ふと下を見ると地上の火にかぶさる四発の敵機が影絵のように目に入ったので、そいつを狙って機首を下げて突込みました。彼我の距離は三百もあったでせうか、一撃かけよ

うとした瞬間、光の具合かフッと敵機が見えなくなったのでそのまま刺違へるように離脱、反転して今度は下から食ひついていった。大きな銀翼が地上の焔をうけて燃えるようだ。照空燈の照射がなくてもこれなら撃墜確実だという楽な気持でバリバリと一撃くれると同時に前部からパッと吐き出すように火を噴いた。翼を傾けたときにはもう火の玉のようになって墜ちていった。この手、この手とひそかに悦に入って機首をとり直したとたん、アッという間もなく眼鏡いっぱいに第二の敵機が入っていた。そのまま側面から一撃二撃、敵はむくむくと煙を吐いて大きく翼を振りはじめた。まだくたばらぬかとグングン追尾してなほも一撃をかけると、グラリと機首を傾け火箭のように六甲山中へ墜ちてゆく、つづいて一機撃破、全部で十機ぐらゐ攻撃をかけたでせうか。《隊長、もう一度上げて下さい、何機でも墜して来ます》《あせるなよ、しばらく休め》隊長の一言が殺気みなぎる隊員の顔を和げる」（「毎日新聞」昭和二十年三月十八日付）

――神戸にB29三百余機夜間来襲時、伊丹の戦隊ピストの一場面を伝えるこの記事に、名手羽田軍曹の気風と闘いぶりが偲ばれる。B29撃墜五機を主張していたという軍曹の最期は、大阪府高槻市付近上空であった。かくて、〝山梨の三羽烏〟は上野機につづく羽田機の未帰還で二羽が欠けた。

落下傘降下及ばず――石井少尉戦死

六月七日白昼、B29四〇九機が爆弾七五〇トン、焼夷弾一八四二トンをもって雲上から大阪・尼崎を猛爆した。伊丹飛行場一帯も爆撃され、戦隊の地上員に犠牲者二名が出た。この日、空中では、前月佐伯で胴着生還した石井政雄少尉が被弾、淡路島上空で落下傘降下したが及ばず、腹部貫通銃創で戦死した。少尉は落下傘に吊るされたまま、島の樹木に懸かって絶命していたと伝えられる。

「淡路島ヘハ藤田少尉ヲ派遣　遺体ノ収容ニ当ラシメ　告別式ニハ遺族ノ参列ヲ求メズ　清水少尉ヲシテ遺骨奉持家郷ニ届ク　母親来隊　濱田少尉面会慰ム」（古川少佐『戦死殉職者名簿』）

同僚の高木少尉は、当時遺体引き取りに赴いた隊員の話として、石井機は友軍対空砲火の誤射による被弾であったらしいと聞いた。だが、現地に出張した整備隊の藤田末男少尉は戦後連絡がとれず、こんにちこの伝聞の仔細を確かめることは難しい。古川少佐は、当日は対空砲火もあったが、同機の被弾は交戦時のことで、誤射によるものとは考えていない。確かに、「飛燕」は敵P51と誤認されやすく、後日（同じ六月）、戦隊も部隊行動中に地上から味方撃ちされたことがあった。それは、邀撃のため和歌山県南端潮岬付近まで進出したときのことで、会敵せぬまま帰投途中、大正飛行場上空で起こった。込山伍長によると、戦隊の二個小隊がいったん大正に降りようと高度を下げていたとき、機上無線の受話器に「敵P51、翼に日の丸をつけている！」と、地上から警告の声が飛び込んだ。ついで編隊が高度四〇〇～五〇〇メートルほどを場周経路に入ろうとしたところ、下から対空機関銃砲の一斉射を受けた。戦隊長機はエンジンに一発被弾しながら急反転で編隊を誘導して難を避けたうえで、バンクしつつ改めて飛行場に進入不時着陸した。降りるなり、怒髪天を衝いた古川少佐が、撃った機関銃の警備隊長を打擲《ちようちやく》する一幕があり、思いがけぬ誤射にあわてた高木少尉は、みなとは逆の方向から着陸してしまい、永末大尉にムートンの飛行手袋越しのビンタを一発食らう仕儀となった。（こんなこともあってか、二十年七月十日付「毎日新聞」は、「P51〝飛燕〟と間違へぬやう」と、両機種の写真を掲げて注意を喚起している）。

石井少尉の被弾はこの日のことではない。だが、日を経ずして同僚隊員もこんな味方撃ちを体験しただけに、〝誤射〟の伝聞は隊内の一部には信じられたようである。たとえば、同機が雲上の敵機と交戦した後、機位不確かなまま雲下に出たところをP51と誤認され、撃たれることは状況としてはありえた。神戸鷹取には機関砲一個中隊があったし、淡路島には海軍も駐屯していた。しかし、これも今では推測の域を出ない……。

「二十年五月三日　足摺岬付近ノ戦闘ニB29九機ノ集結中ヲ攻撃　高圧油系統ニ被弾　脚出ズ胴体着陸　顔面ニ中傷受クルモ益々志気旺盛　勇猛心益々募ル」

古川少佐の記す石井少尉佐伯展開時の戦跡と横顔であった。

〝民間〟パイロット奮戦す

石川軍曹が三羽烏二機目の犠牲者を数えて五日後、宮本軍曹は心友とも頼んだ南園清人軍曹（航空機乗員養成所一一期、予備下士八期）を失うこととなった。

昭和十九年十二月、飛行第二四四戦隊から五十六戦隊に転属となった宮本軍曹は、二十年春芦屋に転進していたとき、乗員養成所一期先輩の南園軍曹を知り、初めて隊内に盟友を見出す思いであった。陸軍下士官パイロットは、各兵科から選抜される伝統の「下士官操縦学生」出身者と、少国民憧憬の的であった「少年飛行兵」出身者を主流として構成され、民間航空乗員コースから入隊した「予備下士」は少数派だった。そのうえ軍隊内では、一般に予備下士は、進んで陸軍航空の道を選んだ少飛や操縦学生と違い、軍人魂に欠けると見られがちであった。つまり、もともと軍隊に入るのを好まず民間航空コースを選んだのであり（事実そうであった）、死を鴻毛の軽きに置いて御国のために軍人となった者とは根底から精神の置き所が違うというわけだった。このあたりが、「乗養」出身者が日ごろ辛い思いをした理由であった。だが宮本軍曹は、日航（当時は「大日本航空」）パイロットをめざして一〇〇〇分の四の競争率で官立の養成所に入った誇りを胸に秘め、技量では劣るまいと耐えていた。

南園清人軍曹

そんなとき、一期先輩の南園軍曹が戦傷治癒して戦隊に復帰してきたのだ。それは、主力が芦屋―佐伯転戦中の五月のことだったようだ。南園軍曹は、済州島初陣の日に乗機被弾して、石川伍長（当時）と同じく同島海軍飛行場に不時着し、その翌十月二十六日、北九州に単機偵察のため侵入した

B29の帰途を狙う緒方大尉率いる三機編隊の一機として出動し帰投途中、密雲のため基地を発見できず各機別れ別れとなり、軍曹は南鮮西岸木浦《モッポ》に不時着重傷を負い（僚機古川久夫伍長海上不時着行方不明、前記）、以来五ヵ月入院加療していたのである。

軍曹は、外山《とやま》・羽田・真下・吉野各軍曹と同期扱いの戦友として共に配属され、戦隊戦力の基幹をなした操縦者の一人であった。しかし、これら五名も、六月のこの時点で外山、吉野、羽田の三人がすでになく、残るのは、三月重傷を負い同じころ退院してきた真下軍曹との二人だけとなっていた。戦隊主力の九州転進留守中伊丹にいた吉岡少尉は、おりから戦列に戻った南園軍曹と組んで邀撃に参加している。船越大尉が未帰還となった五月十一日のほか、B29は十二日にも阪神地区に来襲しているので、これら出撃の日のことであった。少尉は、僚機の位置について飛ぶ軍曹の「横顔が頼もしく、今でもはっきりと目に浮かぶ」と語るのである。

軍曹はそのあと、芦屋の戦隊主力に合流したもののごとく、宮本軍曹は、「先輩と同乗で芦屋から築城まで飛んだ」と、懐かしく回想するのだ。さきに、宮本軍曹はグラマンに追われたとき油洩れした機を築城海軍飛行場に置いてきたが、修理完了したので引き取りに行くことになり、二人で複座の九九式高等練習機を使ったのである。「キ55」とも呼ばれていた九九高練は、陸軍で最も広く用いられた単発高等練習機で、連絡機としても多用された。このとき操縦は本機初乗りの宮本軍曹が引き受けたが、高練は〝トルク〟のきつい飛行機だということで、後席に指導官のように先輩がついた。二人の友情は伝声官を通して暖くかよったのだった。

しかし、折角の交友も一ヵ月にして絶たれた。六月十日、南園機は野崎中尉（六月十日進級）編隊の一機として浜松に分遣機動し、御前崎付近上空においてB29掩護のP51ムスタングと交戦して被弾、火を噴いて墜落したのである。その日、南園機は濱田少尉の僚機として哨戒にあたっていたが、濱田機が冷却水パイプ破損のため浜松飛行場に緊急不時着したあと、単機で引きつづき哨戒中、ムスタングと遭遇し戦闘となったのだった。この日午前、浜松と立川ほか関東一帯にB29計三〇〇、P51七〇機が来襲していたのである。南園機の墜落地点は静岡県北部だったという。軍曹の遺骨は、濱田少尉が宰領して修理後の戦闘機により空輸し伊丹に帰還した。

古川少佐は、「静カニコレヲ迎フ（脚タタム）　超光寺ニ安置　六月二十日　安達少尉・石井少尉等ト共ニ合同告別式　状況下遺族ノ参列ヲ求メズ　前田清晴曹長ヲ以テ遺骨奉持郷里ニ届ク」と記している。南園軍曹は鹿児島市出身、整備隊の前田曹長は同県人であった。（「脚タタム」とは、軍曹の遺骨を乗せた濱田機は、途中、大津海軍飛行場に不時着、雨のなかふたたび離陸して伊丹に向かった。伊丹に降りて誘導路を走行中、なぜか片方の主脚が独りでに畳んだため、機は片翼を地面についた形で停止したのである）。

傑作機、P51ムスタング

南園機が撃墜されたのが端緒となり、以降P51による戦隊パイロットの被害が急増する。

傑作戦闘機と謳われたノースアメリカンP51ムスタング

ロールスロイス・マーリン一四九〇馬力水冷エンジン装備、最大速度七〇三キロ毎時（高度七六二〇メートル）、武装一二・七ミリ六梃の陸上機、ノースアメリカンP51ムスタングは、第二次世界大戦実用戦闘機のなかで折り紙つきの優秀機であった。姿態は孕んだ海老が背を反らせた格好を思わせたが、長大な航続距離（三三四五キロ）と抜群の操縦性によって、その名〝野性の悍馬〟にふさわしい征空戦闘機として知られる。戦後試乗した前記陸軍航空審査部のテスト・パイロット荒蒔少佐によると、「急降下、旋回その他の性能は〈飛燕〉を上回り、ただ頭を下げざるをえないような傑作機であった」。そして、「昭和二十年の日本の空は、B29とP51によって制圧された」と書いている（「P51試乗記」、「丸」季刊14『米国の戦闘機』）。

だが、P51のパイロットの練度は必ずしも高くはなかった。硫黄島に進出した当初、米第7戦闘機兵団の平均飛行時間は、中隊長・小隊長クラスでは一五〇〇時間に近かったが、隊員の多くは二五〇から三〇〇時間程度、しかも、古参者でもムスタングで五〇時間以上経験した者はまだ殆どいなかったという（バーレット・ティルマン『TOKYOへの最前線・硫黄島マスタング隊始末』）。

ムスタングの航続力はアシが長いと言われた零戦を上回ったが、硫黄島—日本本土間一二〇〇キロは戦闘をふくんでの行動半径ぎりぎりの長大距離であったため、本土上空の滞空時間は二〇分程度であった。単座機ゆえに航法能力に限界があり、六月一日には硫黄島を発した一四八機の一団が雷雨に遭い、二七機が空中衝突などで海没するという大事故も起き、編隊は通常B29に誘導されて日本とのあいだを往復した。

P51の奇襲

六月二十六日午前、B29とP51の戦爆連合の多数機が中京・近畿の各地に来襲、うち名古屋・岐阜・各務原方面を目標にしたB29は、日本側の視認では一七〇機であった。戦隊は同月三日の大阪上空戦で初めて試みた〝タ弾〟攻撃を再び実施する意図をもって出動した。ドイツで開発された〝タ弾〟(タンク攻撃弾)は、投下後二〇〇メートル落下した時点で時限信管が働き、起爆薬に点火されてケースが破裂、各一キロ三六個の弾子が飛散する仕掛けの空対空弾であり空中爆雷であった。通常、戦隊はB29に対し前方攻撃を主用したが、この場合は後上方から敵機の前上方に進出投弾する戦法を用いるのである。

濱田少尉の手記によると、この日、同機は戦隊長編隊四機のなかの一機として出動した。後記「毎日新聞」の記事によれば、他の二機は野崎中尉と石川軍曹であった。すなわち編隊は戦隊長機・石川機、野崎機・濱田機の組み合わせであった。

伊勢上空において古川少佐は敵機を発見、編隊は雲の上に出るため上昇反転で雲中に突っ込んだが、少尉は雲のなかで僚機を見失い、雲上に出たときには単機となっていた。やがて右前方二〇〇〇〜三〇〇〇メートルにB29の大編隊を発見したが、敵機群は同高度でその位置からの攻撃は不可能だったので、後続編隊を攻撃しようと上昇角度をとろうとした。そのとき、友軍「飛燕」一機が敵編隊一番機に体当たりした（地上目撃者の「一機の編隊右端機」との説もある）。敵味方の二機が火達磨となって落ちていく光景を目の前にして、少尉はしばし機上で「茫然自失」となった。

気を取り直して索敵中、左下方五〇〇メートルにちらりと小型機の影を一つ認めた。同じ水冷のP51は一見「飛燕」と形が似ている。彼我を確認しようと反転姿勢に移った瞬間、機の右側方を数本の火の玉が流れ、同時に上から小型機二機がすれちがいに飛んだ。ムスタング編隊の奇襲であった。とたんにエンジンから火が噴き、座席に焔が流れ込んだ。少尉は脱出を決意して風防を開《あ》け、操縦桿を足で踏んで機が背面になると、体が機から離れ、落下傘はうまく開いた。降下したのは津西方、伊賀との境の山中だったが、運よく木にも懸からず、近くに駐屯していた海軍に救出された。だが、大火傷を負っていたため、翌日帰隊したあと入院し、以後終戦まで再び飛ぶことがなかった。

体当たりしたのは、大刀洗上空戦で不時着のさい負傷し、佐賀陸軍病院で加療後戦列に復帰していた特操同期生、殉国の志操とりわけ堅かった中川裕《ゆたか》少尉であった。少尉は、伊勢湾西岸津市郊外久居《ひさい》町の真光寺境内に遺体となって落下傘降下、本堂前の松の枝に懸かった。また機体は、体当たり地点を中心に直径二キロの範囲に四散し、プロペラとエンジンの一部が同町西方の白山《はくさん》町延寿寺近くに落下した。伝えられる目撃者の話によると、Ｂ29は右翼を叩き折られ、「飛燕」は空中でバラバラになってパラシュートが自然に開いた。だが、体当たりの衝撃ですでに絶命していたはずの降下中の少尉に、Ｐ51八機が群がって銃撃を加え、現地歩兵連隊員の手で収容されたときには、遺体の半ばは千切れ飛んでいたほど毀《き》損が甚だしかったという。戦隊三機目の体当たりを敢行して凄惨な最期を遂げた中川少尉は、本土防空戦においてＢ29に体当たり撃墜に成功戦死した学徒出身パイロット八名のなかの最後の一人に数えられている（本項、濱田少尉手記『特操一期生史』、秦郁彦『第二次大戦航空史話』、雲井保夫後掲冊子参照）。

戦隊長編隊〝タ弾〟の凱歌

一方、戦隊長以下の三機は雲を突っきったあと伊賀名張上空においてＢ29六機の編隊を捕捉し、後上方から追い越すかたちで高度差約二〇〇メートル、敵機の前方約三〇〇メートルの位置で〝タ弾〟を同時投下した。各機両翼に二個懸吊《けんちょう》していたので六発が敵編隊の上に落とされたことになる。古川少佐は、投下後、避退しながら爆煙が数個浮かんでいるのを視認していた。〝タ弾〟は首尾よくＢ29の進行線上に交差して炸裂、多数の弾子が灼熱のつぶてとなって敵編隊を覆ったのである。

翌日の「毎日新聞」は、〝飛燕編隊抜く手も見せぬ早業〟と題し次のように報じている。

「この日のＢ29群は紀伊半島南端附近や熊野灘で、或は雲上高く或は雲の下で旋回集結ののち続々と北上をはじめた。古川部隊長を編隊長とする野崎和夫中尉、石川新次軍曹ら飛燕の一隊は紀伊半島南部にまで邀撃に出動したが、北上を開始した敵六機を発見するや、敵に見えかくれしながらこれを追跡、ぐんぐんと接近してちやうど伊賀上野附近の上空で敵に肉薄、先登の古川部隊長機の第一撃を合図に編隊全機が間髪をいれずにそれっと攻撃をかけた。

ぐーんと上舵《あげかじ》をとってふりかえってみると、いかにも悠々と飛んでゐるかに見えた六機編隊の敵Ｂ29が見よ――三機になってゐるではないか。〃一瞬三機撃墜！〃素晴らしい戦果だ。地上でもまたこの攻撃振りははっきりと目撃され、六機編隊の敵機群の真ただ中で、ぱっと一閃光った次の瞬間敵編隊は三機に減ってあたふたと遁走したのだった」

新聞の華麗な描写に対して、古川少佐はその手記で、攻撃は「効果があったと思っている」と控え目なのは、雲のため撃墜を確認できなかったからだ。

米第21爆撃兵団の記録に見ると、この日、マリアナの四爆撃飛行団が九つの飛行隊を編成して東海地区を中心に攻撃したが、「損害は喪失Ｂ29六機、Ｐ51一機、損傷Ｂ29七八機うち邀撃機によるもの一〇機」であった。九飛行隊のうち各務原の川崎航空機工場と津市を目標とした一隊＝出動No. 231だけが、日本機の投下した〃燐性爆弾〃五発の攻撃を受けた。投

昭和20年6月26日、大阪上空で炸裂する3番3号爆撃

下したのは、〝アーヴィング〟（Irving＝海軍双発夜間戦闘機「月光」の米軍呼称、「飛燕」はTony）であったと言い、攻撃された位置ほか詳細については言及されていない。そして、「同隊の出動二一機のうち対空砲火による損傷三機以外に喪失機はなかった」とある。（なお、この日、川崎航空機工場被爆のため「飛燕」Ⅱ型の生産が急減することとなった）。

海軍が用いた三〇キロの空対空爆弾は「三番三号爆弾」といい、黄燐と鉄片の弾子二〇〇個を内包していたので米軍は〝燐性爆弾〟と呼んだのであろう。当時、東海・近畿地区で夜戦「月光」を保有していた海軍防空部隊は二一〇空（愛知県明治基地）と三三二空（伊丹）であった。また、同じ六月二十六日大阪上空で炸裂した三号爆弾の写真が残されている（『丸』スペシャル109）ことからして、東海地区でも海軍機による三号爆弾攻撃がおこなわれた可能性はある。しかし、双発夜戦はP51が来襲するようになってからは、その鈍重さのゆえに昼間は全く出動できなくなっていたというので、この日、白昼の邀撃に本当に海軍機「月光」が出動して三号爆弾を投下したのであったか、いささか疑問なしとしない。また、陸軍の双発一〇〇式司偵改造防空戦闘機の独立飛行第十六中隊（大正、のち同八十二中隊）が〝夕弾〟を搭載して、とくに十九年十一月から二十年二月にかけ、阪神・中京の防空に活躍したが、四月以降はしきりにムスタングが出没して昼間迎撃は難しくなり、六月二十六日に出動したとの記録は見られない。

米軍報告書の「月光」は「飛燕」の、対空砲火は〝夕弾〟の誤認だったとすれば、状況は古川少佐編隊攻撃時の模様と一致してくる。だが、撃墜はなく撃破にとどまっていたようである。なお、当日、飛行第二四六戦隊（戦隊長・陸士五〇石川貫之少佐）では四式、二式の二四機が出動し、熊野灘上空での二機体当たり（音成大尉、原軍曹）をふくめB29六機撃墜の戦果を伝えている。

ところで、右の記事につづいて大阪毎日は、「この日同じ部隊の中川裕少尉は津上空で単機体当りしてこれを撃墜、奇蹟的生還をして邀撃戦果にさらに一段の光彩を加えた」と報道したが、これは同少尉の体当たりと濱田少尉の落下傘降下生還が合成された誤伝であった。それにしても、落下傘で降りた濱田少尉は、危いところでP51になぶり殺しされずに済んだのである。

永末大尉相撃ち、不時着重傷

同じ日、永末飛行隊長は木曽川河畔に不時着重傷を負っていた。同機は、潮岬上空でB29一機撃墜未確認の既述の戦闘のあと、燃弾補給のため、いったん明野に降りた。ふたたび離陸しようとしてエンジンをかけたとき、ちょうど無線機に師団作戦室から「B29四機編隊、高度六〇〇〇北上中」の情報がはいった。僚機は、さきの出動のとき上昇中に遅れだし、そのまま所在不明で単機であった。奈良上空六五〇〇メートルで敵編隊を見つけ、編隊の右端機を前方から攻撃した。このとき、四機のB29の前部計一六門の銃座から一二・七ミリの集中砲火を受けた。B29は、かすかに黒煙を噴いたが、永末機にも軽い被弾のショックがあった。

敵編隊は琵琶湖方向に向かっていたが、目標は岐阜の川崎・三菱の両飛行機工場と思われたので、大尉は先回りすべく機首を岐阜に向けた（奈良─岐阜間の直距離一〇〇キロ余）。計算どおり、岐阜飛行場上空さきと同じ高度で敵編隊を捕捉し、同一目標の右端機に再度前方攻撃を加えた。だが、離脱時に乗機の計器盤と両翼面から刺激性のある白煙が噴き出した。さきの被弾箇所が発火したのだ。すぐに反転して高度四〇〇〇まで急降下すると、火は消えたがエンジンが停まり、プロペラは空転するのみだった。眼下の岐阜飛行場はB29の攻撃目標となっているので降りられず、滑空では小牧は遠く、木曽川の河原に不時着することにした。しかし、滑走距離が延びず、土手の手前の田圃のなかに降りてしまった。

大尉は不時着時の衝撃で額を強打し、名古屋陸軍病院に入院して終戦まで再起できなかった。相手のB29は名古屋付近に墜ちたと、後刻目撃者によって伝えられたという。一日に二度出動し、それぞれに単機反復攻撃を試みて遂に相撃ちとなった戦闘経過は、巻末記載の大尉手記に詳しい。

Ｐ51戦闘機隊伊丹飛行場攻撃命令

戦爆連合の空襲につづいて、米軍は伊丹・浜松両飛行場を主目標にＰ51戦闘機隊単独の長距離攻撃行を周到に計画していた。米国空軍歴史調査センターにファイルされる第7戦闘機兵団（硫黄島）の一九四五年七月八日付、ムーア准将ならびにフェアチャイルド大佐署名の「出勤命令書」は次のように書いている。

１　決定　戦闘機隊は一九四五年七月九日大阪―名古屋地区の目標を攻撃す。攻撃優先順位は、在空機・在地機・飛行機整備場・格納庫・工作施設・燃料供給施設とす。

２　任務

ａ　第21戦闘戦隊は四八機をもって第一次目標伊丹、第二次目標西宮（筆者注、鳴尾？）、やむなくば鈴鹿各飛行場を攻撃す。

ｂ　第506戦闘戦隊は五二機を発進、

(1)　四八機は第一次目標浜松、第二次目標豊橋、やむなくば明野を攻撃す。

(2)　四機は会合地点にて誘導Ｂ29の直掩に任ず。

ｃ　第４救難飛行隊と第18艦隊航空隊が付属書（略）に指定のとおり飛行機を用意す。

ｄ　第549夜間戦闘飛行隊の三機が戦闘機隊の空―海救難の支援に任ず。

(1)　二機が会合地点から戦闘機隊に同行し、一時間一五分後に予備機とともに基地に引き返す。

(2)　三機は、戦闘機隊の予定帰投時刻の二時間前から全機の着陸まで警戒態勢をとる。

3　敵情概要

(1)　全般　最近の情報によれば、日本軍航空部隊は航空ガソリンの窮迫に悩む。ある場合は、練習機用燃料に三〇パーセントまでアルコールを混入使用しありという。最近得た捕虜の供述によると、日本内地ではいかなる形の訓練も実質上中止状態にあり、練習機や経験不足のパイロットが実戦に投入されていることも明らかで、かかる目的のためにもガソリンを温存していると。

一九四五年七月四日現在、大阪―名古屋地区の戦闘機戦力は、帝国の全戦闘機の二割にあたる三五五機と見積もる。うち一〇〇機以下が我が方の出撃機に対して邀撃可能と目される。その六割が陸軍機、残りが海軍機である。実戦用機種を配備している主要飛行場の推算戦闘機数は次のとおり。

大阪地区　伊丹九〇、西宮四〇、阪神（筆者注、摂津?）三五。

名古屋地区　明治五五、明野四〇、清州三五、大井二〇、小牧二〇、各務原一〇。

両地区の特攻訓練機は八〇〇機と見積もられ、うち六〇〇機は次の飛行場にあり。

大阪地区　徳島、高松、高知、観音寺、加古川。

名古屋地区　明野、浜松、各務原、岡崎、鈴鹿、三方ヶ原。

(2)　第21戦闘戦隊の目標、七月四日現在

伊丹　戦闘機九〇（疾風《フランク》、零戦《ジーク》、雷電《ジャック》）。

六月八日の空撮では単発九一、双発五。六月二十六日現在、第一線戦闘機、飛燕《トニー》

および零戦《ジーク》計六五機ありと推算さる。

西宮　戦闘機四〇（紫電《ジョージ》、雷電《ジャック》）。

六月十日の空撮では単発八四、双発八。

鈴鹿に戦闘機なし、特攻訓練機在地の情報あり。五月十日の空撮では単発一一六、

双発二〇（戦闘機、爆撃機、練習機）。

(3)　第506戦闘戦隊の目標（省略）

(4)　避退状況　変化認められず

命令には、誘導B29との交信周波数、誘導信号〝Uncle《アンクル》 Dog《ドッグ》〟の出し方など交信要領、ならびに空―海救難計画の詳細が付されていた。同計画によると、潜水艦三隻、海上艦艇二隻、飛行機三機、飛行艇四機の待機地点の方位と時間、呼び出し符号が示されていた。そして救難方位参照基点の符号は、たとえば、「潮岬燈台＝ダニエルズ・ライオン」「大王崎燈台＝フローティング・アイランド」などであった。硫黄島については「平文使用」とある。

なお、七月四日現在の伊丹在地機種が「疾風（陸軍機）、零戦・雷電（海軍機）」という米軍観察の正否は定かでない。飛行第五十六戦隊の機種は「飛燕」であり、同飛行場に分駐し

ていた海軍三三二空の機種は「月光」で「雷電」隊は鳴尾にいたと伝えられるからである。

ムスタング非情――中村少尉戦死

こうして終戦を一ヵ月余にひかえた七月九日正午過ぎ、離陸上昇中の戦隊一七機がムスタングの一群に急襲され、佐伯機動に参加した一七機のなかの一機・中村純一少尉が、野崎和夫中尉・藤井智利曹長の二機とともに、淀川上空に流れる雲を紅《くれない》に染めた。

この日、「P51約五十機が来襲、第一波約四十機はB29四機に誘導されて午前十一時四十七分ごろ紀伊半島東南から奈良県中部を経て正午ごろ大阪に侵入、同地上空で分散し少数機ごとにそれぞれ和歌山、大阪、西宮、伊丹、京都北方、大津の各地に行動」した（「毎日新聞」昭和二十年七月十日付）。

警戒機情報で戦隊は可動全機が警急姿勢にあったが、敵影がB29かP51か判然としないまま出動の師団命令をじりじりと待っていた。

ようやく全力一七機が四個編隊となって伊丹を宝塚方向に離陸したのが昼前、南へ旋回して鳴尾から大阪湾上空へ高度を獲得しながら淀川に沿って北進上昇し、高度一五〇〇メートルの断雲の上に出ようとした。

そのとき横合い生駒山方向からP51約二〇機が降ってきた。戦闘の古川少佐はとっさに右旋回でかわし列機もこれに倣ったが、下方を上昇中の後尾の二編隊が空戦に巻き込まれ、彼我入り乱れての凄まじい巴《ともえ》戦となった。

第三編隊長藤井曹長の僚機であった込山伍長によると、戦闘空域は層積雲に覆われた高度二〇〇〇メートル付近から超低空地上すれすれまで、地点は枚方《ひらかた》付近から操車場のある吹田《すいた》にまで及んだ。地上の目撃者によると、天空に敵味方の機関砲音が響き渡り、銀翼をキラリキラリと輝かせながら、追い撃ち、反転、横撃ち、縦撃ちの手に汗にぎる空中戦が展開された。

だが、何しろ敵は高性能のムスタング、しかも上方からの優位戦であり、一方「飛燕」はまだ上昇中で速力が出ていなかった。たちまちのうちに、第四編隊長の野崎中尉と僚機の中村少尉、そして第三編隊長のヴェテラン藤井曹長の三機が、真夏の空に、あるいは黒煙を、あるいは白煙を噴いて、吹田、枚方、高槻《たかつき》にと次々に落ちていった。この間、急遽避退して伊丹に着陸した機のうち、田畠少尉機と吉川伍長機が敵機の掃射を受けて炎上した（パイロット無事）。田畠機は、まさに着陸せんとするとき撃たれ、瞬時に発火し、燃えながらの着陸であった。野崎中尉は、戦列に参加して一ヵ月余、乗機地上に激突して卒然一塊の肉片と化した。〝夕弾〟の凱歌を奏して二週間後のことである。

米第7戦闘機兵団（硫黄島）の戦闘詳報によると、第21戦闘戦隊はこの日、伊丹を第一目標にP51予定四八機のところ、実際には五二機をもって出動した。同報告から摘記すると、

P51の一機に対して飛燕《トニー》四機が正面から攻撃してきた。P51はロケット弾を二発発射したが当たらず、いったん雲中に突っ込み、改めて一機の飛燕を後方から攻撃した。ロ

ケット弾一発が飛燕の尾部に命中して胴体を貫通し、機首部で爆発した。敵機は錐もみに陥り、下方の雲のなかに落下していった。いま一機のP51は交戦中に分離して伊丹飛行場を単機で攻撃した。機銃弾とロケット弾を放ちつつ三回航過して三機を破壊し、格納庫と別の一機に損害を与えた。伊丹上空二〇〇〇ないし五〇〇〇フィート（六〇〇ないし一五〇〇メートル）に対空砲火の炸裂を見たが、不正確で後落していた。戦果、飛燕撃墜四、同不確実二、撃破三。

とある。戦隊の被撃墜は三機、着陸中炎上二機で、米軍は戦果をやや過大に見ているが、一段と臨場感のある戦況を伝えている。なお五十六戦隊の「飛燕」と交戦したのは、この五二機の一部で、目標の伊丹上空での滞空時間は日本時間一二〇〇～一二一二の一二分間であったという。

三機の未帰還は戦隊に衝撃を与えた。とくに、戦隊編成時以来の先任下士・藤井智利曹長の戦死は、下士官パイロットにとってリーダーを失ったショックが大きかった。僚機を勤めた込山伍長は長機を掩護しきれなかったことを、こんにちなお慚愧《ざんき》に堪えずと言い、第二編隊にいて難を逃れた宮本軍曹は「この人が死ぬとは思わなかった」と、操縦の巧者であった寡黙の上官が夏空に忽然と消えた意外感を伝えている。墜落地点は淀川左岸高槻市内六屯堀、水田の用水路、頭部貫通銃創であった。永末大尉と形影相伴うように、単発・双発の両機種を巧みに操った練達の先任下士の最期であった。（藤井曹長の戦死にも後日談がある。同機墜落の現地に奇特の人あり、当時の状況を是非遺族に伝えたいと、戦後の混乱時三年間継続的に朝日新聞「尋ね人」欄に掲載していた。これが遂に広島県福山の遺族の知るところとなり、改めて戦死地点も死因も正確に判明したのであった）。

中村少尉は、乗機被弾して落下傘降下中、心ない敵ムスタングの翼で紐を切られ、枚方近傍、大阪府北河内郡星田村の水田にしぶきを上げて墜死したのである。そのとき地上の人々は、主を失った白いパラシュートが空中を風に流れてゆくのを見たという。少尉は、この日の出動直前、整備の長谷川見習士官に、「結婚する決心がついた」と語って機上の人となっていた。

「秋空の如く　朗かな心　深山の雪の如く　聖らかに　けがれなき　あきらけき　心もて生きよう」

少尉が扇に書いて、四日前の七月五日、三草の里に訪ねて贈った詩であった。空襲下にせせらぎ出た清らな相聞の歌の流れは、無残な落下傘の紐の切断によって絶えた。

古川少佐は、「三月敵機動部隊来襲時ヨリ逐時戦闘ニ加ヘ（中略）四月九州展開　佐伯附近ノ戦闘ニ従事　益々技量向上シ大イニ期待スル処アリ」と、少尉の若い戦歴を伝え、「偶七月九日　不測ノ戦闘ヲ惹起スルニ到リ未ダ戦闘機相互ノ訓練不充分ノ域ニアリタルニ拘ラズ　克ク奮戦　遂ニ敵弾ヲ受ケ壮烈ナル最後ヲ遂ゲタリ」と、『戦死殉職者名簿』に記している。

仰向けに水田に半ば埋没して泥土にまみれた少尉の遺体は、村の診療所の看護婦の手により小川の水で洗い清められると、右耳からの出血のほかには殆ど損傷がなかった。身につけていたマスコットの赤い人形が村人の目に焼きついたという。

「体軀長大筋骨稍《ヤヤ》薄弱　顔面稍蒼白　髭濃ユク挙措温順」とは、古川少佐の伝える長身眉目秀でた薩摩隼人、中村少尉生前のプロフィールであった。農大出身の少尉は、平和の日に、二人して北海道で牧場を経営するのを夢にしていたという。

遺骨は、のち火傷癒え退院してきた濱田少尉により、ノートに記された少女の手記とともに鹿児島の遺族のもとに届けられた。不通がちの汽車を乗り継ぎ、少尉が鹿児島にたどり着いたのは終戦の翌日のことであった。

中村純一少尉

戦後三一年を経て、遺族は戦没遺族機関紙への投稿照会によって、当時、「中村少尉」と飛行服の襟に名があった青年士官の屍を清流で洗ったという樅木《もみき》ひさの看護婦と劇的に巡り合うことができた。同看護婦も戦争未亡人で読者だったのである。この邂逅が機縁となり、地元の人々の手で現地に木碑が建てられた。さらに昭和五十六年、かつて純一少尉が最後にその方向に離陸した宝塚の山手に建立された石碑には、「雲染めて声なし」と、哀惜尽きない遺族の思いが刻まれている。

米軍の詳報には、降下中の落下傘の紐を翼で切って「飛燕」のパイロットを墜死させたP51の記録は見出しえない。さすがに当のムスタングのパイロットも、そのような行為が誇らしいこととは思えず報告しなかったのか、あるいは、詳報作成者が採録をためらったのか。

他方、同日、浜松飛行場を攻撃した第506戦闘戦隊P51五七機が硫黄島に帰航途中、一機が油圧の減失とエンジン発火を報じ、潮岬東南六〇〇キロの洋上上空でパイロットは脱出したが、落下傘が開かず海中に墜落していくのが視認されたとのことである。華やかなムスタングの長距離日本本土攻撃行のかげの秘話である。「飛燕」では五月、吉川伍長機が周防灘上空でエンジン発火を見たが、ムスタングでも似たような事故があったわけだ。

——去る四月二十九日、古川少佐に率いられ佐伯に展開した部下一六機のうち、上野・原田の両機につづいて、安達・石井・中村各少尉の三機が未帰還となっていた。すなわち、士官は半数の四機が斃れ、下士官八機は、原田機を欠いたあとの七機が依然健在であった。しかし、残った士官四機のうち、濱田少尉火傷入院、高木少尉マラリア熱発、副島少尉また一時熱病を得て、七月から八月にかけての戦争最終期、ピストに始終詰めていたのは鈴木少尉だけであった。

佐伯機動に参加していない特操士官では、中川少尉体当たりのほかには戦死傷者はなかったが、さきに戦隊主力の留守中五月、十一飛師の要請により、田中・吉岡両少尉が、平松軍曹とともに特攻隊に転出していた。戦隊長も飛行隊長も不在中、師団の某大尉参謀が突然飛来して、候補の推薦を残置隊先任の飛行隊士官田畠少尉に求めたものだった。指名は少尉と参謀との協議で決まったが、これが少尉にとって長く心の重荷となった。

だが、三名は師団司令部付として滋賀県八日市に移動、訓練中に終戦となり出撃は訪れなかった。「特攻隊に入ったので私は生き残ったようです」と、こんにち吉岡少尉は送り出した人たちの立場を思いやるように語るのである。あのまま戦隊にいたとしたら、B29の火網に包まれるか、P51に喰われるかすることも十分にありえたのだ。

高木少尉三度目の危機一髪

この間、七月初め高木少尉は「飛燕」Ⅱ型のテスト飛行で空中三度目の命拾いをしていた。離陸直後、脚を出したまま高度二〇〇メートルまで上がったあと、どうしたことか機がそれ以上に上昇しないのだ。少尉はあわてた。とっさの操作も思いつかぬまま、機の安定を保つため《直進》を意識しつつ、少し左に旋回してはまた少し戻して、やっとの思いで斜め滑走路に向くことができ、無事着陸した。

整備員の点検では、プロペラピッチの作動不良とのことだった。「地上でピッチレバーを〝低〟に入れ、一回フル回転を引いてから離陸したのだが、どうもペラは高ピッチになっていたらしい」というのである。のちに戦後、少尉が永末大尉にこの話をすると、「脚を入れれば、もっとスピードが出たのに、なぜ入れなかった」と笑われた。実は、《試験飛行で直ぐ降りるんだから》と思い、初めから脚を入れる気はなく離陸したのだが、そのときは失速の恐怖に動転していて、《脚を入れて、つぎに出なかったら大変》という思いもよぎってそのままだった。佐伯での原田機の失速が改めて連想されるピッチの変調だった。芦屋では燃料切れ寸前スリルの着陸、佐伯では、林立する時限爆弾海中爆発の水柱を飛び越えて着陸した、高木少尉危機一髪三度目の飛行体験談である。

もともと、台湾の教育飛行隊時代からマラリアを持っていた少尉は、このときのショックがきっかけで四〇度の熱を出し、古川戦隊長に入院を命じられた。七月九日、三機が未帰還となったP51との戦闘は少尉入院中のことであった。「このプロペラピッチの一件がなかったら、熱発もせぬかわり、P51に喰われていたところだった」と、少尉は声をひそめるようにして〝整備不良〟に命を救われた感想を語っている。

終末の空、終末の戦闘機隊

七月九日の対P51戦闘を最後に、伊丹の戦隊は、やむなくムスタングやグラマンが我が物顔に振舞う昼間の邀激出動を中止した。これは航空総軍の本土決戦に備えての戦力温存方針に副《そ》う措置でもあり、空襲があると、飛行機は三木や峰山の待機飛行場に避退した。

六〜七月、飛行隊長と先任下士をふくめ一一名のパイロットが次々に重傷あるいは戦死して、戦隊はさながら満身創痍のごとくであった。藤井曹長の戦死によって、真下軍曹が先任下士の位置についていた。軍曹は、三月の夜戦で負傷したため、戦隊の芦屋—佐伯転進期間だけが戦歴の空白となっていた。だが五月初旬、主力留守中の伊丹に戻ってくると、B29に一泡吹かせねば済まずと、かねて心に期していた直上方攻撃の機会を狙っていた。日を経ずしてB29が来襲したとき、単機で上がり、理想的な位置を得て直上から突入したが弾が出ず、ふたたび上昇して次の目標にこれも好位置からはいったのにやはり駄目で地団駄を踏んだ。離陸時、整備隊の中岡三郎少尉（少候二四）に「真下軍曹、早まるな。早まるでないぞ」と声を掛けられていなかったら一気に体当たりもしかねなかった。以後、直上攻撃のチャンスに恵まれず腕を撫していたのである。

七月二日付で山岸良輔大尉（航士五五）と三名の同五七期出身者、稲束三郎・門馬《もんま》秀行・山田十四郎各中尉が着任していたが、三式戦による戦闘参加にはなお訓練の期間が必要だった。これら航士出身者が着任したとき、一名を除いては「飛燕」未修と知り、「戦隊長ががっかりされた」と山田中尉は語っている。だが、やがて訓練にはいると、比島特攻戦帰りの門馬中尉が「飛燕」で失速横転の技を見せ、《俺にもできない芸当をやる》と、古川少佐を唸らせた。中尉は、二十年一月、ルソン島マバラカットにあった飛行第三十一戦隊（「隼」、主力ネグロス島に展開中）残置隊において、着任二ヵ月足らず、当時二一歳の少尉ながら残置隊最先任の現役飛行将校であったため、飛行団の命により部下の特攻出撃順位を決めるという辛く重い責任を負う羽目になった。そして部下特攻機を掩護してリンガエン湾に出撃したとき、急襲してきたグラマンの編隊と交戦中、一三ミリ砲の腔発事故で射撃不能となったまま、高度一〇〇メートルまで敵機に追い詰められるという恐ろしい体験もしていた。

ほかにも相当数の操縦者が配属されてきていたが、熟練者は少なく、多くは特志一九次など幹候、特操二期、少飛一四期以降の新人たちで、すべて本土決戦要員として三式戦術力の向上を待たねばならなかった。

「七月十五日（日）晴　午後北伊勢ニＰ51ノ来襲セリト（中略）夜　秋葉、宮本、込山等隣ニテ気焔ヲ上グ　戦隊ノ気持斯《カ》クノ如キカト知リテ　実ニタノモシ　予等《ヨラ》亦《マタ》速カニ第一線要員タラザルベカラズ」

七月七日に明野から到着し、十四日「飛燕」Ⅱ型の地上滑走を始めたばかりの山田中尉が伝える、このころ空中勤務者宿舎の一景である。

七月二十二日、Ｂ29に誘導されたＰ51二〇〇機が五波に分かれ、正午から四〇分間大阪に侵入し、その一部が六甲山方向から東進して伊丹基地を機銃掃射した。同二十四、五日機動部隊艦上機来襲。さらに三十日、午前八時半以降、艦上機延べ一三〇機が大阪地方を空襲、うち四〇機は大正・伊丹・大和（海軍）の各飛行場を攻撃した。伊丹では、高射機関銃の応射によりグラマン一機が炎上し滑走路に墜落した。一方、基地の三階建ての航空気象台が急降下爆撃による直撃で一瞬の間に瓦礫と化した（庄ノ少尉手記）。

「敵機四機撃墜　地上火器ニ依ルナリ　効果大ナルニ驚ク　飛行機ニ依ルハ労功ツグナハザ

ル如シ」と、今や〝定期便〟となったP51の来襲と、さなきだに雨や燃料不足で訓練がはかどらず焦燥気味だった山田中尉はこの日の日記に書いている。

小型機の跳梁にとどまらず、公刊戦史に見ると、二十年七月におけるB29の関西方面空襲は、七月十九日、西宮に五〇機（夜間）、同二十四日、大阪に二〇〇機（昼間）と続き、ルメイの焦土作戦はなおも容赦なく徹底して進められていた。

落日の海軍佐伯基地

このころ、戦争最終期の佐伯は本土決戦に備える海と空の特攻基地と化していた。昭和二十年七月二十日、海上部隊の呉防備戦隊は解隊となって第八特攻戦隊に衣更えし（呉鎮直属、司令官清田少将継続）、佐伯空もこれに付属した。だが沖大尉によると、水偵隊自体の任務には特に変化はなかった。同時に海上部隊の基地は、有翼小型潜水艇「海龍」一二隻の根拠地となっていた。「海龍」は、全長一七・二八メートル、直径一・三メートル、魚雷発射管二基、艇首爆薬六〇〇キロ、二人乗り体当たり用の水中特攻艇で、この年五月、制式兵器として採用されたばかりだった。

八月一日、佐伯空の石田大尉率いる磁探分隊は、青森県下北半島の大湊へ移動した。分隊は出発時八機だったが、途中、一機が発動機不調で舞鶴湾に不時着水したところを敵艦載機に襲撃され、爆発炎上した。堀井中尉ほか搭乗員三名は海中に飛び込んで無事であった。また別の一機、櫛田中尉機が北陸の河口に不時着水した。残る六機は、佐伯（日《ひ》代《じろ》海岸）――大湊一五〇〇キロを日本海岸沿いに長駆北上し、六時間を要して無着水翔破した。この飛行に参加した宮田光夫中尉の手記によると、比較的低空を飛んでいた編隊がようやく弘前の上空に達したとき、甘酸っぱいリンゴの香りが漂ってきて搭乗員は思わず歎声《たんせい》を発し、たがいに笑みを交わしたという（『佐伯海軍航空隊・大湊派遣隊の最後と終戦の日の出来事』）。

一方、鹿屋の海軍第五航空艦隊司令部は、八月三日、大分に後退した。将旗を移して二日後の同五日、九州に戦爆多数昼間来襲のあと、司令長官宇垣纏中将は、富高、佐伯の両基地を艦攻「天山」により巡視した。佐伯は、五月十一日のB29航空隊爆撃、同十三日艦載機空襲による防備隊焼失以後はさしたる空襲被害がなく、その他基地施設はほぼ健在であった。その模様を中将は次のように日誌に記している。

「一六〇〇離陸二〇分後佐伯基地着陸、この地攻撃を受けたるは二度にして防備隊の外厳存し庁舎もなお使用しあるは珍とすべし。機銃なきと気流不良の為と考えられる。嶋崎方面に亘る中練特攻隊の隠匿状況を巡視す。大和田第十特攻戦隊司令官本庁舎に司令部を置くにより久々にて会見懇談す。同官の厚意にて特攻蛟龍一隻を岸壁に回航し余の実視に供したり。（中略）一八四五佐伯飛行場発一〇分後帰隊す。同乗中も油断はならず、空中見張に当れり」（『戦藻録』）

第十特攻戦隊は連合艦隊に直属する突撃隊で、五人乗りの大型特殊潜航艇「蛟龍」のみをもって編成され、司令官大和田昇少将（兵四四）は佐伯に司令部を置いていたのである。なお、四五センチ魚雷二本をもつ「蛟龍」は〝特攻艇〟とは言われたが、「海龍」のように初めから体当たりを目的に作られたものではなかった。

大分の五航艦司令部は「山麓の新壕陣」に置かれ、長官宿舎は「四室の百姓家」（同日誌八月三日の項）だったので、佐伯空庁舎の未だ健在なことが、殊更強く印象されたようである。気流不良のため敵機も近づかないという観測が当たっていたかはともかく、航空艦隊の最高指揮官が本気でこう考えるほど、海軍部内に佐伯は悪気流で通っていたことが窺える。これより一〇日後、終戦の日、最後の特攻隊として「彗星」艦爆一一機を道連れに大分を進発（三機途中不時着）、沖縄に突入した宇垣中将が、図らずも伝えた最末期落日の佐伯基地の点描であった。

戦隊最後の出撃――夜間戦闘

いまや出撃を夜に限定された戦隊は、古川少佐以下、毎夕薄暮の離着陸訓練を繰り返していた。伊丹飛行場の夜間設備は貧弱であった。滑走路にカンテラを置き、離陸目標燈、着陸のための誘導燈のほかは補助としてスペリー一台が配置されていただけだった。夜間出動の怖さは、ただ高低感がつかめない、飛行機の姿勢が分からないというだけでなく、往々パイロットが陥る錯覚もしくは幻覚であった。暗中、突然、自己の位置感覚や姿勢が不明になる現象で、航法通信装置の発達した今日《こんにち》の自衛隊機においても、海上の漁火《いさりび》を星と見誤り、上昇しているつもりが、ひたすら海面に向かって直進していたというような、「空間識失調《ヴァーティゴ》」による錯誤をおかすことが間々あると聞く。

戦隊においても過去の夜間戦闘時に起きた幾つかの墜落の事例は、多くこれによるものと古川少佐は考えていた。飛行時間二〇〇〇時間を越える鷲見准尉のようなヴェテランパイロットにしてこれを経験したほどだから、今は残余の戦力のなかでも極く小数をもってあてるほかなかった。それは、去る五月、足摺岬の戦いにも参加した若手の下士官操縦者たちだった。もう彼らしかいなかった。特操士官は、夜間の出動にはまだ飛行時間が不足していた。警報が入ると、警急一個小隊四機の操縦者がこれら下士のなかから指名され、ピストで待機するのである。出動は、またこの警急四機だけにとどまらず、状況によっては他のパイロットも指名される。

八月五日から六日の夜半、Ｂ29多数機が西宮に大規模な焼夷弾攻撃をかけてきた。この日、日中は晴れていたが、「夜間天候良好ならず」（山田中尉日記）の条件下、先頭を切って離陸したのは宮本機だったようである。夜間出動では小隊待機していても編隊行動はとれないので、離陸は衝突を避けて一機ずつ間《ま》を置いておこない、空中でも単機の行動となる。

暗夜、サーチライトの光芒がＢ29を求めて移動していた。宮本軍曹は、照射光に浮かんだＢ29を射距離に捉えたと思うと光が消え、照準ができなくて苛立っていた。照空隊は、パイロットの目が眩むのを怖れ、敵影を捉えると意図して消していたのか。軍曹はたまりかね、「照空燈を消さないように願います！」と、無線で地上に声を掛けた。そのうちに市街地が次々に炎上する。被害は西宮を中心に尼崎と芦屋にまで及んでいた。

飛行場では対Ｂ29歴戦の戦士たちが、前方場外の煙突の位置を脳裡に確かめては、一機、また一機と充分の間隔を置き、排気焔の尾を曳いて発進していった。夜目に仄白く、パイロットのマフラーが照明燈の薄明かりに浮かんでは消えた。マフラーは、正絹の羽二重や富士絹でなく、鹵獲《ろかく》した米軍落下傘の生地を裂いたものだった。それが人造のナイロンとはまだ知らなかったが、初めて手にするアメリカ製の新奇な布地は肌触りも悪くなく、首の滑りも快適で、このころ彼ら下士官パイロットのあいだで珍重されていたのである。

夜空にひときわ高く三式Ⅱ型の爆音がこだまし、各機離陸して初めてつけた左右赤と青の翼端燈を点滅させ、暗中に弧を描きながら上昇した。この夜出撃した隊員は、宮本・石川・伊藤・日高の四軍曹に込山伍長が加わる五機であったと推定される。

「飛燕」は、地上の火焔に影絵のように黒く浮かぶＢ29を暗殺者のように付け狙い、身を翻えしては後方から攻撃した。夜間戦闘では相手に闇討ちを掛けるかたちとなり、向こうから撃たれる気遣いは少ない。撃たれても盲撃に近いのだ。Ｂ29も、戦後の記録に見ると、夜間空襲では爆弾や焼夷弾を満載することを優先し、機銃を取りはずすことが多かったようである。石川機が黒い巨体のＢ29の後尾に取りつき、青白く流れるエンジンの排気焔を的に射弾を送ると、曳光が走って命中発火するのがよく見えた。敵機は火焔を吐きながら高度を落としていった。去る三月の神戸上空未明の邀墜戦以来二機目の夜間撃墜を果たしたと、軍曹には信じられた。

西宮市街地を一〇〇パーセント焼失したといわれるこの夜、地上では戦隊の通信担当、関西学院出身の庄ノ少尉は、灘の酒造地帯にも火が注がれ、馴染み深い西宮の空がひときわ明るく燃え立つのを茫然と眺めながら〝日本の終末〟を感じたという。

宮本軍曹深夜の落下傘降下

伊丹の滑走路では、点々とカンテラを灯して出撃機の帰着を待っていた。その間にも、帰投進路をとるB29が何十機となく続々と飛行場の真上を通過する。いつ爆弾を落とすかと、家近見習士官ら整備隊員は灯を消すこともできず生きた心地がしなかった。ピストでは、山田中尉が宮本機の帰投を心待ちにしていた。離陸前、軍曹が航空時計を持ち合わせていないというので、中尉は代わりに自分の時計を軍曹の首に掛けて送り出していたのである。だが、同機の爆音はいつまで待っても聞こえて来ない。敵機の群れは、とっくに去ってしまった。

宮本機は交戦中、突然エンジンが停止していた。轟々と響いていた爆音がはたと止み、機は音もなく暗闇を沈むように下降し始めた。軍曹はやむなく脱出を決意し、機体を緩やかに左に回転させ背面にすると、ベルトと無線通話マイクをはずし、風防を開いて頭から逆さに暗夜の空中に飛び出した。飛行機の高度は、「七〇〇〇だった」というから酸素が希薄となる危うい高さである。

「落下しているあいだ気は確かですか?」の問いに、「いや、失神状態だった」という。「ガクン、というショックがあって気がつき、ああ開いた! と思った」。たまたま前日昼間、佐藤正光少尉(特志一九次)が「落下傘降下したときの感じを摑んでおくとよい」というので、試しに伊丹の格納庫のなかでウィンチの鉤を背中の縛帯に掛け、少尉に高く吊り上げてみて貰ったばかりだった。いま夜空を降下しながら、《予行しておいて良かった》と思った。深夜であったが、足下の西宮・尼崎の空は地上の大火で明るかった。燃えさかる火炎の熱気で上昇する気流に傘体を煽られて、落下傘が海の上へ出ようとするので、少しでも軽くと飛行靴を脱ぎ捨てたところ、うまい具合に風に乗って陸地上空に戻った。

紐にしっかりと吊された宮本軍曹は、緊急事態に冷静に対処できたことを、年長の佐藤少尉の助言のおかげと感謝していた。特別志願将校（幹候）の少尉は、六月に五十五戦隊から転属してきたばかりで、まだ第一戦に出ていなかったが、日ごろ軍曹と親しくしていたのである。

落下傘が降りたのは、尼崎市水堂《みずどう》加茂という西宮寄りの一角、二階建ての勤労動員女子寮の屋根の上だった。

宮本幸雄軍曹

地上の暗がりには、降りたのは敵兵だと思い込んで駆けつけた人たちが竹槍を構えて窺っていた。暗夜では腕につけた日の丸も見分けがつかない。やっと大声で制止して事なきを得たのである。捕虜になる気遣いのない本土上空で戦うパイロットには甚だ迷惑なことだったが、「友軍の飛行機乗りは潔《いさぎよ》く自爆する、落下傘で降りるような卑怯者は米軍」というのが一般の観念だったのだ。

これより前二十年二月十七日、海軍横須賀空戦闘機隊の山崎卓上飛曹が艦載機と交戦して被弾、落下傘降下したところ、民間人に敵と誤認され撲殺されるという悲惨な事件が起こっていた――伊澤保穂編『日本海軍戦闘機隊』。こんなことから、陸海の防空戦闘機隊員は識別のため腕に日の丸のマークをつけるように指導された。五十六戦隊のパイロットが飛行服の両腕に日の丸を縫いつけたのは、戦隊が芦屋から帰還してからのことだった。

宮本軍曹の夜間落下傘降下は、過去、どの戦記も伝えていないが、去る三月の鷲見曹長（進級准尉）につづいて本土防空戦史に稀な出来事として特記される。公刊戦史は、この日「B29一三〇機、西宮焼夷攻撃、来襲時刻　二一三〇～〇四四五、邀撃　11FD（飛行師団）五機」と記録している（戦果欄空白）。一方、米軍は「出動二六一機、目標に投弾したもの二五〇機、喪失一」という。米軍の喪失一は石川軍曹のあげた戦果であったろうか。

つづいて、「八月九日　尼崎夜間爆撃ノ際　暗夜（星）ヲ冒シテ邀撃ニ立ツ」と古川少佐は『戦隊日誌』に記しており、部下の無事離陸を確認したあと、滑走路近くに流れる小川の水をすくって喉をうるおし、最後に搭乗発進したと語っている。そして公刊戦史は、この日、「B29一〇〇機、尼崎その他、来襲時刻二三四〇～〇二〇六、邀撃　11FD　六機、戦果撃墜二機」と記録し、米軍は「出動一〇七機、目標に投弾したもの九五機、喪失〇」というのである。

しかし、隊員操縦者それぞれに記憶の交錯があって確たる戦闘経過をたどりえない（山田日記はこの日、戦隊の夜間出動について触れていない）。十一飛師の邀撃六機がすべて五十六戦隊のものとすれば、参加したパイロットは古川少佐と五日夜と同じ五機であったかと思われる。

邀撃出動終止す

八月上旬の西宮、尼崎上空夜間戦闘をもって戦隊の邀撃出動は終止した。同十四日、戦爆連合の大軍が駄目押しのように大阪兵器廠を目標に昼間空襲を加えてきて、戦隊は警急姿勢をとったが、出動の師団命令はなかった。大都市を焼尽したB29は、すでに六月半ばから目標を広く地方中小都市にも向けていた。彼我戦力の隔絶は今は誰の目にも歴然としていたが、つとにこれを痛感していたのは、過去一〇ヵ月、命を賭けて超重爆と対決していた第一線のパイロットだった。「戦局は圧倒的に不利であった」という『飛燕機動防空作戦』終節の一句は、翼下に広がる焦土を見ながら最後まで昼夜を分かたず戦った防空戦闘機隊指揮官の苛烈な戦闘体験からする実感であった。

一方、大湊にあった佐伯空の水偵磁探隊は、千島、北海道、北日本海、三陸沖などの対潜哨戒にあたっていたが、この日八月十四日、敵機動部隊艦上機に攻撃されて全滅した。同隊は大湊から少し離れた茂浦の入江に機体を擬装して繋留中を青森湾岸浅虫方面に来襲した敵機に発見され、ロケット弾と機銃掃射の反復攻撃で瞬く間に七機がつぎつぎに爆発炎上したのである。遠く北方より佐伯空の終焉を告げるかのような零式水偵群の壊滅であった。ハルゼーの第38機動部隊は、英国海軍第37機動部隊と協同して、七〜八月、四国沖から本州に沿って北上し、関東以北、北海道をふくむ各要地を荒し回っていたのである。磁探隊の零水偵を発見、急襲壊滅させたのは、米軍機ではなくて英空母部隊の艦上機だった可能性が強い。フォーミダブル、ヴィクトリアス、インディファティガブル、インプラカブルの四隻を基幹とする英第37機動部隊は、この時期三陸海岸の要地を攻撃していたからである。

同じ八月十四日白昼、豊後水道の上空を数えきれないほどのB29の群れが通過していた。積乱雲に見え隠れしながら悠々と往航し、そして復航するB29の大梯団を、私たちは防空壕の入り口に佇立して、ただ凝然と眺めるだけだった。この日、水道を九州沿岸にかけて来襲したB29は二五〇機、ほかに前記の関西、さらには中京・関東各地を目標とした機種さまざまの戦爆連合の大群を加えると、全国の来襲機は総計一〇〇〇機を越えたという。それは、戦争の終結を知って米軍が企てた勝者のパレードでもあった。

米軍機の大行進がおこなわれていた豊後水道上空の一角で、この日、日本陸軍戦闘機隊を通じて最後の空戦が闘われた。小月の飛行第四十七戦隊の四式戦「疾風《はやて》」八機編隊（指揮官・航士五七大石正三中尉）が、「双胴の悪魔」ロッキードP38ライトニング戦闘機六機を優位から攻撃して五機を撃墜し、二機を失ったと、戦史は伝えるのである（ただし米側の証言では墜落は一機のみという――秦前掲書）。

すでに終戦の聖断が下されていた八月十五日夕刻、海軍佐伯基地では、「土佐沖に機動部隊」との陸軍の無電が傍受され、水偵が二機夕闇をついて佐伯湾を離水した。沖中尉機ほか一機であった。基地では中練特攻機二十数機が横穴壕から飛行場に引き出されて列線をつくり、試運転、二五番搭載、投下実験とあわただしく、横山中尉以下の出撃編成も決まり、エプロンにはテーブルに白布を掛けて別盃の用意もできていた。停戦受諾後でも、四八時間以内は戦闘状態が継続するとの見解による出撃準備であった。

沖中尉機は、鶴見崎から他の一機と一〇度差開いて一三〇度方向に哨戒、艦船を見ぬまま一五〇海浬進出したところでエンジンに異常音が出て反転した。基地では、特攻隊員がじりじりして待つうち、大入島を包む空が真っ赤に染まり始めた午前四時過ぎ、「先電、誤報につき出撃中止」となった。落雷を艦砲射撃と誤認していたのである（大竹照彦『まぼろしの出撃命令』）。

沖中尉の零式水偵は二時間半の飛行を終え、すでに前夜湾内に着水帰投していた。他の一機は、遠く長崎に降りたという。佐伯海軍航空隊最後の索敵哨戒飛行であった。

全軍に停戦の大陸命と大海令が発せられたのは、八月十六日午後四時であった。

伊丹の飛行第五十六戦隊は八月十五日も早朝から邀撃哨戒を実施、つづく十六日にもこれをおこない、停戦命令を受領するまで本土防空任務についていた。そして、八月二十二日午前零時を期して一切の飛行行動を停止した。昭和二十年七月末現在における戦隊戦力は、保有飛行機四六機（可動約二〇）、操縦者四八名、うち技量甲六名、同乙七名であったと戦史は記録している。そして、終戦までの戦果合計は、B29撃墜確実一一機、損失は戦死操縦者二四名、地上員九名、殉職操縦者六名、計三九名、ほかに戦病死者六名を数えた。戦隊創設以来一年半に満たない期間における激闘の跡であった。

中村少尉の遺骨を鹿児島に届ける途中で終戦を知った濱田少尉は、帰途立ち寄るつもりであった四国の郷里までの切符を手にしながら、そのまま伊丹に取って返した。

八月二十七、八の両日、米軍艦上機、陸上機が伊丹飛行場上空を威嚇飛行した。一機、ロッキードP38ライトニングは軽く飛行場に向けて急降下《ビッケ》し、双胴の機体を誇示するように見事な上昇緩横転を見せて去った。そして、

「八月二十九日（水）晴　敵遂ニ飛行場ニ車輪ヲ接ス　傍若無人ノ振舞　切歯ナリ」

とは山田中尉の日記に見える米軍伊丹進駐時、敗軍の一青年航空士官の心象風景である。P51ムスタングが単機で飛来し、着陸滑走にはいると遠くからでも聞こえるようなブレーキ音を派手に立て、速力を強く制して停止したのである。脚の弱い日本機では禁物とされた着陸法だった。

八月末、地上勤務者をふくめ隊員総数五一〇名の戦隊は幹部現役将校ならびに技量甲の操縦者、基幹地上員など三三名を残して解散し、それぞれに家郷に散った。六月二十六日、ムスタングに撃たれ火傷することがなかったら、七月九日の中村少尉の編隊位置は本来濱田少

尉のものであった。不思議な運命の糸に繰られ、少尉は高知県中部の清流「仁淀川」の畔、山間の和紙の産地伊野の家に生きて帰った。携えた荷物のなかに、遺族に渡しそびれた上野少尉の刀帯もあった。

「飛燕」東方に去る

終戦の日から二ヵ月半、昭和二十年十一月一日、五機の三式戦闘機「飛燕」が伊丹飛行場を離陸した。進駐軍の命により機体をアメリカに送るため、横須賀の追浜《おっぱま》海軍飛行場に空輸するのである。

第一編隊Ⅱ型三機、古川少佐・山岸大尉・門馬中尉。第二編隊Ⅰ型二機、永末大尉・日高軍曹。現役の軍人パイロットによる「飛燕」戦闘機隊終末の編隊であった。だが、全機、翼と胴体の日の丸が消された跡に星のマークが描かれており、そのうえ編隊には、かつての宿敵P51ムスタング四機が〝直掩〟についていた。

悲秋敗残の空を寄り添うようにして東方に去った五機は、陸軍パイロットによって本土上空を飛翔した、おそらく最後の「飛燕」であった。

「横須賀へ直路空輸　天候快晴　富士山　三分雪蔽フ」

この日、古川少佐が記した戦隊日誌の一節である。

——同十一月末、帝国陸海軍は解体し、伝統の航空部隊もすべて消滅した。

戦後数年間、米軍横田基地に星のマークを施され保存展示されていた「飛燕」Ⅰ型一機があった。この機体は、昭和二十八年、日本に返還され、その後は航空自衛隊岐阜基地に保存されていたという。再び日の丸のマークを取り戻したその精悍優美な姿は、かたわらのジェット戦闘機と対比していささかの遜色もないと伝えられて、すでに久しい。

第十章　足摺の海と空

海没「飛燕」の機体発見が報じられた年の昭和五十四年五月三日、運命の日から三四年を経て、元飛行第五十六戦隊長・古川治良氏（佐賀県武雄市在住、このとき六二歳）は旧佐伯海軍航空隊を訪れた。今は海上自衛隊佐伯基地分遣隊と変わっている旧庁舎の屋上から川を隔て、戦後早くに工場となって様相一変している飛行場跡を望み、かつての部下犠牲者たちの霊を慰めた。

乗機失速した非運のパイロット原田軍曹、邀撃戦死した上野少尉、そして被爆非業の死を遂げた瀧中尉以下七名の整備隊員のおもかげを偲び、少佐は万斛《ばんこく》の思いをこめて、佐伯湾に伸びる滑走路のあったあたりにカメラを向けた。

もう一つの「飛燕」

同年六月十九日、土佐清水沖で「飛燕」の機体が引き揚げられたとき、昭和二十年当時に四国南岸空域で未帰還となった「飛燕」の記録が飛行第五十六戦隊の上野少尉機のほかに見出されなかったためか、これが上野機ではないかと新聞社を中心に取り沙汰された。だが、すでに書いたように上野少尉は「沖ノ島」に不時着戦死し、遺体は当時いち早く海軍により収容され、機体も断崖中腹に突入していたのを戦隊の谷沢准尉らが確認していた。機体は大破し、エンジンほかに被弾はあったが、炎上はしていなかった。

戦死した上野少尉の戦友で戦後高知県の郷里に落ち着いた濱田芳雄元少尉は、昭和三十七年ごろ沖ノ島を訪れ、島の古老に戦闘機が不時着した場所に案内してもらい、パイロットの絶命に至る模様を詳しく聞いて上野機の島上不時着を再確認していた。本稿に記述したのがその経緯である。上野機は、すでに失速寸前で操縦の自由を失っていたのか、そこの地形は不時着地点としては最悪であった。古老の話ではパイロットは診療所に運ばれる途中で絶命したとのことだった。前記古川少佐が伝えるように、少尉は「余脈未ダ混沌」として生死の境を彷徨《さまよ》いつつ女医のもとに運ばれたのだったようである。

濱田少尉は、二十年五月四日、上空警戒のため出動したまま大分経由芦屋に帰投したので、直接に親友の遺体確認もかなわず、その後も長く気がかりとしていたが、戦後十数年を経てようやく上野少尉機不時着の地点をじかに確認することができたのであった。

一方、海底から引き揚げられた「飛燕」の由来は、原隊・操縦者名ともに不明のまま今日に至っている。戦いの日から時は流れて四十数年、この三式戦が海中に四散するに至る真実

上野少尉機が不時着した沖ノ島

は時間の経過のなかに埋没してゆくのだろうか。

揚収された機体残骸は、旧軍飛行機・兵器類を収集していた京都嵐山美術館に昭和五十年代の一時期展示されていた。その説明書きには、展示機体は佐伯基地を発進した上野少尉機だと断定されていた。だが事実は、上野機はこの機体が発見された位置から四〇キロほど西の沖ノ島西南部・弘瀬近くの山腹断崖上に突入不時着していた。さらに、引き揚げ機体の展示物のなかには操縦席の防弾鋼板がある。けれど、飛行第五十六戦隊はこの時期、軽量化のために使用機の防楯を——全機とは断言できないが——撤去していたことは前に書いた。そして古川少佐によると、同戦隊のパイロットで地上もしくは海上に何の痕跡も残すことなく未帰還となったのは、十九年十月二十七日、大刀洗—済州島間機体空輸中、天候不良のため機位を失し海没したと判断された外山《とやま》文夫軍曹だけであった。

戦史によれば、昭和二十年五月前後に内地にあって「飛燕」を使用機として西日本に展開していた部隊には、飛行第五十六戦隊のほかに、前にも触れたように同第五十五（小牧—万世）および五十九（芦屋—知覧）の二戦隊があった。この両戦隊は、薩摩半島の二つの特攻基地に進出し、飛行場の制空と陸海軍の特攻掩護にあたったが、記録に見るかぎり四国西南岸空域で未帰還機を生じた可能性をもつ戦闘をおこなった証跡はない。知覧に進出した五十九戦隊の芦屋残置隊が北九州防空にあたったという記録はあるが、豊後水道方面で未帰還機があったとは伝えられていない。それで、当時九州南部の基地に移動もしくは空輸中の機が、豊後水道上空で墜落、不時着水あるいは交戦撃墜された可能性もあるのではないかという推測が、古川少佐や濱田少尉によっておこなわれたのである。三式戦は、沖縄戦において一〇〇機近くが特攻にも使われ、陸軍特攻機の一割を占めたというから、空輸あるいは進出時に当該空域を航路とした機もあったと思われる。

ところで、四国沖の海没「飛燕」は、「新聞発表のような被弾撃墜された機体ではないという事実を突き止めた」という人がいる。航空機研究家・渡辺武氏は当該機体残骸ならびに機体内の機器類を仔細に検分した結果、胴体砲の弾倉からOPL用のレチクル像反射ガラスと同ガラスフィルター、保弾子、どこかの金網、アンテナ線らしい巻き取ったワイヤー、電鍵と通話マイク、送話器用差込端子、イヤホーン、酸素マスクなど、残弾でなく、本来そこにあるはずのない「予想もしないものの数々が現われた」ほか、種々の物的証拠を挙げ、同機体は海底に沈む以前に第三者の手が加えられているらしく、また機体の損壊状況が海中に墜落したにしては不自然に見えることからして、これは決して撃墜されたものでないと推論する。とはいえ、弾倉の内容物からすると、海洋投棄されたにしては念が入り過ぎており、この機体がなぜここにあったのか、「それはまったく謎である」という（「三式戦の謎」、『丸

古川少佐の示唆した直航線

メカニック37・三式戦飛燕&五式戦』昭和五十七年)。

上野機の調査に赴いた谷沢准尉らは、不時着機体をそのままにして基地に戻ったという。その後、これがどのように処置されたのかは明らかでない。戦隊は、B29の佐伯飛行場集中爆撃による壊滅的打撃の混乱のなか、三日後芦屋に後退し、やがて伊丹に復帰した。その間に沖ノ島の海軍もしくは警防団の手で断崖から回収された機体が、のちに――にわかには思い及ばないことであるが――同島から四〇キロも離れた陸地に近いこの海域に投棄されたというのであろうか?

だが、古川少佐は、「海没機が空輸されていた機であった可能性はますます強い」と考えている。機体空輸のさい、弾倉にいろいろな部品を詰めて送るのは「当時行なわれていたことで少しも不思議ではない」というのである。そして戦隊においても、空輪中に行方不明となった例では外山機があり、たとえ被弾しなくても、吉川機のように飛行中出火空中爆発した機もあった。

ここで、「試みに名古屋北方の小牧から薩摩半島方向に直航の線を引いてみよ」と、古川少佐は示唆するのである。線は、確かに豊後水道南部四国沖の当該海域を通過する。そして、この二点間の直航を想定するとき、足摺岬の根もと土佐清水を航法上途中の目標地点とすれば、線上海を越えた九州には中継地ともなる新田原・都城の両陸軍飛行場もあるので好都合なのだ。したがって、小牧方面から九州南部の基地に空輪中の機が、――土佐清水の証言者の言うように敵機と遭遇して被弾したものか、戦隊の吉川機のように出火空中爆発したのか、原因はともかく――「飛行中炎上、海中に墜落した可能性は大いにあるのだ」と、少佐は指摘するのである。

海没「飛燕」の謎を解明するには、もはや時は経ち過ぎているのだろうか。

遙かなり戦いの空

上野少尉の実兄保氏は、さきの海没機体が「たとえ弟のものでなくても、弟が戦死した足摺の海を一度でもいいから見たい」と、実弟一也氏を同伴、同郷の元戦隊パイロット石川新次氏とともに現地に足を運んで機体引き揚げに立ち会い、つづいて四国在住の同濱田芳雄氏の案内で足摺岬燈台を訪れた。

遺族は、生家と八郎少尉が幼少年時代を過ごした小学校の庭の土を燈台の上から大空へ向かって投げた。初夏の足摺の海と空は、どこまでも素晴らしく蒼く美しく、藪椿の古木群生して真紅の花を咲かせる南国の涯《はて》の大空で、かつて生死を賭けた闘争がおこなわれたとは思われなかった。

紺青の海のかなたに霞む沖ノ島のあたりを見つめる濱田元少尉には、〝被弾、不時着〟を伝える戦友の無線電話の叫びが、あの日それを自身で聞いたかのように耳もとに甦っていた。同時に、陽光を反射してきらめく白銀の機影をめざして突撃した足摺岬―沖ノ島空域の戦いが、いま眼下の断崖を打つ波濤の飛沫にけぶり、遠い幻想の世界のことのようにも感じられていた。

石川元軍曹の脳裡には、絶壁に寄せる白い波に縁どられ、目に泌みるような木々の緑に覆われた沖ノ島の上空からの光景が鮮やかに浮かんでいた。かつて、上野少尉戦死のあと、単機で沖ノ島上空を低空で旋回して少尉の冥福を祈ったときのことを思い起こしていたのである。それは、戦隊が佐伯から芦屋に後退する直前、爆撃被弾機修理後の試験飛行をしたときのことであったと思われる。石川軍曹は思うところあり、早く修理された一機の試験飛行を買って出たのであろう。海上上空で一応のテストを終えて帰途につく前、上野機の不時着地点は多少草木も傷んでいるかもしれないと、沖ノ島に向かい、上空を高度一〇〇ないし一五〇メートルまで降下してみたのだった。

豊後水道がやがて太平洋に開く位置にある沖ノ島の周辺には、小島と碆《はえ》と呼ばれる岩礁群が点在し、それらが青い海のあちこちに白く波立っていた。上野少尉は不時着の適地を求めて同島をさして降下するとき、渺茫たる太平洋と対照をなすこの美麗な海上の光景をどのように見ただろうか。いつ停止するかもしれないエンジンをなだめながら、山と断崖ばかりの小島に着地点を捜す少尉には、やはり翼下の景観を賞でる余裕などなかったろう。このとき軍曹は、よもや山腹断崖の一隅に機体が懸かっていようとは思わなかった。上野機が不時着したのは「沖ノ島」とだけ聞いていたのである。

石川機が飛んだのは、推定五月六日、ちょうど古川少佐が十二飛師司令部への報告を終え、小月から単発高練機で復航の途にあった朝のことであったようだ。この日空襲はなく天候晴れ、上野機の機体はまだ現状維持されていたはずである。

石川軍曹は、それらしい場所を確認できないまま、名残を惜しむように翼を振ると、旋回を切り上げて上昇し、佐伯飛行場をめざして帰投の途についたのだった。

空襲下の希望の星

さきに私たちは、本土防空戦たけなわのころ、戦隊が佐伯に機動する直前昭和二十年四月、北九州芦屋飛行場で飛行第五十六戦隊のパイロット八名が揃って「飛燕」を背景にして撮った写真を見た。

その写真の右端、心もち伏し目がちの表情に微笑をふくんで写っているのが上野少尉だという。この温顔の戦士を眺めていると、往時、佐伯の町で見かけた陸軍青年航空士官の一人は上野少尉であったと信じられてくる。〝海軍さん〟のほかには見るものとてない佐伯の町を、四月二十九日夕刻、上野少尉は濱田少尉と連れ立って歩いたのであったろう。

海軍航空隊のある町に育った者には、もともと陸軍機とは縁が浅かった。緒戦時の活躍でその名を知られた「隼」ですら実物を見る機会は一度もなかった。ただ液冷「飛燕」だけが、戦争の末期、眼前に頼もしく飛翔し、その精悍にして優美な機影が私たちの網膜に強く焼き付いたのだ。

もしあのとき、短時日であったにせよ「飛燕」戦闘機隊が佐伯に飛来しなかったなら、同地の少年の空襲下の記憶は一層暗く貧しいものとなったに違いない。「飛燕」隊は希望の星であり、その突然の飛来は彗星のように目覚ましかった。たとえそれがたちまち暗夜に没したにしても、放った光芒は決して眼底を去ることがない。

「飛燕」隊が被爆壊滅したとき、あわせて二日にわたった足摺岬—沖ノ島上空邀撃戦闘の詳報が町にもたらされていたならば、少年たちの悲しみと落胆も少なからず和らいだはずであった。

しかし、いま私たちは、敗戦後四十数年の歳月の闇に没し去ろうとしていた「飛燕」の尾燈のかすかな明かりを見出し、その機動防空戦闘の軌跡を大要追うことができた。戦時下をこの地で過ごし、航空隊の思い出を胸に秘めている者ならば、かつて佐伯海軍飛行場を前進基地としてB29を邀撃した陸軍戦闘機「飛燕」十余機と、足摺岬西方の小島「沖ノ島」に寄せる波の音を送葬の調べとして散った空中戦士、上野八郎少尉の名をいつまでも記憶にとどめるであろう。

終章　とわに伝えんいたみの空に

昭和五十九年九月二十三日、大阪（伊丹）空港に近く、大阪府豊中市箕輪一丁目の超光寺境内に、自然石の石碑一基が建てられた。それは、飛行第五十六戦隊の戦没将兵の事蹟を記念するために、古川少佐ほか戦隊関係者が多年にわたり建立を念願していた「報恩」の碑である。大阪に在住していた戦隊のかつてのエース鷲見忠夫元准尉は、能勢妙見にあった碑石の選定移送に尽力し、それが生涯最後の仕事であったかのように、建立の翌年に病没したのである。碑銘「報恩」は、古川少佐家郷の母校の校訓にも見え、少佐が戦後絶えることなく部下犠牲者に対して抱きつづけた思念であったと察せられる。古川治良戦隊会長の名において刻まれたその碑文にいわく。

「今を去ること三十九年前大東亜戦争末期、伊丹飛行場を根拠地とした飛行第五十六戦隊所属、故陸軍中佐緒方醇一以下四十五名、三式戦闘機飛燕にて本土防空戦闘の際戦死す。その威徳広大なることを偲びここに報恩の碑を建立す。

歌詞

ますらおの　つとめはたせし　いさおしを　とわに伝えん　いたみの空に」

そして、緒方中佐以下、戦死殉職者、戦病死者全員の氏名階級が黒御影の銘板にくっきりと白く刻まれている。佐伯海軍飛行場展開時の操縦者と地上員犠牲者もみな一階級昇進してその名が見える。上野八郎中尉の名は、前後して散った特操同期生と並んで見出される。戦隊に配属され、殉職あるいは戦死した同期生パイロットはほかに六名を数えた。

大箸育夫（大東文化学院、昭和十九年十二月二十五日、大阪湾上空、攻撃訓練中墜落、遺体漂着）、岩口一夫（仏教系大卒、立正大？　福岡県出身、昭和二十年四月二十九日、北九州芦屋上空、高高度邀撃哨戒飛行中酸素欠乏失神墜落）、安達秀雄（明治大、六月五日、阪神上空、交戦時落下傘開かず墜死）、石井政雄（駒沢大、六月七日、淡路島上空、被弾腹部貫通銃創、落下傘降下絶命）、中川裕《ゆたか》（同志社大、六月二十六日、三重県白山《はくさん》町上空、B29体当たり、二階級特進大尉。遺体落下傘にて降下せる現久居市真光寺に「空華院殿着陸地」として碑、機体落下せる一志《いちし》郡白山町白山台に「平和の礎」碑、ともに地元有志建立）、中村純一（東京農大、七月九日、現大阪府交野市星田上空、被弾落下傘降下中P51に紐を切断され墜死。片町線星田駅裏の現地に地元有志による木碑、長年の風雨に曝され建立二度。平成四年四月、新たに遺族によっ

笑顔を見せる戦士たち――左より中川少尉（戦死）、伊藤軍曹、津田軍曹（戦死）、上野少尉（戦死）、込山伍長、小野軍曹（戦死）、高木少尉、羽田軍曹（照準鏡に構える、戦死）、藤井曹長（戦死）、草葉少尉、平松軍曹、永末大尉、宮本軍曹。階級は当時のもの

て由来文を刻む銘板を施した礎石が据えられ、永久の祈念に応う、また兵庫県宝塚市宝塚聖天に遺族建立の石碑）。

そして昭和二十年五月三日、佐伯で失速墜落炎上死した原田熊三曹長の名も、下士操縦学生九三期同期生二人の名とともに刻まれている。

川本忠義（鳥取県出身、済州島初陣において被弾、天草に不時着、以来対Ｂ29邀撃歴戦。三月十七日未明、神戸上空で被弾、認識票も黒焦げに散華す。明けて偶々母堂面会に来隊して隊員の涙を誘う）、津田三五郎（愛知県出身、永末大尉の伝える撃墜記録一。三月十七日未明、邀撃のため伊丹飛行場北向き滑走路を離陸直後、錯覚のため姿勢保持を誤り、翼端より接触して転覆大破重傷、入院死亡）。

ここでは、佐伯展開時に戦死した上野・原田両機の縁につながる各同期生パイロットの名のみ挙げた。さらに前後に刻まれている戦士たちの各戦闘経過をつぶさに追えば、またそれぞれに壮烈にも痛ましい秘話を聞くことになるであろう。

飛行第五十六戦隊「報恩」の碑の白い碑銘は、四十数年前、これら若き空中戦士たち一人一人に、かく短くも苛烈な青春があったことを改めて想起させる。

超光寺は、阪急宝塚線豊中駅西口下車、徒歩一〇分の位置にある。ここで、かつて戦いの日に、戦隊戦没者のために重ねて回向の灯が点じられたと聞く。同寺は、源氏の平家追討のみぎり、那須与一が東国より下る途次ときの住職空心に謁《えつ》して悟るところあり、追って出陣屋島の合戦に偉功を奏し、のち西海からの帰途ふたたび詣で、遂に随身の武器を納めて除髪仏門に入ったゆかりの寺という。

陸軍戦闘機隊の戦隊マークは矢じるしであった。

初版あとがき

足摺岬は、こんにちの民間航空路線でも航法上主要な目標地点の一つとなっており、たとえば大阪から南九州の空港へ行く便は、紀伊水道を御坊付近上空で変針して足摺岬を目標に西南に進み、岬上空で改めて鹿児島や宮崎などの目的地に向けて進路を定めます。このとき右側の窓から下方の海上に浮かんで見えるのが沖ノ島です。かつてB29が旋回集合し、これを求めて「飛燕」が飛び交ったのがこの空域なのでした……。

「飛燕」の佐伯海軍飛行場展開は、昭和二十年四〜五月、伊丹の陸軍飛行第五十六戦隊が北九州芦屋飛行場を基地とした二ヵ月たらずのうち、わずか一週間ほどのことに過ぎません。現存する隊員の記憶は、ある場合は四〇年余の歳月を経てなお細部に至るまで鮮やかであり、またある場合は、邀撃に奔命した戦いの日々の一断片として、すでに茫漠としているのでした。

私たちの関心の焦点が、突如予告なく飛来して言い知れぬ感動を呼びながら、忽然と去った「飛燕」戦闘機隊の佐伯基地での言わば一挙手一投足にあったのに対し、当の隊員個々にとっては、九州転進の全期間のなかで出会った特異な体験や印象的な出来事が、それぞれに記憶の主要部分を占めていたのもまた当然でした。古川少佐の二つの公表手記と簡潔にしためられた手もとの記録を軸に、生存隊員の記憶をつないで、「飛燕」隊の戦いの跡をたどる遅々としてつたない作業を試みる動機となったのは、何よりもただ一度だけ、佐伯の空を編隊着陸してゆく「飛燕」二機を目捷の間に見た少年の日の感動でした。実は、この年四月上旬に父を失ったばかりの小学生の筆者は、思いがけない新鋭戦闘機の飛来に深い悲しみも一時に吹き払われた思いだったのです。

戦時中のことについて聞き書きを取るのも、すでに関係者が高齢化しつつあるこんにち日を追って難しくなりつつあります。そのなかで、佐伯に飛来した「飛燕」一七機のパイロットのうち、筆者が初めて接触した昭和六十年時点において、古川少佐をはじめ七名の方々が健在で連絡可能でした。

それに、整備派遣隊の長谷川見習士官が戦隊会の常任幹事を勤めておられ、元隊員の消息ほか必要な情報を教示いただくことができたのは幸いでした。

四十年余の歳月はやはり短くはなく、足摺岬の戦いに参加した学徒出身パイロットの生き残りの一人、鈴木少尉（明大）が昭和五十九年に病没されていました。また、周防灘上空で機体空中爆発を経験したという吉川伍長は、癌手術後の身でありながら、時限爆弾の着弾状態などを図入りで詳しく書き送ってくれたのでしたが、拙稿の一部初出分を見たのみで、平成元年三月に亡くなりました。さらに、沖ノ島に不時着した上野少尉機の機体調査に赴いた谷沢広保准尉（明治四十三年生）が、自ら〝病中老人〟と称しながら存命であったことも本稿のテーマからして最も幸いなことの一つでした。氏は「感無量」と言いつつ神経痛を押して、遠い日の、しかし忘れえない記憶を丹念に整理し書き送ってくれたあと、平成元年末病没されたのです。

戦隊においてエース級の働きをしたパイロットは、おそらく、戦死した緒方大尉と羽田軍曹、重傷を負った永末大尉と鷲見准尉の四名であったかと思われますが、生き残った鷲見氏が昭和六十年に、永末氏が六十二年に病没されています。戦隊長の片腕の役割を担った永末大尉は、戦後は航空自衛隊を経て全日空教官を勤める間、重爆出身者らしくYS11を専門としてパイロット人生を全うされたと聞きます。

一方、海軍第一一期飛行科予備学生出身パイロット八八名のうち、終戦時生存わずかに一七名の一人となったという佐伯空の沖大尉は、戦後は中日新聞社のパイロットとして、双発セスナやデハビランド・ビーバー単発機、あるいはヘリコプターを駆って飛行時間九二八二時間、昭和五十三年一月末、五十七歳の定年まで日本の空を飛び、いまは余生を心身重症児のための福祉活動に捧げて名古屋に健在です。陸軍を主題とした本稿において海軍側からの貴重な語り手となっていただきました。同氏に出会えなければ、この記録は大変片手落ちになるところでした。

永末氏や沖氏のように戦後も航空から離れなかった人たちはむしろ例外です。

地上大火の夜空を落下傘降下した宮本軍曹は、「自分で操縦しない飛行機は恐くて乗れない」と言い、旅客機も余程のことがないかぎり利用しないようです。

〝影武者〟副島少尉は、戦後航空が再開されたとき、ライセンスを取るために乗った単発セスナが、「ふァーと」空中に浮いて、体に三式戦の力強い感覚が残っていただけにいかにも頼りなかったとのことです。

けれど、「せっかく生きて帰ったのに、飛行機だけはやめて」と母堂に懇願され、航空で暮らしを立てるのは諦めたと言います。

直上攻撃の真下軍曹は、民間航空再開時に勧誘を受け心は動いたが、結局農業に専念し、舞鶴で嵯峨根姓を名乗って野菜作りの名人となっています。氏は飛行服を大切にしまっており、「死んだらこれを着ないと先に逝った戦友に会いにゆけない」と、家人に言いふくめているのだそうです。

また、足摺岬の戦いを経て最終の戦闘まで参加して生き残り、こんにちも健在の石川、宮本、本田（旧姓込山）の三氏は、毎年持ち回りで甲府近傍の若草町、大阪箕面、新潟と、互いの家を夫婦同伴で訪ねるのを愉しみにしています。

奇跡の発進、奇跡の落下傘降下をおこなった濱田少尉は、「私は勇敢でなかったから生き残った」と言いますが、同氏の体験からは人の運というものを感じざるをえません。また、危機一髪の高木少尉は、戦後は本業の薬局を東京で経営し、これは操縦よろしく近年はビルも建て、人生の最終コースを申し分のない三点着陸姿勢で臨んでいるやに伺います。

戦後四十数年の苦楽を経て、今は穏やかな相貌のこの人たちの胸中には、しかし、かつて蒼穹に夜空に散っていつまでも若い戦友の顔の数々が去来しているのです。

往年の戦士も年輪を重ねるにつれ枯淡の境地を拓きつつあり、句作に励む人たちもいます。済州島の初陣で隻眼となった岩下大尉（戦後椿姓）は、句集『飛燕』を残して昭和六十三年に病没されました。同書冒頭の句は、「戦傷の瞼つめたし月見草」。

また、機上無線の〝必通〟に挺身した庄ノ少尉は、予備士官学校卒者の文集への寄稿文「通信係将校の思い出」を校了した平成三年秋、「道端に柿の実一つ星を待つ」。

そして古川少佐は、つとに航空自衛隊を定年退官して以来、佐賀県の郷里武雄市で蜜柑作りにいそしむかたわら俳句を趣味の一つにしています。氏は、当時の隊員・遺族と連絡を保ちながら、旧部下犠牲者の命日のごとに、山上の蜜柑畑から空を仰いで往時を偲び冥福を祈ると言います。「ゆくもとしくるもとしかなさだめかな」（平成二年末）、そして、「いくさびと思い出つきぬさみだれん」（同三年五月）。

本稿を綴るにあたり、筆者が阪急沿線に居を定めていたことは幸いでした。昭和五十九年、宝塚線豊中の超光寺に戦隊の碑が建てられて以来、ときにこれら関係者が参集してきたからです。海軍飛行場を前進基地とした陸軍戦闘機隊、――異聞とも称しうる本土防空戦史上の一挿話の首尾を当時の少年の目で整える作業は、陸海の関係者の好意に満ちた御協力がなければ到底なしえないことでした。しかし、記述上の責はすべて筆者にあることは申すまでもなく、なお未詳の部分も多々残されており、お気づきしだい御教示いただければと願っています。

平成四年秋

筆　者

文庫版のあとがき

本編は『足摺の海と空』と題して平成四（一九九二）年、ヒューマンドキュメント社から初版を、ついで同七年改訂版を近代文藝社からそれぞれ単行本のかたちで刊行しました。「飛燕」の部隊の戦隊会と著者の知友関係のルートを主体に長期間かけて頒布できればよいと考えて始めた少部数のプロジェクトでしたが、幸いに着実に迎えられ、ほぼ三年経過したころには、出版社の在庫も手もとの控えもほとんどなくなり、時々寄せられる読者の照会に応じきれなくなっていました。近代文藝社版から数えても今年は二〇年目に当たります。

思いがけず、潮書房光人社の編集者、小野塚康弘さんからの同社のNF文庫の一冊に加えたいという望外の申し出をいただき、二〇年も経過すれば、戦記読者も世代交代が進み、新たな需要が起こっているのかもしれないと期待しています。

初版刊行の翌平成五年秋、主題の「飛燕」戦闘機隊（陸軍飛行第五十六戦隊）の古川治良戦隊長以下存命の元隊員の方々が戦後四八年ぶりに大分県佐伯に集まり、旧藩主毛利氏ゆかりの養賢寺で追悼法要のあと、佐伯航空隊と飛行場跡地を再訪し往時を偲ばれました。また、隊長はその翌年には、沖ノ島で戦死された上野八郎少尉（戦死後中尉）の実家（山梨県若草町）を同郷の石川新次元軍曹の案内で訪問されました。さらに平成十二（二〇〇〇）年には、古川少佐は、戦死された初代飛行隊長緒方醇一大尉（神戸上空、戦死後中佐）と二代目飛行隊長船越明大尉（京都南部上空、戦死後少佐）の慰霊碑を自費で建立されました（神戸再度山《ふたたびやま》大龍寺境内、および京都向日町金蔵寺境内）。古川少佐はこれで長年懸案の勤めをようやく果たしたと安堵の表情を見せていましたが、平成十六年（二〇〇四）年春、八七歳で病没されました。

前後して、戦中佐伯に飛来した部下搭乗員の方々も下士官をふくめて次々に他界され、戦後七〇年のことし平成二十七（二〇一五）年現在、筆者の知る限り存命の方は一人もおられません。足摺岬上空で戦った空中戦士の直話を聴ける機会は過ぎたのです。拙著がいささかでもその代役を果たすことができれば幸いです。

平成二十七年七月

高木晃治

書簡・談話による教示、写真、資料を提供いただいた人々（敬称略）および機関

飛行第五十六戦隊関係　古川治良（戦隊長）、長谷川国美・谷沢広保・庄ノ昌士・谷正之・沖七郎・宮崎勇吉・森川四郎・山下信一・中岡三郎（以上整備隊）、石井俊三・川田家太郎・望月市太郎・一谷定（以上戦隊本部）、石川新次・嵯峨根静作・副島慶造・高木幹雄・田畠満・永末昇（没後、夫人治子）・濱田芳雄・本田友義・宮本幸雄・山岸良輔・門馬秀行・山田十四郎・吉岡巌・吉川精造（以上飛行隊）、上野保・中村三郎・藤井保・椿義・緒方京子（以上遺族）ほか戦隊会各位

海軍関係　沖昌隆・小島正美・桜井規矩・宮田光夫・山田勇夫（以上佐伯空）、宮本道治・山村住夫・小原叶（以上九三一空）、森川久男（九〇一空）、仲野敬次郎（築城空）、松浪清（五八一空）、安部正治（二〇三空）

陸軍関係　小林公二（飛行第四戦隊長）、辻秀雄（公刊戦史『本土防空作戦』執筆者）、松本良男（独立飛行第一〇三中隊）

防衛庁防衛研究所図書館

米国海軍歴史センター（U. S. Navy Historical Center）バーナード・F・キャヴァルキャント作戦公文書部長

米国空軍歴史調査センター（USAF Historical Research Center）R・カーギル・ホール調査部長、レスター・A・スライター空軍少佐、ハリー・R・フレッチャー戦史担当官

出版関係（写真提供）潮書房光人社

旧制中学校関係　伊達次郎・高瀬秀朗・宮下良三（以上当時佐伯中学生徒）、澤井慶次・末光一生（同大分中学）

なお、伊澤保穂（航空戦史家）、幾瀬勝彬（作家、海軍飛行科予備学生一一期）、寺司勝次郎（版画家、海軍甲飛一三期）各氏には、右記旧陸海軍関係の方々を御紹介いただきました。記して感謝の意を表します。

【参考文献】

佐伯航空隊・九三一航空隊・「東海」隊関係

沖昌隆「佐伯基地に見る予備学生史」、同「佐伯海軍航空隊　昭和十九年の開隊から終戦まで」、宮田光夫「佐伯海軍航空隊・大湊派遣隊の最後と終戦の日の出来事」、（ともに手稿）、横森直行『第十一期海軍飛行科予備学生』（東洋館出版社）、幾瀬勝彬「海と空の熱走」（光風社『神風特攻第一号』所収）、平木国夫「濃飛のイカロスたち——戦中派・沖昌隆機長」（『岐阜日日』昭62・5）、同『くれないの翼』（泰流社）、宮本道治『われ雷撃す——九三一空戦記』（新人物往来社）、永田徹郎「天山雷撃隊」（今日の話題社刊『続艦隊航空隊』所収）、肥田真幸『青春天山雷撃隊』（光人社）、木俣滋郎「日本空母戦史」（図書出版社）、森川久男「精鋭の翼〝東海〟海峡の米潜を撃沈せよ」（『丸』1979.12）、秋本実『中島艦上攻撃機「天山」』（『航空ファン』1987.8　文林堂）、『太平洋戦争・日本海軍機』（同誌別冊）、防衛庁戦史室編・戦史叢書『海上護衛戦』、同『沖縄方面海軍作戦』、同『本土決戦準備2　九州の防衛』（朝雲新聞社）、大竹照彦「まぼろしの出撃命令」（海軍第一期飛行専修予備生徒会編『貴様と俺』1976）、小島正美「生還の記」（『海機五十二期の記録と追想』所収、『水交』平成三年六、七月号）、坂井三郎『続・大空のサムライ』（光人社）、小澤孝公『搭乗員挽歌』（同）、松浪清『命令一下、出で発つは』（同）、源田實『真珠湾作戦回顧録』（読売新聞社）、森史朗『海軍戦闘機隊1開戦前夜』（R出版）、淵田美津雄・奥宮正武『機動部隊』（朝日ソノラマ）、宇垣纏『戦藻録』（原書房）、『帝国海軍提督総覧』（秋田書店）、秦郁彦『八月十五日の空』（文藝春秋）、ラッセル・スパー『戦艦大和の運命』（新潮社）、吉田満／原勝洋『ドキュメント戦艦大和』（文春文庫）、吉田満『戦艦大和ノ最期』（講談社文芸文庫）、『第二次大戦日本海軍機写真集』（エアワールド）、『九三一航空隊ものがたり』（九三一海軍航空隊会）

九州沖航空戦・沖縄特攻戦関係

安延多計夫『あゝ神風特攻隊』（光人社）、オー・キャラハン「私は空母フランクリンの乗組員であった」（『丸』エキストラ版4）、浜野春保『万雷特別攻撃隊』（図書出版社）、松下竜一『私兵特攻』（新潮社）、「朝日新聞」縮刷版昭和20年、デニス&ペギー・ウォーナー、妹尾作太男『神風』（時事通信社）、石井勉編著『アメリカ海軍機動部隊』（成山堂）、宇木素道「飛龍爆撃隊、暗夜の沖縄出撃」（『日本陸海軍航空隊総覧』所収、新人物往来社）、田中正臣「追想T部隊・五航艦参謀として」

(『丸』別冊・太平洋戦争証言シリーズ20)、木俣滋郎『高速爆撃機「銀河」』(朝日ソノラマ)、神坂次郎『今日われ生きてあり』(新潮文庫)、森岡清美『若き特攻隊員と太平洋戦争』(吉川弘文館)

佐伯海軍飛行場空襲米軍資料

一　第58機動部隊関係

Aircraft Action Reports COMMANDER CARRIER AIR GROUP TEN 18 March-16 April 1945, Action Report COMMANDER TASK FORCE FIFTY-EIGHT (Commander First Carrier Task Force Pacific-Vice Admiral M. A. Mitcher, USN.) 18 June 1945

二　第21爆撃兵団関係

1. HQ 20th Air Force, (1) Narrative History, HQ XXI Bomber Command, Chronology from 1 April through 31 May 1945, (2) Strike Attack Report No. 68, 2 May 1945, (3) Extract of Teletype Conference between Washington and Guam-Mission Report No. FN-02-11 ~ 05-23, 2 ~ 5 May 1945

2. COMBAT CHRONOLOGY 1941-1945 Compiled by Kit C. Carter, Robert Mueller. 1973

陸軍飛行第五十六戦隊関係

古川治良「飛燕機動防空作戦」(山本茂男編『B29対陸軍戦闘隊』所収、今日の話題社)、同「陸鷲の鎮魂——三式戦の本土防空戦闘」(航空自衛隊西部航空警戒管制団機関誌「春日」昭和四十二年初出、後記『或る学鷲の生涯』に転載)、永末昇「中京の守護神〝三式戦闘隊〟迎撃せよ」(月刊『丸』昭和六十年四月号、潮書房)、長谷川国美「本土防空戦隊かく戦えり」(陸上自衛隊機関紙『修親』昭55・9)、『或る学鷲の生涯』(中村純一追悼録刊行委員会、昭53。同書に飛行第五十六戦隊の特操同期生の手記収載)、『特操一期生史』(特操一期生会)、秦郁彦監修・伊澤保穂編集『日本陸軍戦闘機隊』(酣燈社)、防衛庁戦史室編・戦史叢書『本土防空作戦』(朝雲新聞社、同書第五編第二章「飛行第五十六戦隊の豊後水道上空におけるB・29邀撃戦闘」)、渡辺洋二『飛燕』(サンケイ出版)、同『日本本土防空戦』(徳間書店)、松浦総三ほか『日本の空襲—六　近畿』(三省堂)、「毎日新聞」昭和二十年版(大阪府立図書館蔵)、辻秀雄「本土防空作戦」25、34(『偕行』誌連載)、庄ノ昌士「飛行第五十六戦隊通信係将校の思い出」(『前橋陸軍予備士官学校　新・戦記』所収)、宮下良三「海

軍基地の飛燕」（『鶴友新聞』復刊74号）、雲井保夫『三重県下における日本戦闘機とB29の激戦』（私家版）

三式戦闘機および四国沖海没「飛燕」関係

『航空ファン 世界の傑作機4集 飛燕』（文林堂）、『丸メカニック45・隼／飛燕』（潮書房）、村岡英夫『特攻隼戦闘隊』、松本良男／幾瀬勝彬『秘めたる空戦』（以上光人社）、William Green：Famous Fighters of the Second World War（Doubleday Aviation Books）、秋本実「各型変遷・塗装・マーキング・戦歴」、渡辺武「オリジナル三式戦の謎」（上記二篇潮書房『丸メカニック・37三式戦飛燕&五式戦』に収載）、『高知新聞』昭54・6・16、同6・20付

九州方面防空戦・空襲関係

小林公二「北九州防空作戦」（前掲『B29対陸軍戦闘隊』所収）、市崎重徳「雷電戦闘機隊の怒れる精鋭たち」（『丸』エキストラ版84）、伊藤進「雷電で描いたわが青春の墓碑銘」（季刊『丸』No. 9─日本の戦闘機）、堀光雄「紫電改空戦記」（今日の話題社『太平洋戦争ドキュメンタリー』第五巻）、市村吾郎「紫電改戦闘隊国難に奮起す」（『丸』エキストラ版32）、源田實『海軍航空隊始末記・戦闘篇』（文藝春秋）、松浦ほか『日本の空襲─八 九州』（三省堂）、『大分県警察史』（同史編纂委編、大分県警察本部刊）、東野利夫『汚名』（文春文庫）、小野史郎「母校被爆す」（『鶴城』佐伯鶴城高校70周年記念誌）、碇義朗『最後の撃墜王』（光人社）、同『戦闘機「紫電改」』（白金書房）、渡辺洋二『双発戦闘機「屠龍」』、同『局地戦闘機「雷電」』（朝日ソノラマ）

その他

野村了介「あえて陸軍戦闘機隊にもの申す」（『丸』エキストラ版84）、「撃墜王・上坊良太郎空戦記録」（同11）、吉良勝秋「隼四式戦記」（今日の話題社『太平洋戦争ドキュメンタリー』第六巻）、新藤常右衛門『あゝ疾風戦闘隊』（光人社）、秦郁彦『第二次大戦航空史話（中）』（光風社出版）、藤田怡与蔵・黒沢丈夫座談会「元零戦隊長大いに語る」（『歴史と人物』昭和60年冬号、中央公論社）、杉山利一「海軍航空隊司令の記」（前掲『続・艦隊航空隊』所収）、志賀淑雄「紫電改の実用性」、江藤圭一「零式三座水上偵察機黎明の発艦」（以上海空会編『海鷲の航跡』所収、原書房）、『丸ス

ペシャル109・本土防空作戦』、『同47・敷設艇』、伊藤藤太郎「東海の俊翼〝五式戦〟B29迎撃記」（『丸』エキストラ版113）、バーレット・ティルマン「TOKYOへの最前線・硫黄島マスタング隊始末」（同）、荒蒔義次「P51試乗記」（『丸』季刊14・米国の戦闘機）、Microfilm Roll A7572, Airforce Historical Research Agency（米第7戦闘機兵団戦闘報告収録）、伊澤保穂編『日本海軍戦闘機隊』（酣燈社）、『太平洋戦争・日本陸軍機』（文林堂）、原田良次『日本大空襲　上・下』（中公新書）、「第三四三海軍航空隊戦闘詳報」（『丸』昭54・6）、奥宮正武『海軍航空隊全史』、木俣滋郎『陸軍航空隊全史』（以上朝日ソノラマ）、秦郁彦「陸軍戦闘機隊の残照映える日」（『丸』エキストラ版117）、『飛行第三十一戦隊誌』（ヒューマン・ドキュメント社）、航空自衛隊芦屋基地「あしや」編集室『芦屋飛行場物語』、伊藤博英「羽布張りの柩」（別冊週刊読売1975/1）、『10年のあゆみ』（関西国際空港ビルディング刊）、"Tactical Mission Report, 26 June 1945," XXI Bomber Command, "Superfortress" by General Curtis E. Lemay and Bill Yenne (Mcgrow-Hill Book Company)（訳書C・Eルメイ／B・イェーン／渡辺洋二訳『超・空の要塞B29』（朝日ソノラマ刊））、坂井三郎『零戦の真実』（講談社）

単行本　平成七年八月「足摺の海と空」改題　近代文藝社刊

ＮＦ文庫

飛燕Ｂ29邀撃記

二〇一五年九月十六日　印刷
二〇一五年九月二十二日　発行

著　者　高木晃治
発行者　高城直一

発行所　株式会社　潮書房光人社
〒102-0073　東京都千代田区九段北一-九-十一
振替／〇〇一七〇-六-五四六九三
電話／〇三-三二六五-一八六四㈹
印刷所　モリモト印刷株式会社
製本所　東　京　美　術　紙　工

定価はカバーに表示してあります
乱丁・落丁のものはお取りかえ
致します。本文は中性紙を使用

ISBN978-4-7698-2906-5　C0195
http://www.kojinsha.co.jp

NF文庫

刊行のことば

第二次世界大戦の戦火が熄《や》んで五〇年——その間、小社は夥しい数の戦争の記録を渉猟し、発掘し、常に公正なる立場を貫いて書誌とし、大方の絶讃を博して今日に及ぶが、その源は、散華された世代への熱き思い入れであり、同時に、その記録を誌して平和の礎とし、後世に伝えんとするにある。

小社の出版物は、戦記、伝記、文学、エッセイ、写真集、その他、すでに一、〇〇〇点を越え、加えて戦後五〇年になんなんとするを契機として、「光人社NF（ノンフィクション）文庫」を創刊して、読者諸賢の熱烈要望におこたえする次第である。人生のバイブルとして、心弱きときの活性の糧《かて》として、散華の世代からの感動の肉声に、あなたもぜひ、耳を傾けて下さい。